煤炭职业教育“十四五”规划教材

矿山智能快掘系统及装备

主编　高　彬

应急管理出版社
·北　京·

内 容 提 要

本书共六章，系统阐述了快速掘进系统、快掘系统装备、快掘系统拆卸和装配、快掘系统操作及注意事项、快掘系统维护保养、快掘系统常见故障及处理方法。

本书可作为煤炭职业院校采矿工程、机电工程等专业的教学用书，也可作为煤矿企业的培训用书。

编　写　组

主　　编　高　彬

副 主 编　胡　俭　杨　哲　绳军锋

编写人员　韦　珂　王光伟　李　航　马晓东

审稿人员　刘晓飞　张思瑞　李小龙　宋立军　贾耀光
刘宝明　李宏财　高　军　聂炜炜　王冠华
朱　飞

序

陕煤集团神木张家峁矿业有限公司是陕西煤业股份有限公司和神木市国有资产运营公司共同出资组建的国有股份制企业，公司煤炭核定产能 1000 t/a，是国家发展改革委在神府矿区南区规划的四对大型矿井之一。矿井井田面积 51.98 km^2，地质储量 8.65 亿 t，可采储量 5.43 亿 t。快掘系统是张家峁矿业有限公司“智慧煤矿系统关键技术装备研发与示范矿井建设项目”的重要组成部分，通过提高掘进系统装备自动化、智能化程度，最终实现掘进工作面快速掘进。

快掘系统于 2019 年 12 月在井下 15212 综采工作面辅运巷组织安装，快掘工作面现有在册职工 39 人，劳动组织为三八制，八点班检修，四点、零点班生产，2020 年 5 月 1 日开始正式生产，平均进尺 90 m/d，最高日进尺 120 m，最高单班进尺 65 m。2020 年 9 月在 15212 胶运巷完成了 2700 m 的掘进任务，达到国内领先水平。张家峁快掘系统采用“掘锚一体机 + 锚破运一体机 + 长跨距输送转载机组 + 可伸缩带式输送机”的快速掘进装备。掘锚一体机可实现掘锚平行作业，在掘进截割的同时支护 4 根顶锚，确保最大空顶距不超过 3 m，剩余帮锚采用锚破运一体机支护，国内首创长跨距转载机有效行程 100 m，大大延长了成套装备的连续掘进距离。

此次公司与西安科技大学合作编写的系列教材是基于张家峁矿业有限公司先进的生产设备和工艺技术，以快掘系统为主体内容，为智慧煤炭企业技能人才培养打造的全新学习培训教材。

2023 年 9 月

前　言

为了进一步提高煤矿从业人员素质，营造人人爱岗位、学技术的企业文化氛围，张家峁矿业有限公司在国内较早采用快掘系统，并成功应用于生产中。为总结系统在运行中的成功经验，张家峁矿业有限公司组织编写了《矿山智能快掘系统及装备》。本书也是煤炭职业教育“十四五”规划教材之一。

本书重点介绍了快掘系统的组成和发展趋势，以及掘锚一体机、锚杆转载机、桥式输送机、带式输送机等系统装备，同时也介绍了装备的拆卸与装配、操作及注意事项、维护保养、常见故障及处理方法。

本书内容结合了编者根据多年的现场实际经验，力求适应智能矿山快掘的现状和发展，具有实用性、系统性和前瞻性，适用于智能开采技术专业学生和相关工程技术人员学习。

本书由高彬任主编，胡俭、杨哲、绳军锋任副主编。全书分工如下：高彬编写第一章、第三章第一节，胡俭编写第二章第三节、第三章第二节，杨哲编写第二章第一节、第四章第二节，绳军锋编写第五章第一节、第六章第三节，韦珂编写第二章第二节、第五章第四节，王光伟编写第二章第四节、第四章第一节，李航编写第五章第二节、第六章第四节，马晓东编写第五章第三节第六章第一、二节。

在编写过程中，西安科技大学智能电气团队提供了支持，同时也参考了许多文献资料，在此，谨向支持编写工作的单位和人员及这些文献资料的编写者表示衷心的感谢。

由于编者水平有限，书中不妥之处在所难免，恳请读者批评指正。

编　者

2023 年 9 月

目　录

第一章　快速掘进系统 …… 1

第一节　快速掘进系统概述 …… 1
第二节　掘进机概述 …… 3
第三节　快掘技术发展趋势 …… 9

第二章　快掘系统装备 …… 12

第一节　掘锚一体机 …… 12
第二节　锚杆转载机 …… 74
第三节　桥式输送机 …… 82
第四节　带式输送机 …… 84

第三章　快掘系统拆卸和装配 …… 95

第一节　掘锚一体机拆卸和装配 …… 95
第二节　锚杆转载机拆卸和装配 …… 116

第四章　快掘系统操作及注意事项 …… 126

第一节　快掘系统设备操作 …… 126
第二节　快掘系统安全注意事项 …… 145

第五章　快掘系统维护保养 …… 155

第一节　掘锚一体机检查 …… 155
第二节　锚杆转载机检查 …… 177
第三节　桥式转载机检查 …… 179
第四节　带式输送机检查 …… 180

第六章　快掘系统常见故障及处理方法 …… 181

第一节　掘锚一体机常见故障及处理方法 …… 181
第二节　锚杆转载机常见故障及处理方法 …… 201
第三节　桥式转载机常见故障及处理方法 …… 203
第四节　带式输送机常见故障及处理方法 …… 204

参考文献 …… 208

第一章　快速掘进系统

第一节　快速掘进系统概述

快速掘进系统是指采用具有感知能力、记忆能力、学习能力和决策能力的掘锚机、锚杆机、破碎转载机、带式输送机等煤巷掘进装备，以自动化控制系统为枢纽，以远程可视监控为手段，实现掘进工作面巷道掘进系统"全断面快速掘进、掘支运平行作业"的安全高效系统。快速掘进系统创造了掘进、支护、运输"三位一体"的快速掘进新类型，实现了设备的集中协同控制，为下一步掘进工作面无人化奠定了基础。

快速掘进系统提高了掘进系统装备机械化、自动化、智能化程度，达到了集中监测与控制，保障了掘进工作面的单进水平。

一、快速掘进系统的特点

（一）掘进工作面数字化监控系统

掘进工作面数字化监控系统主要解决掘进智能监测监控、自主定位导航、多工序智能协同、数字孪生管控平台等技术问题，从而将掘进工作面环境、巷道支护、设备和人员有机和谐地统一起来，形成了数字孪生管控系统。

（二）掘进作业可视化

在掘进作业可视化方面，建立了一套高精度1：1的掘进作业线模型场景，真实还原了掘进巷道的内部场景，所有的井下监控数据都接入这套系统，在系统中实现掘进作业流程、监控数据的实时动态可视化展示功能。

（三）掘进设备及多机协同监控

在掘进设备、多机协同监控方面，研发了一套组合导航系统和多机协同监控系统。组合导航系统由激光发射器、激光接收标靶、倾角传感器、控制器组成，通过发射激光，采集传感器的数据，可以确定掘锚一体机在巷道内的相对位置。多机协同控制主要在掘锚一体机、锚杆转载机组、桥式转载机、过渡输送机、带式输送机上布置相对位置监测传感器，实时监测多机间的相对位置关系，为多机联动提供依据信号。

（四）快速掘进安全生产

在安全生产方面，集成了人员定位、安全监测监控、动力监控、视频监控等多个系统。利用传感技术，接入掘进工作面人员定位、安全监测、压风、电力、供/排水系统数据，接入视频监控系统，实时监测掘进工作面作业过程。

二、推行快速掘进系统的意义

随着现代化科学技术的不断发展，推行快速掘进技术，并将其应用到工业生产中，是顺应时代发展、改善生产技术及质量的重要方式。快速掘进系统能够实现掘锚平行、分段支护，保证掘进作业的连续进行，解决掘进设备智能监测监控、自主定位导航、人员安全预警、多工序智能协同、数字孪生管控平台等关键技术问题，实现掘、支、破、运集中化，打造快速掘进全流程智能化管理系统。

另外，掘进速度的快慢直接影响着整个矿井采掘接续，进而影响矿井的产量。目前，掘进作业的机械化、自动化、信息化程度，以及巷道掘进速度和掘进功效等指标，远远达不到安全高效矿井管理的需求。采掘工作面的比例从 2001 年的 1：2. 25 提高到 2011 年的 1：3. 20；巷道掘进率从 2011 年的每万吨 12. 86 m 提高到 2012 年的每万吨 13. 10 m。这些数据表明，煤巷掘进的技术水平仍然落后于采煤的技术水平，跟不上煤炭生产的需求。据不完全统计，在掘进过程中，锚护花费的时间是截割的 2 ~ 3 倍，所以掘进速度过慢的主要原因是掘进、锚护不平衡。因此，实现并推行快速掘进技术迫在眉睫。

由于设备配套和采掘技术等因素限制，当前大部分煤矿企业采用的是悬臂式掘进作业线，主要依靠单体锚钻机、悬臂掘进机、带式输送机等设备。在掘进工序中，只对裁割、运煤等个别工序实现了机械化作业，剩余工序均由人工完成。同时，不同工序相互分散，需要投入大量准备时间，掘进系统性较弱，机械化程度较低，无法称得上成熟完善的联合掘进。

掘锚机组快掘系统可实现掘进和支护同时在同一台设备上进行，因此，快速掘进技术对煤矿巷道生产具有重要的作用与意义。

三、快速掘进系统的优势

（一）提升掘进作业质量

掘进时一次成巷，巷道成型质量好，顶、帮、底成型质量好，避免超高、超宽、欠挖、欠宽等事件的发生。掘进工程中保持掘支平行作业，很大程度上提高了工作效率，增加了掘进作业有效时间，从而提高了生产进度。

（二）降低生产安全隐患

施工过程中，避免出现超循环作业及人员进入空顶区域作业等安全隐患事件。帮锚施工过程中，人员站立于锚杆转载机操作平台上，降低了施工过程中的安全风险，确保了作业人员安全。掘进过程中，作业人员与掘锚机截割头隔绝，掘锚机大架为静止状态，降低了生产安全隐患。

（三）提升生产效率

生产过程均为机械化施工作业，很大程度上降低了作业人员的劳动强度及作业过程中的安全风险。掘进过程中，掘锚机司机根据电控箱显示屏数据进行操作，可更加准确控制好设备运行。相较于传统的掘进系统，快速掘进系统的优势在于一体化、同步化、机械化、安全化、智能化和高效率。

通过快速掘进系统的应用状况来看，在巷道掘进的过程中，利用快速掘进系统可以实现一体化作业，即掘进、锚支护、破碎、运输工作可以类似于流水线一样持续作业，大大提高了掘进效率。在快速掘进系统的应用过程中，实现同步化作业可以方便工作人员对掘进系统、掘进工作及掘进进度进行管理，从而有效提高管理水平，推动掘进工作的开展。由于促进工作更多依靠快速掘进系统进行控制，因此可以减少相关工作人员的工作量，同时降低员工掘进作业的工作强度，依靠系统控制实现掘进设备之间的协调配合，有效提高了推进工作的机械化水平。此外，由于减少了人工作业量，员工也就不必深入各种复杂环境进行掘进设备的操作，因此可以对员工的人身安全起到一定的保障作用。

四、张家峁快掘系统

张家峁快掘系统采用了掘锚一体机＋锚破运一体机＋长跨距输送转载机组＋可伸缩带式输送机的快速掘进方案，掘锚一体机可实现掘锚平行、分段支护，可同时支护4根顶锚；剩余锚杆采用锚杆转载机支护，锚杆转载机同时具备转载破碎运输功能，实现了一机多用；长跨式输送转载机设计输送长度125 m，有效拉伸长度100 m，减少了输送机的移机次数，保证了成套装备的连续工作时间。

掘锚机通过自动定位技术和截割负载反馈技术实现掘进工序。掘锚机利用自动定位技术中的激光定位系统和捷联式惯性导航系统，确定掘进方向，同时对掘进方位进行微调，保证掘进方向和掘进方位是正确无误的，进而进行自动掘进作业。如果掘进距离较长，可以利用激光定位系统对掘进方位进行校验，从而确保掘进方位的准确性。掘锚机利用截割负载反馈技术中的传感器可以对截割设备的功率及设备状态进行实时监测，同时控制设备的电流及压力参数范围。如果反馈信号超出既定的阈值，可以对截割设备的状态和功率进行自动调整。

锚杆支护设备分为临时支护和锚支护两部分。临时支护指的是在掘进工作之前开展的支护工作，主要以掘锚机为支护载体；锚支护则是以锚杆钻机为支护载体，采取人工定位的方式实现支护，在锚支护的过程中，定位、钻杆放置及锚支护材料放置都需要通过人工完成，同时进行半自动钻孔。

后配套设备主要采用连续运输的方式，运输的物料通过掘锚机装运部、破碎机装运部、转载机、迈步式自移机尾等数个设备到达顺槽带式输送机。在张家峁快速掘进系统的运行过程中，运输工序一般采用逆序联动的方式，运输路径最后的运输节点率先启动，而最前部的运输节点最后启动，如果任意一处运输节点出现暂停，则该节点之前的全部节点全部停止工作，从而有效保护运输路径、运输设备和运输物料。

第二节　掘进机概述

掘进机是具有截割、装载、转载煤岩及喷雾降尘等功能，并能自己行走，以机械方式破落集岩的掘进设备。有的掘进机还具有支护功能。

一、掘进机的分类

掘进机的分类方法有很多，每种分类方法都能体现出掘进机的某一特性，主要有以下几种。

1. 按照掘进机适用的煤岩类别

按照掘进机适用的煤岩类别，分为煤巷掘进机、岩巷掘进机和半煤岩巷掘进机。其中以煤巷掘进机为主，主要适应于全煤巷道的掘进。岩巷掘进机主要适应于全岩巷道的掘进，半煤岩巷掘进机既适应于煤巷的掘进，又适应于半煤岩巷道的掘进。

2. 按照工作机构切割工作面的方式

按照工作机构切割工作面的方式，掘进机可分为部分断面巷道掘进机和全断面巷道掘进机。

部分断面巷道掘进机仅能同时截割巷道煤岩断面的一部分，必须经过工作机构上下左右摆动，逐步完成要求的巷道断面尺寸。部分断面巷道掘进机均采用悬臂式工作机构，即在机器前端伸出一个悬臂，并在其上安装截割头，悬臂可沿工作面的水平或垂直方向做左右或上下的摆动。这种方式适应复杂的矿山地质条件，对掘进巷道的形状一般无限制，结构较简单。悬臂式工作机构的外形尺寸比掘进断面小，因此便于维修和更换截齿，也便于及时支护巷道，但由于悬臂较长，工作时易引起机器振动，影响机器的稳定性。

部分断面巷道掘进机主要用于煤和半煤岩巷道的掘进，具有掘进速度快、生产效率高、适应性强、操作方便等优点，目前在煤矿上得到广泛应用。

全断面巷道掘进机工作机构沿整个工作面同时进行破碎煤岩并连续推进，主要用于掘进岩石巷道，目前在煤矿上还没得到广泛应用。张家峁矿业公司引进奥钢联 ABM20S 掘锚机为全断面巷道掘进机，该机组使连续掘进与锚杆钻车合二为一，在解决截割、装运、行走、转载一体化的基础上，实现掘进、锚杆支护同步作业，极大提高了掘进速度，月平均进尺达到 1500 m。

3. 按照截割滚筒的布置方式

按照截割滚筒的布置方式，分为纵轴式掘进机和横轴式掘进机。

纵轴式掘进机截割头的旋转轴线与截割臂轴线重合。这种类型的掘进机在向工作面方向推进时，不受任何限制，就可达到截割深度，因此钻进效率较高。但在摆动工作中，截割头仅半边剥落煤岩，较大的煤岩反作用力存在使机器有倾倒的趋势，为了提高机器工作时的稳定性，一般机器的重量比较大，纵轴式工作机构一般能截割出平整的巷道，而且可利用截割头开挖支架的柱窝和水沟，尤其在煤巷中得到广泛使用。

横轴式掘进机的截割轴线垂直于截割臂轴线。在工作时，截齿的截割方向比较合理，碎落煤岩比较省力，排出切屑也比较方便，在工作中的截割阻力易被机体自重所吸收，因此与纵轴式掘进机相比，稳定性能好、重量轻。但每次进刀的深度较小，钻进效率较低；在切进工作面时必须左右移动，向上或向下截割时，也必须辅以左右移动，才能使悬臂上不装截齿的端面不接触工作面，不如纵轴式截割头使用方便。

二、掘进机的组成

掘进机主要由截割机构、装运机构、行走机构、机架、液压系统、喷雾冷却系统和电气系统等部分组成。

（一）截割机构

截割机构是由截割头、悬臂伸缩装置和回转台组成的破煤岩机构，电动机通过减速器驱动截割头旋转，利用装在截割头上的截齿破碎煤岩。截割头纵向推进力由行走履带或伸缩悬臂的推进液压缸提供。升降和回转液压缸使悬臂在垂直和水平方向摆动，以截割不同部位的煤岩，掘出所需形状和尺寸的断面。按照悬臂长度是否可变，分为伸缩式和不可伸缩式。

1. 截割头

截割头是掘进机上直接截割破碎煤岩的旋转部件，其形状、尺寸和其上截齿的排列方式对掘进机的工作性能有重大影响。截割头主要由截割头体、螺旋叶片和截齿座等组成，在齿座里装有截齿，叶片或头体上焊有安装内喷雾喷嘴用的喷嘴座。

1）纵轴式截割头

截割头体为组焊式结构，在头体上焊有截齿座和喷嘴座，头体内设有内喷雾水道，截割头通过键与主轴相连。截割头的外形轮廓有球形、球柱形、球锥形和球锥柱形4种，因球锥形截割头的截齿受力较为合理，因而得到了较多应用。截齿的布置方式对截齿、截割头乃至整机受力都有较大影响。纵轴式截割头的截齿均按螺旋线方式分布在头体上，螺旋线头数一般为2～3条。截距对截割效果有较大影响。较大的截距可增加单齿截割力，但截齿的磨损也随之增加，两者应该兼顾。在选择截距时，还应考虑到截割头上不同部位的截齿所受的负荷不同而有所区别，力求各截齿的负荷均匀，以减小冲击载荷和使截齿的磨损速度接近。

2）横轴式截割头

截割头的头体多为厚钢板的组焊结构或螺钉连接结构，由左右对称的两个半体组成。在头体上焊有齿座和喷嘴座，头体内开有内喷雾水道，装有配水装置。截割头体通过张套式联轴器同减速器输出轴相连，可起过载保护作用。横轴式截割头的截齿数量较多，且按空间螺旋线方式分布在截割头体上。螺旋线的旋向为左截割头右旋、右截割头左旋，这样可将截落的煤岩抛向两个截割头的中间，改善截齿的受力状况、提高装载效果。

3）截齿及截齿座

掘进机所采用截齿的结构形状同采煤机截齿一样，也有扁形截齿和锥形截齿两种。纵轴式截割头多采用扁形截齿，横轴式截割头采用锥形截齿。在截割硬岩时，锥形截齿的寿命比扁形截齿长，且锥形截齿在使用中有自转磨锐性，耐冲击。

截齿座用来安装截齿。安装锥形截齿的齿座由两种材料用特种工艺制成，其内层材料的耐磨性要高于外层，以减少因截齿在截割过程中自动旋转而产生的磨损量，增加齿座的使用寿命。另外，也可采用在齿座内嵌套磨损后可更换的耐磨合金套。

2. 悬臂伸缩装置

掘进机掘进时，截割头切入煤壁的方式有两种：一种是利用行走机构向前推进，使截割头切入，这种方式的截割头悬臂不能伸缩，结构比较简单，但行走机构移动频繁，操作不便；另一种是截割头悬臂可以伸缩，一般利用液压缸的推力使截割头沿悬臂上的导轨移动，使截割头切入煤壁，履带不需移动。

伸缩悬臂的结构主要由花键套、内外伸缩套、保护套和主轴等组成。截割减速器的输出轴上连接有内花键套，主轴的右端开有外花键，并插入花键套内，主轴的左端通过花键和定位螺钉与截割头相连，使减速器的输出轴驱动截割头旋转。保护套和内伸缩套同截割头相连，但不随截割头转动。外伸缩套则和减速器箱体固连。推进液压缸的前端和保护套相连，后端和电动机壳体相连，在其作用下，保护套带动截割头、主轴和内伸缩套相对于外伸缩套前后移动，实现悬臂的伸缩。这种悬臂的结构尺寸小，移动部件的质量轻，移动阻力较小，有利于机器的稳定。但需要较长的花键轴，加工较难，结构也比较复杂。

伸缩悬臂的伸缩行程应与截割深度，即要与最大掏槽深度相适应，一般在0.5～1 m范围内。推进液压缸的推进力应能克服伸缩部件的移动阻力和沿悬臂轴线方向的截割反力。

（二）装运机构

装运机构由装载机构和刮板输送机两部分组成。装载机构由液压马达或电动机、传动齿轮箱、安全联轴器、集料装置、铲板等组成。铲板作为基体倾斜安装在主机架前端，后部与第一运输机连接，前端与巷道底板相接触，靠液压缸推动可做上下摆动。为增加装载宽度，通常铲板装有左右副铲板。铲板上装有集料装置，由铲板下面的传动装置带动。当机器截割煤岩时，应使铲板前端紧贴底板，以增加机器的截割稳定性。掘进机采用的装载机构型式有扒爪式、圆盘星轮式和刮板式3种。扒爪式装载机构由偏心盘带动扒爪运动，两扒爪相位差为180°，可将煤岩准确运至刮板输送机，生产率高，结构简单，工作可靠，应用较多。圆盘星轮式装载机构的星轮直接装在传动齿轮箱输出轴上，靠星轮旋转将煤岩扒入中间输送机，该装载机构工作平稳，装载效果好，使用寿命长，多用于中型和重型掘进机。刮板式装载机构结构复杂，装载效果差，应用很少。

刮板输送机由液压马达或电动机、驱动装置、安全联轴器、张紧装置、链条、刮板和刮板槽等组成。输送机在掘进机的主机架中间通过，与地平面成一定角度布置，并升高到一定的卸载高度。大功率掘进机安装的中间输送机均采用低速大扭矩液压马达直接驱动，刮板链条的张紧通过在输送机尾部的张紧油缸来实现。

传动系统中装有过载安全联轴器，以防集料装置和输送机被卡阻堵转而损坏传动件或发作烧毁电动机。

（三）行走机构

行走机构驱动悬臂式掘进机前进、后退和转弯，并能在掘进作业时使机器向前推进。掘进机通常采用履带式行走机构。左、右履带行走机构对称布置，分别驱动，各由高强度螺栓与机架相连。左、右履带行走机构各由液压马达经齿轮传动减速后，将动力传给主动链轮，驱动履带运动。行走机构主要由导向张紧装置、左履带架、履带链、行走减速器、液压马达、制动器等组成。

（四）机架

机架是整个机器的骨架，它承受着来自截割、行走和装载的各种载荷。机器中的各部件均用螺栓或销轴与机架连接，机架为组焊件。左、右后支撑腿各通过后支撑油缸及销轴分别与机架连接，它的作用有：①切割时使用，以增加机器的稳定性；②窝机时使用，以便履带下垫板自救；③履带链断链及张紧时使用，以便操作；④抬起机器后部，以增加卧底深度。

（五）液压系统

掘进机除截割头的旋转运动外，其余各部分均采用液压传动。液压系统由液压泵、液压马达、液压缸、控制阀组及辅助液压元件等组成。系统主泵站由电动机通过同步齿轮箱驱动一台双联齿轮泵和一台三联齿轮泵，注意要转向相反，同时分别提供压力油，完成机器的行走、裁割头上下左右移动及伸缩、耙爪的转动、第一运输机的驱动、喷雾泵的驱动、铲板的升降、后支撑器的升降、履带的张紧、刮板链张紧的功能并进行液压保护。

（六）喷雾冷却系统

喷雾冷却系统主要用于灭尘、冷却掘进机切割电机及油箱，喷雾降尘系统由内、外喷雾装置组成，用来向工作面喷射水雾，以达到降尘的目的。

（七）电气系统

电气系统向机器提供动力，驱动掘进机上的所有电动机，同时也对照明、故障显示、瓦斯报警等进行控制，并可实现电气保护。

三、掘进机的发展概况

（一）国外掘进机发展概况

从地域和使用机型上来看，国外的掘进机设备可分为两大类：一类是欧洲国家大量使用的悬臂式掘进机，悬臂式掘进机的适应范围广，但掘进、支护不能平行作业，因此掘进效率比较低；另一类就是以美国和澳大利亚为代表使用的连续采煤机和掘锚机组，它们可以实现煤巷的快速掘进，掘进效率相对较高。

目前，国外掘进机的类别越来越系列化和多样化。截割头的功率范围为 50 ~ 400 kW，机器重量也由十几吨到一百六十吨不等。国外的新型掘进机都配置完善的工况监测系统和故障诊断系统，这可以帮助掘进机早期发现故障，并且快速排除故障，以大大减少停机时间。一些重型掘进机还可选择性地配置自动控制系统，提高机器的生产效率可达 30% 左右，同时还保证了切割机构的负载平稳，避免了由人工操作不当而引起的尖峰负荷，从而延长机器使用寿命 20% 以上。另外，某些发达国家掘进机的电控系统，不仅可以完成常规的控制功能，还具有遥控、程控功能，安装了掘进断面的自动控制和定向掘进功能，使掘进机按设定的方案作业，很大程度上提高了掘进机的自动化水平和掘进工作效率。

总体来看，近些年以来，国外的悬臂式掘进机的发展和科研情况主要体现在以下几点。

（1）切割功率范围稳定提高，掘进机的可靠性越来越高。有报道，日本已成功地用 TM60K 型掘进机进行全岩巷引水隧道掘进，可截割抗压强度高达 170 ~ 200 MPa 的岩石。现在最大的 WAV408 型掘进机重量达 160 t，切割功率 408 kW，可切割断面面积 87.5 m^2，WAV408 型掘进机以先进制造技术作为基础，从原材料的质量到零部件的加工精度全部进行严格控制，同时具有优越的国际协作条件和宽广的选购外购范围，主机的质量水平得到有效保证。另外，近些年来可靠性技术得到广泛使用，这主要体现在能够简化机械结构。在齿轮传动方面，机械连接和液压传动方面减少了串联系统的使用，如有些连接部分以嵌装式结构替代了螺栓组结构，这样既简化了结构，也在一定程度上有效提高了整机可靠性。

（2）多样化的配套设备使掘进机效能得到充分发挥。在巷道条件允许的情况下，掘锚一体化技术很好地解决了掘进与支护平行作业的问题；为了提高支护作业的安全性，超前液压支架或自带盾牌掩护支架得到了使用；在后配套运输方面，多采用刮板式或带式转载机，后配带式输送机，有条件时再设置活动煤仓。

（3）运用机电一体化技术。国外的新型掘进机大多配备完整的工况检测和故障诊断系统，保证了可在早期发现及尽快排除掘进机的工作故障，极大地缩短了停机时间，大幅提高了生产率。这样也使掘进机切割机构的负载平稳性得到了有效保证，延长了机器的使用寿命。另外，部分新型悬臂式掘进机还可监控推进方向，循环程序控制截割路线，监视切割断面轮廓尺寸。

（4）探索研究新的截割技术，如高压水射流掘进机、冲击振动式截割机具等。

（二）国内掘进机发展概况

悬臂式掘进机从20世纪40年代产生以来，已经有了80多年的发展历史过程。我国在悬臂式掘进机的研制和应用方面真正起步于20世纪70年代，比世界上各主要国家发展晚15～20年，在几代人的不懈努力下，我国在轻型及中重型悬臂式掘进机的研发方面基本上跨进了国际先进行列。

我国在悬臂式掘进机的研制工作方面，最初是仿造苏联的产品，机身小、功率低、性能也比较差，因此并未得到广泛使用。从20世纪60年代初期到70年代末期，这个阶段主要是以引进国外掘进机为主，同时也定型制造了几种机型，引进的同时也进行了消化和吸收，这为我国悬臂式掘进机下个阶段的发展奠定了基础。在这个阶段，我国悬臂式掘进机的特点是适用范围开始越来越广泛，切割能力越来越强，具有了切割夹岩及过断层的能力。

20世纪70年代末期到80年代末期，我国与国外合作生产制造了几种悬臂式掘进机并逐步实现其国产化，其中的典型代表是我国与奥地利、日本合作生产制造的AM50型及S100型，这两个机型逐渐成为国内市场上的主导产品。随后，国产悬臂式掘进机的研制加快了步伐，我国也自行设计了几种悬臂式掘进机，如EBJ－65/48、EMS－75、EL－90、EBJ－132、EBJ－160、MRH－S100－41、EBH－132、EJ－70等机型。在这个阶段，悬臂式掘进机的特点是工作可靠性比较高，能够满足我国煤矿掘进的条件，这个时期半煤岩巷的掘进技术也达到了相当的水平，同时出现了重型掘进机。

从20世纪80年代末期开始以来，悬臂式掘进机的设计制造水平进步很大，可以根据矿井生产的不同需求实现部分个性化功能设计，代表机型很多，包括EBJ型、EL型、EBZ型、EBH型等。这个阶段悬臂式掘进机的特点是设计水平比较先进，可靠性得到了大幅度提高，功能上也更加完善，切割功率更大。20世纪90年代中期至今是我国掘进机的自主研发阶段，这个阶段中型悬臂式掘进机的发展日渐成熟，重型悬臂式掘进机也大批出现，这个时期形成了以煤炭科学研究总院太原分院、佳木斯煤矿机械有限公司、三一重装国际控股有限公司、石家庄煤矿机械有限责任公司、煤炭科学研究总院上海分院等多个具备掘进机自主研发制造能力的掘进机生产企业。我国悬臂式掘进机的科研水平和整机可靠性能大幅度提高，功能也日趋完善，具备了截割功率在50～350千瓦、机重在18～35 t系列化掘进机的自主研发制造能力。

目前，我国已经具备年产千余台的悬臂式掘进机的加工制造能力，研发生产了数十种型号的悬臂式掘进机，从而形成了系列化产品，基本上满足了国内的市场需求。当下我国的悬臂式掘进机主要有煤炭科学研究总院太原分院研制的EBZ（H）系列、佳木斯煤矿机械有限公司生产的S（EBZ）系列、三一重装国际控股有限公司生产的EBZ系列。代表机型主要有煤炭科学研究总院太原分院研制的EBH315TY型和EBZ220TY型掘进机，佳木斯煤矿机械有限公司生产的EBZ230型和EB2260型掘进机，三一重装国际控股有限公司生产的EBZ200型、EBZ260型和EBZ318型掘进机，石家庄煤矿机械有限责任公司生产的EBH300A型掘进机等。

至今为止，我国悬臂式掘进机自主研发取得的主要成绩如下。

（1）相继开发出了多种重型掘进机，重型国产掘进机可截割抗压强度100～120 MPa的岩石，使用范围不断扩大。

（2）完成了硬岩截齿的研究，研制出了“三高”硬质合金刀头，开发了新的截齿制造工艺，使我国的硬岩截齿达到国际先进水平。

(3) 对高压水射流辅助截割技术和惯性冲击辅助截割技术进行了探索和尝试，并成功研制了 ELMB－75C 型振动式掘进机，现已批量生产。

(4) 可编程逻辑控制器（programmable logic controller，PLC）成功应用到部分掘进机电控系统中，在电控系统的保护插件及故障诊断等方面取得了一定的成绩。

(5) 在国家科技支撑计划支持下，我国煤机制造企业加大了科研投入，围绕大断面岩巷掘进机研制技术、掘进机自动控制技术、掘进巷道综合除尘技术及掘进机多功能一体化技术展开了科技攻关，取得了一批重要成果。我国研制的新一代煤巷掘进机整机结构紧凑、设计合理，机身矮、重心低、工作稳定性好，生产能力大、破岩能力强、适应性好，采用液压马达直接驱动装载机构，结构简单、工作稳定、可靠性高、减少了维护量，采用无支重轮履带行走机构和履带导向轮黄油缸张紧装置，提高了履带行走机构的可靠性，增设了自动加油装置，提高了液压系统的可靠性，电气系统采用了 PLC 控制，具有工矿检测和故障诊断功能。

第三节　快掘技术发展趋势

快速掘进技术的特点就是能够通过综合集成的生产设备，使一系列的生产过程能够达到快速高效的实施情况。综合机械化的快速掘进技术，将以高度可靠性及大功率为性能特点，并在工作的单产量生产上产生明显优势，增加综合采集面的推进长度。提高巷道的有效面积，能够满足巷道生产的有效环境，并对高效集约化的生产提供更多有利的生产要素，使实际生产过程中，高效集约化的生产模式积极有效地应用于大功率生产的全过程。

一、推广使用连续采煤机

连续采煤机多巷掘进是美国、澳大利亚等主要采煤国家长期采用的掘进技术，已成为高产高效工作面巷道主要掘进方式。国内外生产实践表明，在条件适宜的矿区使用连续采煤机，具有投资少、出煤快、适应性强、机动灵活、用人少、安全性高等优点，不但可以用于回采，还可以作为掘进设备使用。

二、开展掘锚一体化技术研究

(一) 继续发展基于连续采煤机的掘锚机组

美国、澳大利亚、英国等主要产煤国家目前广泛采用掘锚一体化技术，即通过掘锚机组实现掘锚平行作业。同连续采煤机和锚杆钻车交叉换位施工相比，掘锚一体化适用范围更广，支护效果、掘进工效也有进一步改善，因而引起世界采矿界的广泛关注，被誉为煤巷掘进的一次技术革命。

(二) 研究开发基于悬臂式掘进机的掘锚同步作业联合机组

基于连续采煤机的掘锚机能够实现掘锚同步作业，但受截割方式与 T 型截割机构限制，无法在顶板条件差的煤巷、半煤岩及岩巷中使用，推广应用受到限制；基于现有悬臂式掘进机的掘进及支护一体机，受截割臂悬臂过长和回转与升降动作的影响无法实现掘锚同步作业，影响了掘进效率。如何将两种设备的优点结合起来，以悬臂式掘进机为基础，改变悬臂升降与回转方式，缩短悬臂，采用掘锚机锚杆安装与支护方式实现基于悬臂式掘进机的掘锚同步作业，研制基于悬臂式掘进机的掘锚同步作业联合机组，将是煤矿巷道高效掘进的一个重要发展方向。基于悬臂式掘进机的掘锚同步作业联合机组主要研究内容包括以下方面：①结构设计及工作稳定性；②截割机构；③截割和装运机构滑移联结技术；④截割振动与锚杆钻机打眼振动抗干扰技术；⑤机载锚杆钻臂系统；⑥扇形伸缩铲板；⑦机载临时支护技术。

掘锚一体化代表了煤矿巷道快速掘进技术的发展方向，是高产高效矿井技术的重要组成部分。掘锚一体化施工技术优势明显，在我国有广泛的应用前景，要针对我国煤矿的地质条件和施工工艺进行研究，提供多种配套形式，同时要做好配套设备的研制工作。石家庄煤矿机械有限责任公司研制出一种比较有代表性的掘锚一体机，经工业性试验，效果良好。与先期研制的此类设备比较，降低了工人劳动强度，进行支护作业时掘进机不需停机，提高了巷道掘进、支护速度。

掘锚一体机可以提供一种快速、安全、经济、可靠的巷道掘进支护方式，是目前巷道掘进支护先进技术的代表和发展方向。掘锚一体机是专门用于煤矿井下和其他井巷工程中掘进巷道，并对巷道顶板、侧帮打孔和安装锚杆的掘锚一体设备。掘锚一体机实现了巷道的掘进和支护，大大缩短了支护作业时间，保证了工人的安全性，提高了掘进工作效率。整机结构合理、紧凑，工作灵活，操作方便，是实现目前国内巷道掘进支护快速、高效、机械化的一种首选装备。掘锚一体机适用于中低型矿山巷道掘进工作面机械化作业，在设计上具有以下特点：①整机实现计算机控制、无线遥控、智能成型截割、切割臂摆速智能控制和全方位支护；②机组结构合理，大部件强度好、刚性好；③机组全部采用液压系统控制，方便井下维修与操作；④机组行走部采用液压马达＋减速机驱动；⑤机组装有两套用液压控制进行钻孔的钻臂及推进装置，且两钻臂及推进部相互独立；⑥机组上的两台钻机可旋转至不同位置及不同角度施工帮锚杆、炮孔及探测孔；⑦在机组截割臂上装有可伸缩的平台装置，保证了作业人员的方便操作与安全；⑧机组有采用张紧轮组和张紧液压缸组成的履带张紧装置。

三、提高巷道掘进配套技术水平

（一）发展综合机械化掘进自动控制技术

煤矿井下综合机械化掘进自动控制技术主要是以掘进机为龙头，配套其他辅助设备，如除尘系统、掘进机机载锚杆钻机、带式转载机、截割断面监控系统、故障诊断系统、信息传输等来实现掘进工作面生产过程的自动化控制和生产信息计算机管理网络化，提高掘进水平，促进煤矿安全高效生产。综合机械化掘进自动控制技术的高低代表了一个煤矿企业的生产力发展水平和总体技术水平，直接制约着矿井的资源效益。因此，要加快发展综合机械化掘进自动控制技术步伐，其主要内容有：综掘工作面设备配套技术、掘锚一体化技术、掘进机可视化监控技术、掘进机自动截割轮廓成形控制技术、远程智能控制技术、工况监测和故障诊断技术、信息传输技术。

（二）掘进工作面配套综合除尘系统

目前，我国掘进工作面采用的除尘方式主要是喷雾除尘，这种方式可靠性差、效果不理想，除尘效率最高只能达到60%～70%。为了改善掘进工作面环境，煤炭科学研究总院太原分院与德国 CFT 公司共同研制开发了一套适合中国国情的掘进工作面高效除尘系统，该系统的除尘效率可达到 99.4%，除尘技术达到国际先进水平，这种掘进工作面高效除尘系统具有广阔的应用前景，是掘进工作面配套机载除尘设备的发展方向。

（三）煤巷快速掘进的地质保障关键技术

煤巷施工中经常会遇到地质条件的变化，影响掘进速度，应重点发展独头掘进巷道小构造等地质异常体的 150 m 超前探测和探测结果的三维可视化快速显示等技术。

（四）全面推广锚杆支护技术

锚杆支护技术在我国重点矿区得到了广泛应用，今后要重点推广煤及半煤岩巷围岩煤地质力学测试与评估、动态信息锚杆设计技术，完善锚杆支护技术。综上所述，综合机械化掘进在我国煤炭生产进程中的地位越来越重要，单进速度已成为我国安全高效矿井建设的瓶颈。改革开放以来，我国坚持走引进、吸收与自主创新相结合的道路，加快技术改造和创新步伐，努力提高国产煤炭装备的技术水平，使我国综掘产业取得了很大的发展，但由于思想观念、机制、历史沿革等因素，其发展道路是低水平粗放式的，与国外相比在整机的自动化水平、多功能性、可靠性方面还有很大的差距。

第二章 快掘系统装备

第一节 掘锚一体机

图2－1 掘锚一体机实物图

掘锚一体机是具有切割、装载及转载煤岩、支护等功能的智能化掘进设备，如图2－1所示。

掘锚一体机主要由截割滚筒、截割齿轮箱、截割大臂支架、装载机构、输送机、主机架、电气系统、液压系统、润滑系统、冷却和喷雾系统、锚杆支护装置、湿式除尘器等主要部分组成，如图2－2所示。另外，掘锚一体机提供以下附属设备：灭火器、锚索和截割张紧装置。

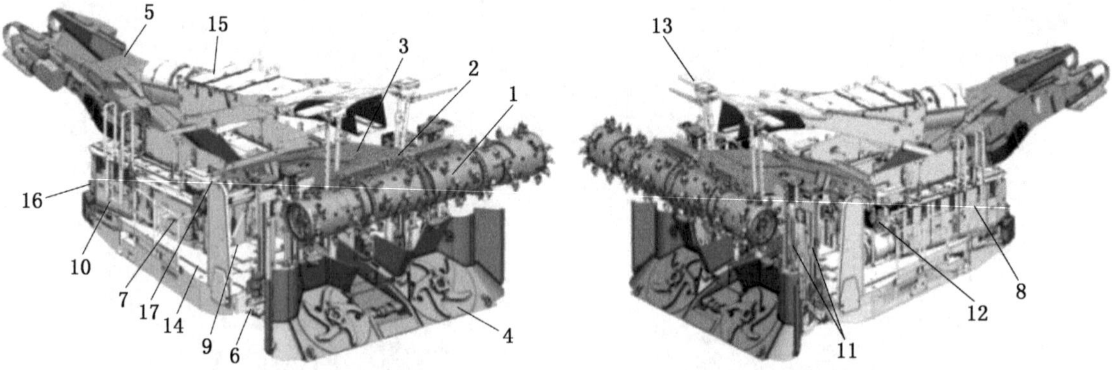

(a) 正视图　　(b) 侧视图

1—截割滚筒；2—截割齿轮箱；3—截割大臂支架；4—装载机构；5—输送机；6—主机架；7—电气设备；8—液压装置；9—润滑系统；10—冷却和喷雾系统；11—顶锚杆机；12—帮锚杆机；13—顶棚；14—工作平台；15—湿式除尘器；16—灭火器；17—锚索和截割张紧装置

图2－2 掘锚一体机主要机器部件结构图

一、截割滚筒

（一）分类

目前，截割滚筒主要分为以下两种。

1. 可伸缩截割滚筒

可伸缩截割滚筒装有伸缩端，由两侧的内置油缸操纵伸缩。多数情况下，伸缩部是一根伸缩管，伸缩部可缩小滚筒宽度，以便在矿井内移动及进行某些维护工作，如在狭窄的过道中检查截齿。

2. 刚性截割滚筒

如果截割材料的抗压强度非常高，可使用刚性截割滚筒。刚性截割滚筒的宽度不能缩小或扩大。

(二) 结构组成及工作原理

截割滚筒由破岩齿、截割工具系统等组件构成，如图 2－3 所示。

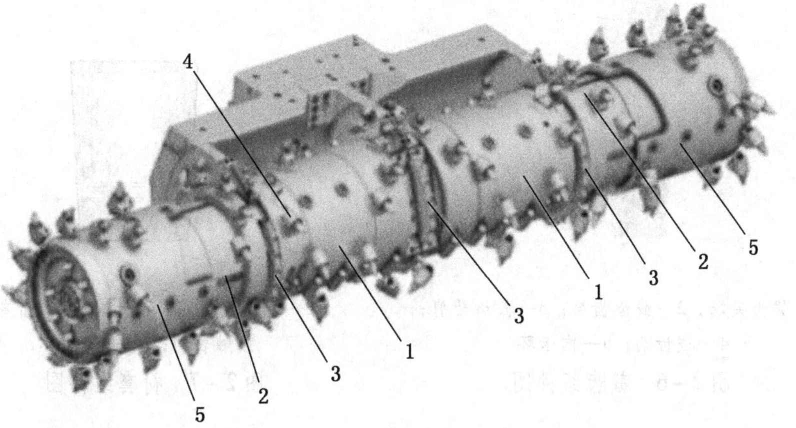

1—左/右内部截割滚筒；2—左/右外部截割滚筒；3—破岩齿；4—截割工具系统；5—截割滚筒左/右侧伸缩部

图 2－3　截割滚筒组件图

1. 破岩齿

破岩齿被固定在截割齿轮箱上，其作用是清除截割齿轮箱周围的物料。有各种形状和大小的破岩齿可供使用，具体由机器的切割高度来决定，如图 2－4 所示。

2. 截割工具系统

截割工具系统是为优化机器操作而专门设计的。截割工具系统包括：用于切割工作面的截齿、用于夹紧和固定截齿的配套衬套，以及用于固定截齿和衬套的截齿座，如图 2－5 所示。

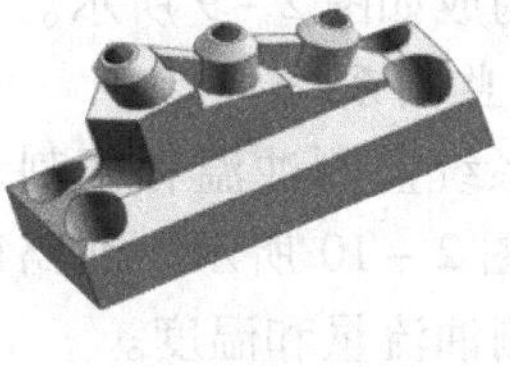

图 2－4　破岩齿组件图

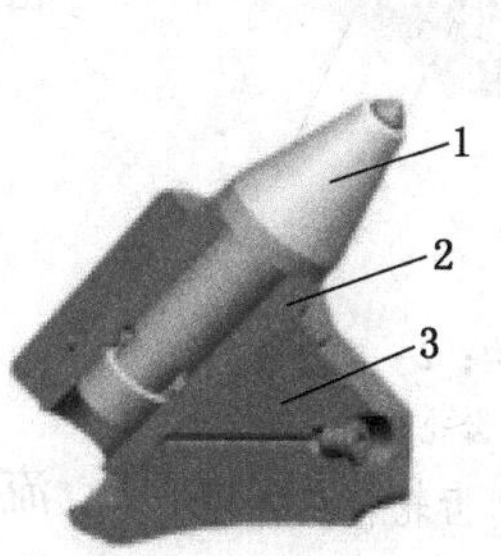

1—截齿（用于切割工作面）；2—衬套（用于固定截齿）；
3—截齿座（用于固定衬套）

图 2－5　截割工具系统组件图

（1）截齿。截齿齿身的几何形状和截齿尖的硬质合金材质等级均由具体的切割条件确定。必须根据具体的工作条件选择截齿，如果在订购机器时未订购截齿，机器用户须决定选择哪种合适的截齿类型。截齿组件构成如图 2－6 所示。

（2）衬套。衬套由所用截齿的几何形状及其插入的截齿座的尺寸决定。衬套组件构成如图 2－7 所示。

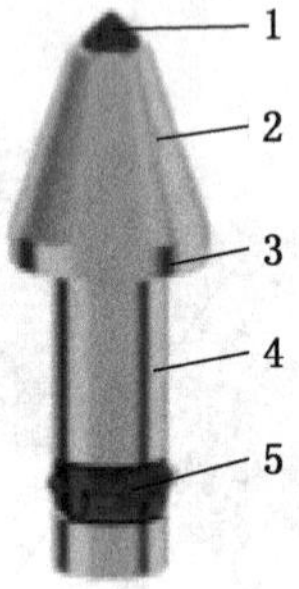

1—截齿尖端；2—截齿齿身；3—截齿凸肩；4—截齿柄；5—内卡环

图 2－6　截齿组件图

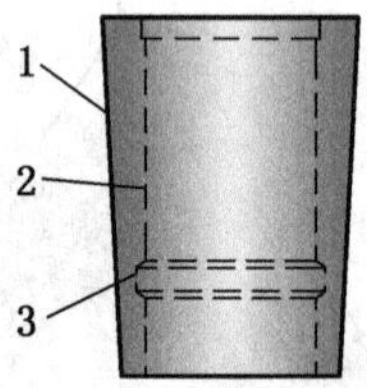

1—截齿座接触表面；2—截齿齿身接触表面；3—卡环槽

图 2－7　衬套组件图

（3）截齿座。截齿座是直接焊接到截割头上的截割装置元件。齿座与截齿的配置和形态对于每个滚筒或截割头类型而言都是独一无二的。

二、截割齿轮箱

（一）结构组成及工作原理

截割电机和相应的截割齿轮箱可转动截割滚筒。截割齿轮箱内置有油路循环泵，这个油路循环系统为齿轮提供润滑，另外还与监测系统相连以监测油流量和温度。所有接触面用 O 形圈或适当的液封进行密封，这样可保护齿轮免受污物和水的侵入并防止漏油。传动轴被轴封密封，传动轴采用端面密封。

1—正齿轮机构；2—伞齿轮；3—行星齿轮机构

图 2－8　截割齿轮箱组件图

截割齿轮箱组件构成如图 2－8 所示。

（二）截割齿轮箱

截割齿轮箱组件构成如图 2－9 所示。

（三）截割齿轮箱监测系统

截割齿轮箱监测系统监测油温和截割齿轮箱油的流量，其组件构成如图 2－10 所示。油路循环系统被连接到监测系统以监测油流量和温度。

测量温度和压力值是由机器上安装的软件监测的，如果测量到的值超出规定范围，可能会根据超出程度，在机器上给出可视预警或者关闭截割电机。

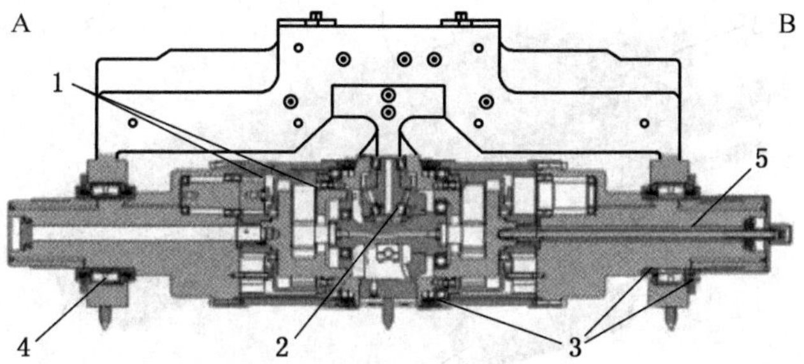

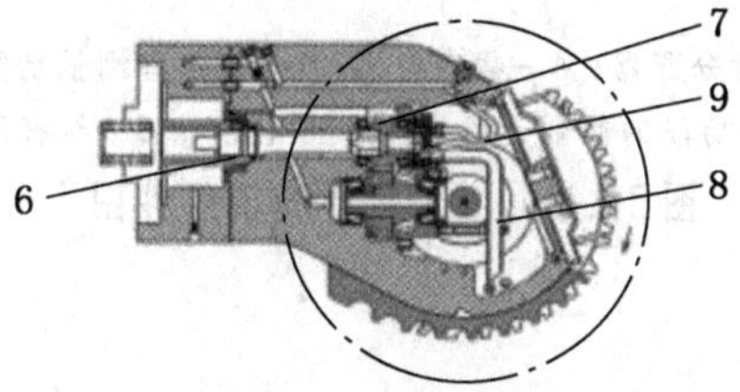

1—行星齿轮；2—伞齿轮；3—端面密封件；4—外轴承；5—液压管；6—轴封；
7—正齿轮；8—吸入管路；9—齿轮泵；
A—固定式滚筒；B—伸缩式滚筒

图2-9　截割齿轮箱组件图

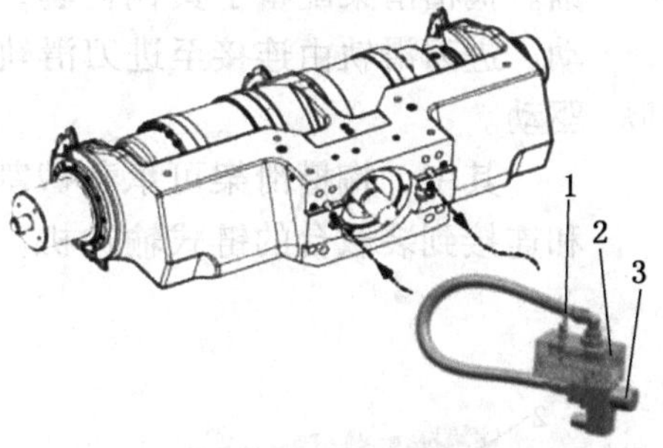

1—温度传感器；2—传感器体；3—压力开关

图2-10　截割齿轮箱监测组件

三、截割大臂支架

（一）结构组成及工作原理

截割臂为一整块实心钢构件。某些情况下，出于运输需要可以将截割臂分开，截割臂与进刀滑轨相连并承载截割齿轮箱，定位测量系统将截割臂的准确位置实时通知微处理器。

截割大臂支架组件构成如图2-11所示。

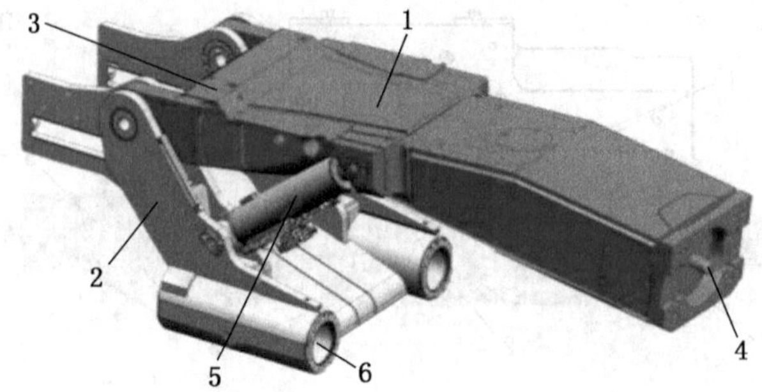

1—截割臂；2—进刀滑轨；3—润滑分配器；4—截割电机；5—带位移测量功能的截割大臂截割油缸（右）和无位移测量功能的截割大臂截割油缸（左）；6—导杆滑动轴承

图 2－11　截割大臂支架组件图

（二）线性位移传感器

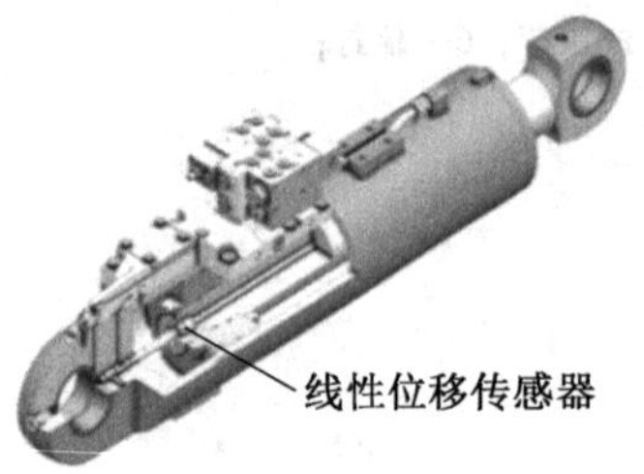

图 2－12　带线性位移传感器的截割大臂提升油缸

线性位移传感器用于监测截割大臂的位置和滑动机架位置。带线性位移传感器的截割大臂提升油缸如图 2－12 所示。

（三）进刀滑轨

水平掏槽滑架使截割装置和输送机一起进行掏槽操作。由于水平掏槽滑架独立于主机架，从而能够同时切割和护锚。掏槽滑架配备了黄铜衬套，可在主机架掏槽导轨上滑动，进刀滑轨由连接至进刀滑轨和主机架的进刀油缸进行驱动。

其中，掏槽滑架可承载截割大臂、截割大臂截割油缸和连接到装载台的链式输送机。由掏槽油缸驱动的掏槽滑架如图 2－13 所示。

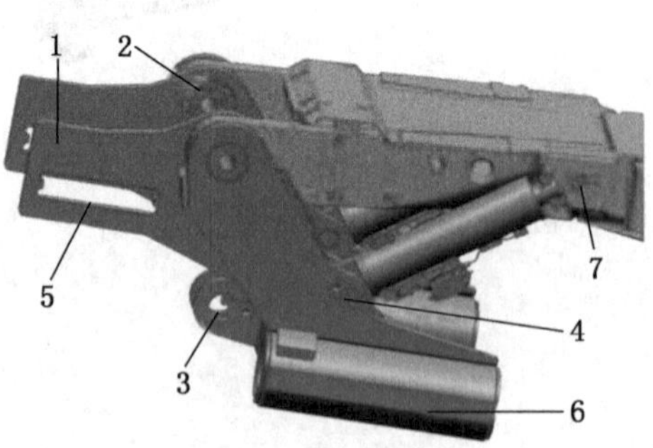

1—进刀滑轨；2—截割大臂轴承；3—掏槽油缸轴承；4—截割大臂截割油缸轴承；5—输送机滑轨；6—导杆滑动轴承；7—润滑脂分配器/平台润滑点

图 2－13　由掏槽油缸驱动的掏槽滑架

四、装载机构

（一）结构组成及工作原理

装载机构由电动机、传动齿轮箱、安全联轴器、集料装置、铲板等组成。铲板作为基体倾斜安装在主机架前端，后部与第一运输机连接，前端与巷道底板相接触，靠液压缸推动可做上下摆动。为增加装载宽度，通常铲板装有左右副铲板。铲板上装有集料装置，由铲板下面的传动装置带动。当机器截割煤岩时，应使铲板前端紧贴底板，以增加机器的截割稳定性。

输送机由电动机、驱动装置、安全联轴器、张紧装置、链条、刮板和乱板槽等组成。输送机在掘进机的主机架中间通过，与地平面成一定角度布置，并升高到一定的卸载高度。大功率掘进机安装的中间输送机均采用低速大扭矩液压马达直接驱动，刮板链条的张紧通过在输送机尾部的张紧油缸来实现，传动系统中装有过载安全联轴器，以防集料装置和输送机被卡阻堵转而损坏传动件或烧毁电动机。

装载台用于收集截割物料并有助于使机器保持稳定。装载拨盘将物料拨入输送系统并清理机器前行的道路，当截割滚筒进刀时，装载台同进刀滑轨一起向前移动，以保证获得最佳的装载效率，装载拨盘由装载台下方安装的电机进行驱动。装载台组件构成如图2－14所示。

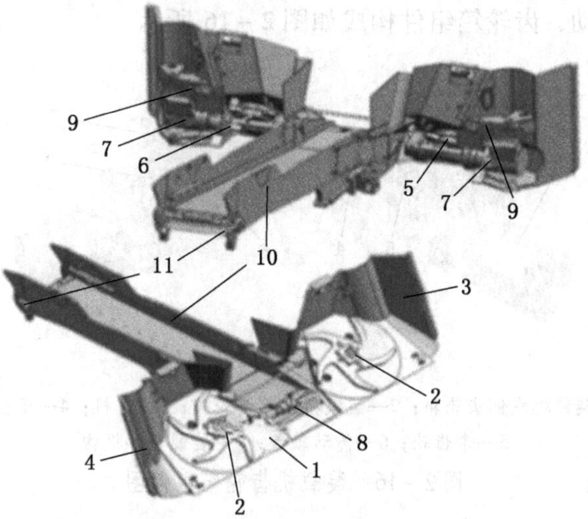

1—装载台；2—装载拨盘；3—装载台左侧伸缩部；4—装载台右侧伸缩部；5—装载机右侧齿轮箱；6—装载机左侧齿轮箱；7—电机；8—偏转辊；9—装载台伸缩油缸；10—输送机前部；11—滑块

图2－14　装载台组件图

（二）装载台伸缩部

装载台的宽度可以由装载台任一侧的伸缩部进行调节。

1. 可调式装载台伸缩部

可调式装载台伸缩部包括一个附属的固定侧面组件，任一侧油缸能够精确地横向调整装载台，从而最大限度地减少切割材料的溢出。

2. 刚性装载设备伸缩部

刚性装载设备伸缩部包括一个附属的固定侧面组件，组件加装到基础装载台上。装载台伸缩部组件构成如图 2－15 所示。

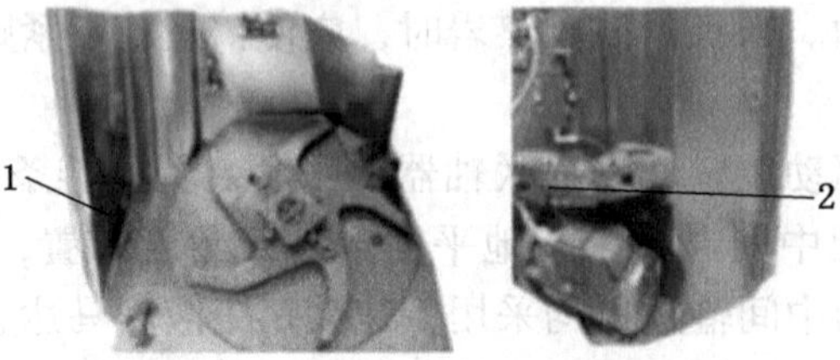

1—装载台伸缩部；2—伸缩部油缸

图 2－15 装载台伸缩部组件图

（三）装载机齿轮箱

1. 结构组成及工作原理

装载机电机和相应的齿轮箱驱动安装在装载机齿轮箱上的装载星形机构。每个齿轮箱由一个单独的电机驱动，齿轮箱组件构成如图 2－16 所示。

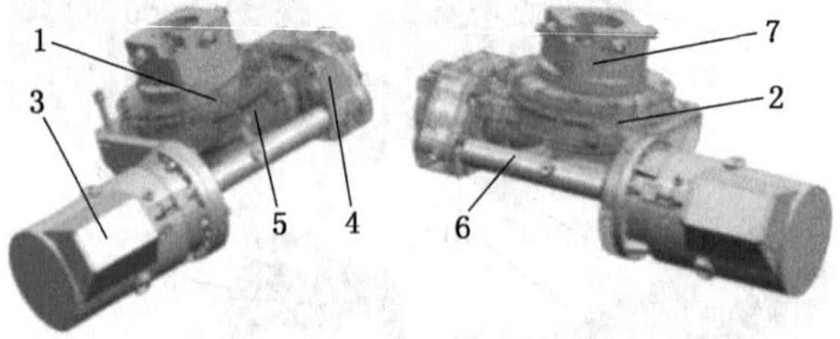

1—装载机左侧齿轮箱；2—装载机右侧齿轮箱；3—电机；4—正齿轮；
5—伞齿轮；6—传动轴盖；7—装载星形机构

图 2－16 装载机齿轮箱组件图

2. 装载机齿轮箱

装载机齿轮箱如图 2－17 所示。

（四）油位指示器

每个装载机齿轮箱都装有观察镜，即油位指示器，位于装载台后部，用于检查和加注齿轮油。油位指示器组件构成如图 2－18 所示。

（五）偏转辊

偏转辊是装载台部件，它能够引导输送机并支撑链条，以减小链条松弛度，如图 2－19 所示。

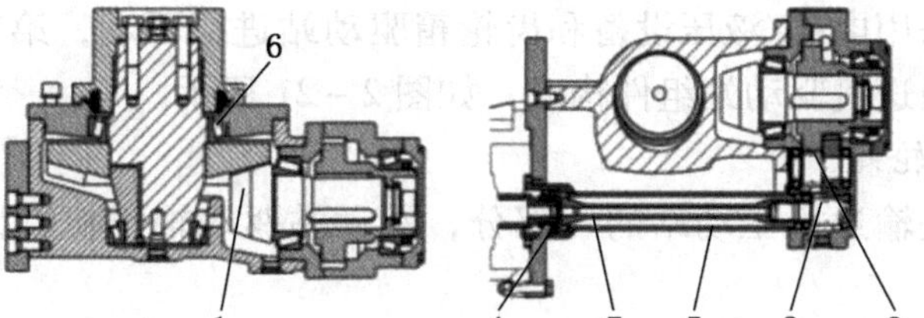

1—伞齿轮；2—正齿轮 -1 挡；3—正齿轮 -2 挡；4—轴封；5—轴封；6—端面密封件；7—传动轴

图 2-17　装载机齿轮箱示意图

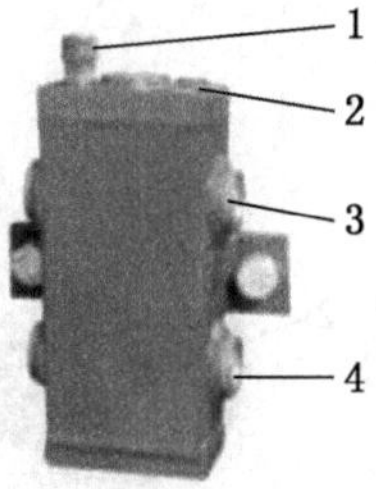

1—排气；2—注油连接管；3—观察镜（最大油位）；
4—观察镜（最小油位）

图 2-18　油位指示器组件图

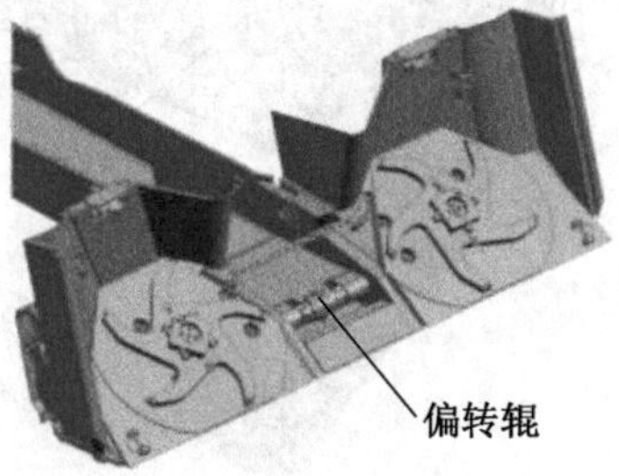

图 2-19　偏转辊

五、输送机

（一）单链输送机

单链输送机组件构成如图 2-20 所示。

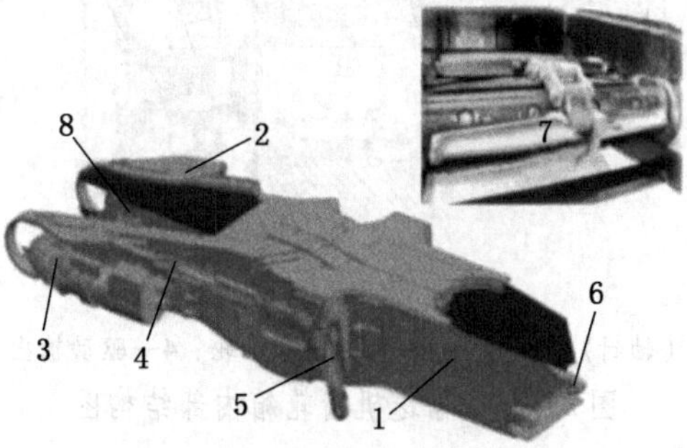

1—输送机后部；2—输送机摆动部分；3—驱动站；4—液压缸；5—液压缸；
6—装载台和输送机连接机构；7—输送机链；8—张紧装置

图 2-20　单链输送机组件图

(二) 输送机驱动站

输送机在后端采用电机/液压设备和齿轮箱驱动站进行驱动，第二个电机可按需作为选装件进行装配。输送机驱动站组件构成，如图2-21所示。

(三) 输送机齿轮箱

输送机齿轮箱是输送机驱动站的一部分，驱动站驱动输送机，齿轮箱由液压或电机驱动。

输送机齿轮箱组件构成如图2-22所示。

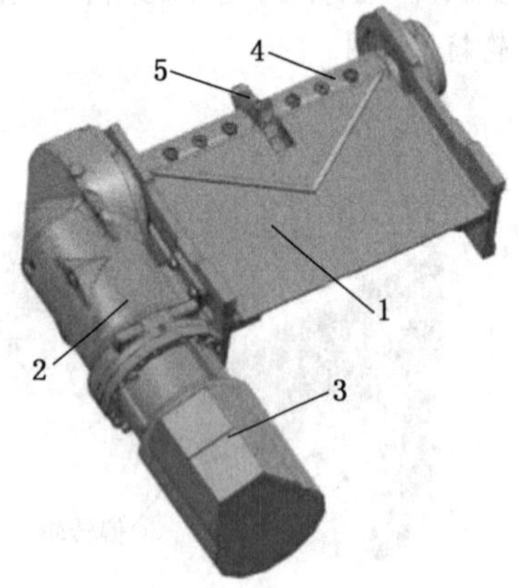

1—张紧滑块；2—输送机齿轮箱；3—电机；
4—传动轴；5—驱动链轮

图2-21 输送机驱动站组件图

1—行星齿轮；2—伞齿轮

图2-22 输送机齿轮箱组件图

输送机齿轮箱内部结构如图2-23所示。

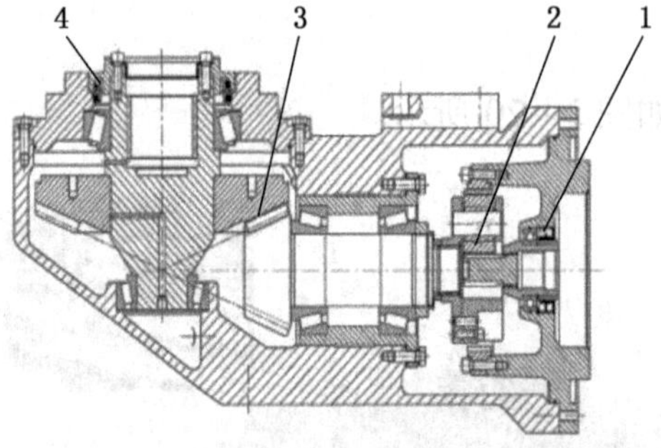

1—输入传动（轴封）；2—行星齿轮；3—伞齿轮；4—驱动输出（端面密封）

图2-23 输送机齿轮箱内部结构图

(四) 单链输送机履带

1. 结构组成

单链输送机履带是一种宽刮板链，宽度为29英寸（58.42 cm）。单链输送机履带组件构成如图 2－24 所示。

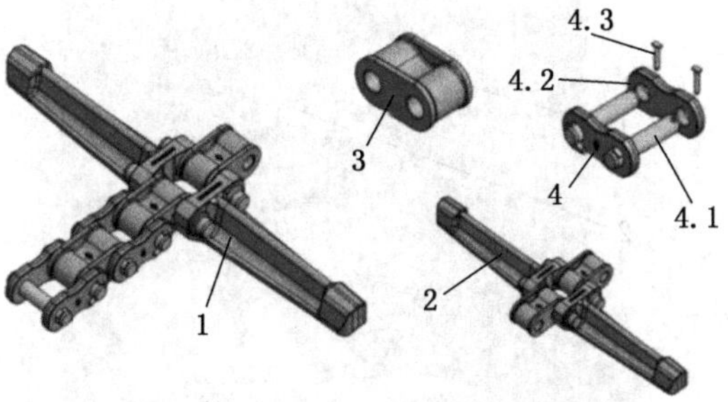

1—链条单元；2—刮板部分；3—连接器；4—侧带总成；4.1—连接销钉；
4.2—侧带；4.3—T 形销钉

图 2－24　单链输送机履带组件图

2. 注意事项

切勿反转阶梯，因为反转的阶梯将不会在顶板上齐平，如图 2－25 所示的操作是禁止的。

3. 磨损极限

必须在刮板的中心之间测量磨损极限，刮板之间的距离如图 2－26 所示。另外，如果达到磨损极限，建议更换链条。

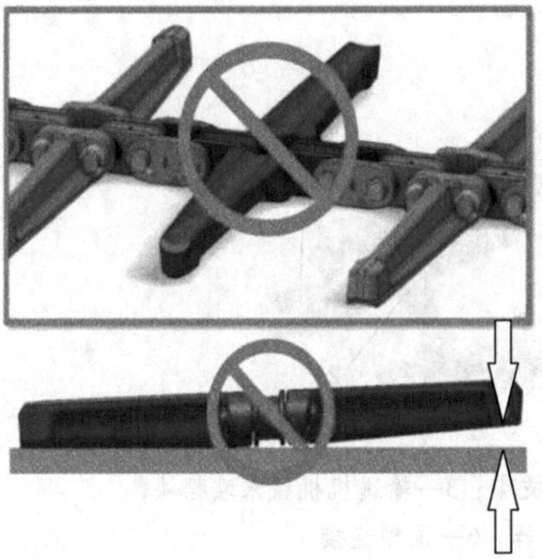

图 2－25　切勿反转阶梯示意图

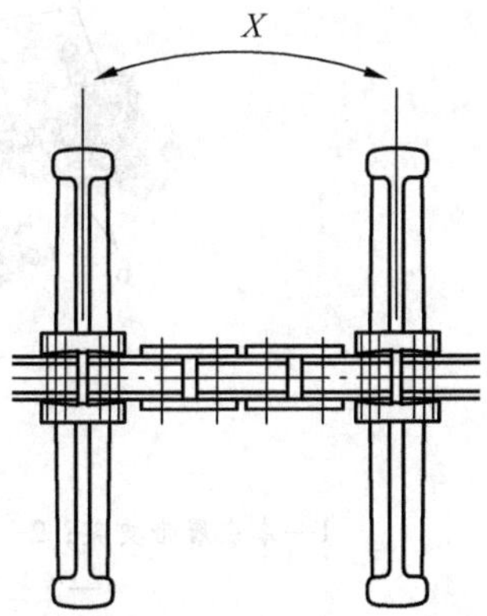

X—测量值必须介于 457.2～480 mm

图 2－26　刮板之间的距离

4. 张紧装置

张紧装置用于张紧输送机链。张紧时可用油枪供给润滑脂，以张紧油缸作为张紧元件。张紧装置由以下组件构成，如图 2－27 所示。另外，需注意气缸上的皮带必须位于上部。

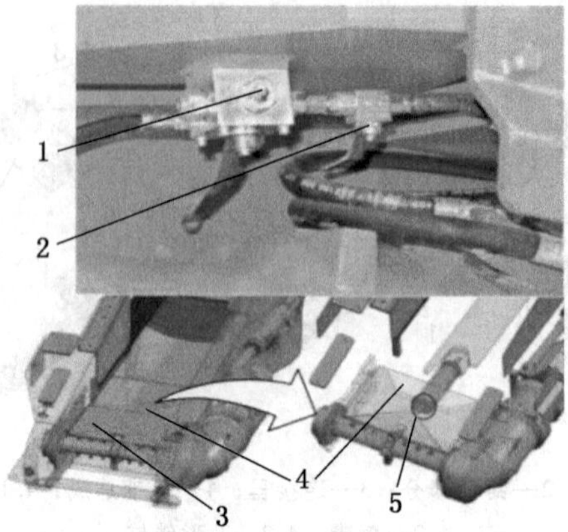

1—带油嘴的球阀座；2—球阀；3—张紧滑块；4—张紧油缸；5—皮带

图 2－27　单链输送机张紧装置组件图

六、主机架

（一）主机架结构组成

主机架为一个单件的钢结构，它承载着全部其他装配组件。主机架组件构成如图 2－28 所示。

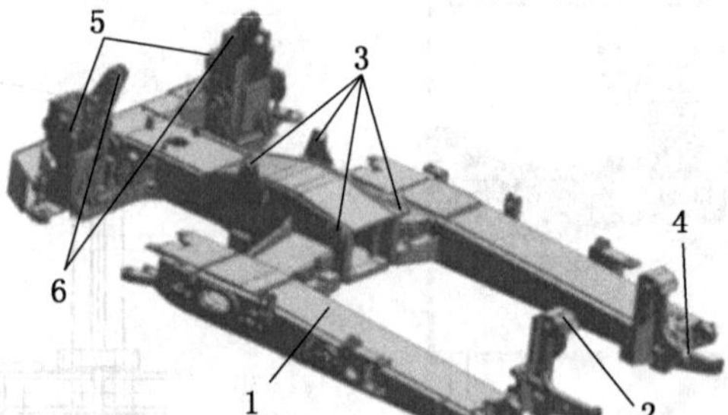

1—牵引履带支架；2—装载台举升油缸支架；3—输送机机械末端挡块；
4—支柱支架；5—后稳定器；6—顶棚连接

图 2－28　主机架组件图

（二）牵引机架结构组成

牵引机架组件构成如图 2－29 所示。

（三）后稳定器

后稳定器集成于主机架中，在截割过程中用于稳定机器。后稳定器可以在两侧单独升降，其作用是把机器自身重量转移到机器前方，协助向下截割工作面。此外，向下截割期间，机器有降低倾向时，后稳定器能为机器后部提供坚实支撑。后稳定器也可以用作一个

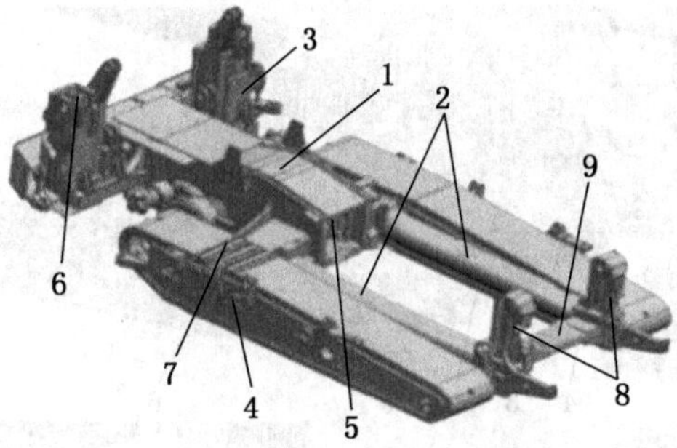

1—机架；2—导杆；3—后稳定器；4—牵引履带；5—进刀油缸；6—后稳定器举升油缸；
7—履带链张紧油缸；8—装载台举升油缸；9—滑动导轨

图 2－29　牵引机架整体组件图

千斤顶，提高机器维修效率。后稳定器组件构成如图 2－30 所示。

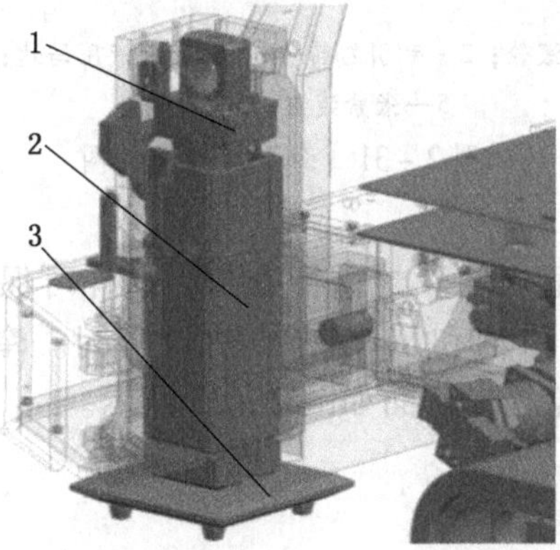

1—油缸；2—导轨；3—稳定器固定板

图 2－30　后稳定器组件图

（四）牵引履带

牵引履带用于在切割循环中操纵机器及长距离移动机器，它采用坚固耐用的设计以适应最艰苦的开采条件，其全封闭结构可防止粉尘侵入，履带装配件的中心部分在耐磨滑板上移动。

牵引履带由两个液压马达驱动，配有以液压驱动的多个盘式制动器，如果液压下降，制动器将立即做出反应以阻止机器继续移动，履带通过油缸张紧。牵引履带组件构成如图 2－31 所示。

（五）牵引履带齿轮箱

牵引履带由液压马达和牵引履带齿轮箱驱动，而履带齿轮箱由一个正齿轮和两个行星齿轮组成，它是由液压马达驱动，直接通过法兰连接于正齿轮。

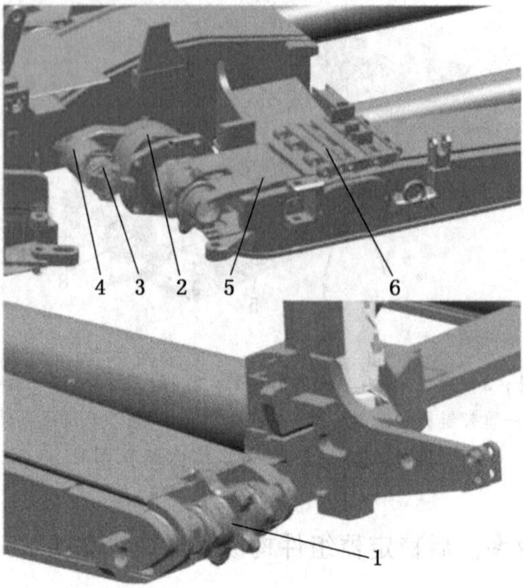

1—带链轮齿的回转滚轮；2—牵引履带齿轮箱；3—液压马达；4—多盘式制动器；
5—张紧装置；6—履带链

图2－31　牵引履带组件图

所有接触面用O形圈或适当的液封进行密封，这样可保护牵引履带齿轮箱免受污物和水的侵入并防止漏油，传动轴和从动轴被轴封密封。牵引履带齿轮箱组件构成如图2－32所示。牵引履带齿轮箱横切面如图2－33所示。

1—行星齿轮机构；
2—正齿轮

图2－32　牵引履带齿轮箱组件图

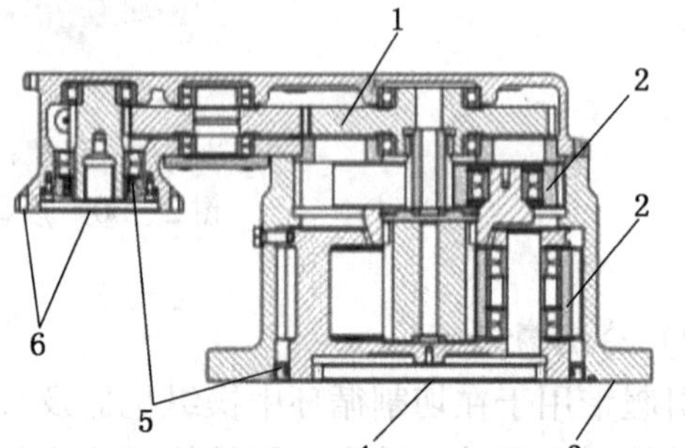

1—正齿轮；2—行星齿轮；3—连接至张紧滑块；
4—连接至链轮齿；5—轴封；6—液压马达接线

图2－33　牵引履带齿轮箱横切面图

（六）多盘式制动器

弹簧承载的多盘式制动器集成到驱动装置，这个制动器在驱动时由液压脱开，换句话说，如果液压系统出现故障或关断时，制动器会自动接合并且导致机器停止运行。履带驱动电机与履带齿轮箱之间安装有多个盘式制动器。复式圆盘制动器如图 2 - 34 所示。

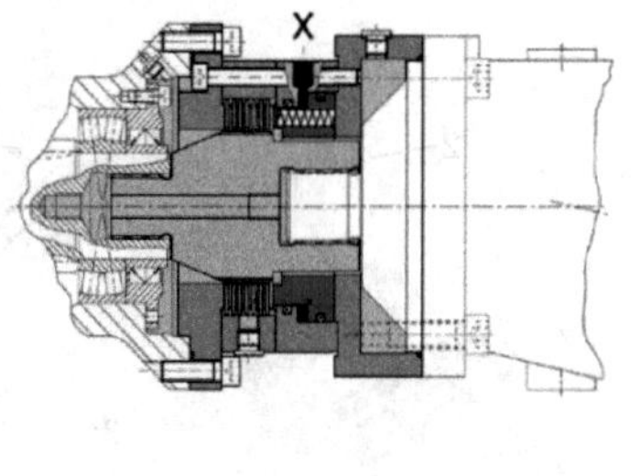

图 2 - 34 复式圆盘制动器

（七）牵引履带张紧滑块和张紧装置

张紧装置用于张紧或松开履带链，由履带链两侧的张紧油缸、带球阀的连接器块、用油脂枪加注润滑脂的注油嘴及张紧滑块组成，如图 2 - 35 所示。

张紧油缸用作张紧元件，当润滑脂通过油枪注油时，油缸受力分开，张紧滑块在张紧过程中移动，用于润滑脂油缸张紧的连接器块置于履带架的两侧。

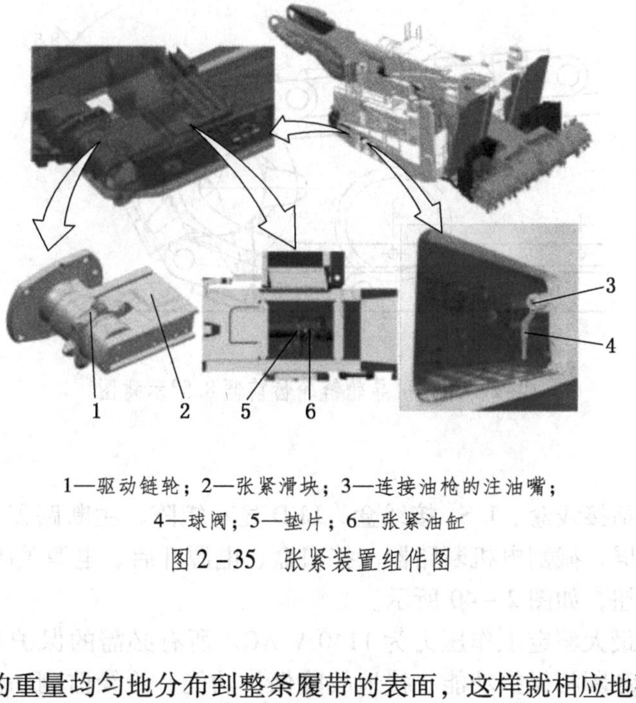

1—驱动链轮；2—张紧滑块；3—连接油枪的注油嘴；
4—球阀；5—垫片；6—张紧油缸

图 2 - 35 张紧装置组件图

（八）履带链

履带链将机器的重量均匀地分布到整条履带的表面，这样就相应地减轻了地面的承重力并能确保即使地面条件不同也无滑差。履带链由履带链节组成，履带通过油缸张紧。履带链组件构成如图 2 - 36 所示。

（九）牵引履带引导轮链轮齿

引导轮链轮齿如图 2 - 37 所示。需注意的是，在安装前面的引导轮链轮齿时，在多边形装置上要确保从主行驶方向看系统时，链轮齿向前倾 8.5°，如图 2 - 38 所示。

七、电气系统

（一）结构组成

电气系统由主控制面板、电机、瓦斯监测系统、悬垂控制器、声音/视觉警报器和照明系统等组成。电气系统的主要部件如图 2 - 39 所示。

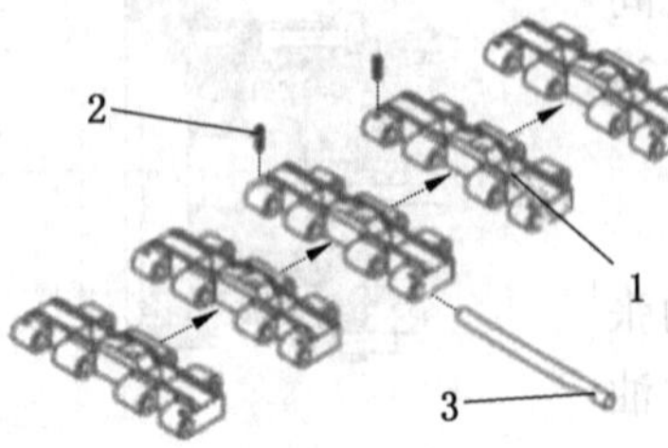

1—履带链节；2—滚销；3—销钉

图 2－36　履带链组件图

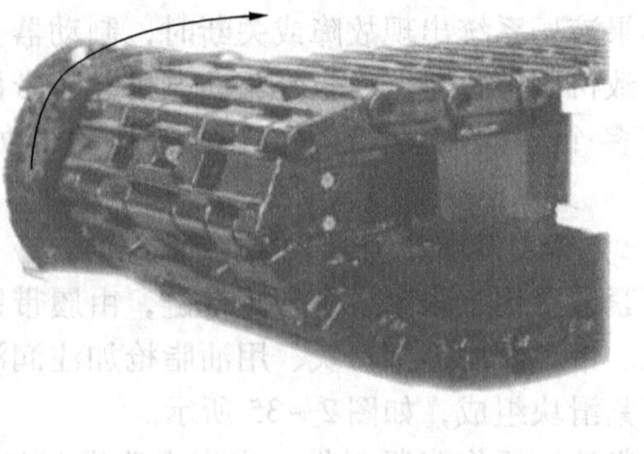

图 2－37　引导轮链轮齿图

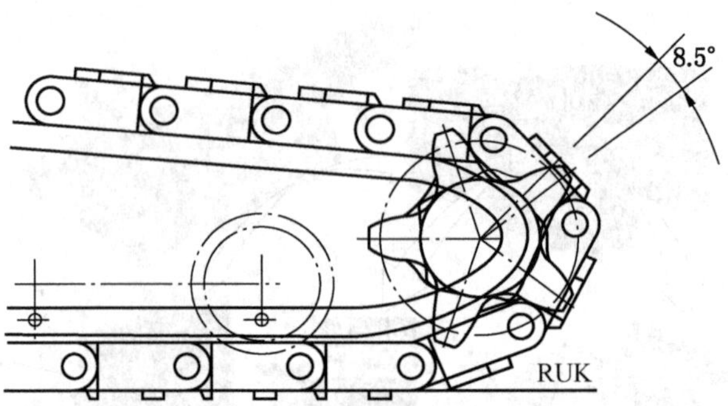

图 2－38　引导轮链轮齿前倾 8.5°示意图

1. 主控制面板

主控制面板包括接线盒、I. S. 接线盒、LED 显示矩阵、主断路器、绝缘插头、门闩、门开启机构、显示屏、截割电机断路器、接口盒、电源开启、电源关闭接地故障测试开关及接地故障重置按钮，如图 2－40 所示。

主控制面板的最大额定工作压力为 1140 V AC。所有必需的保护和监测功能均可用，主要有过载、短路和断相保护功能、接地故障保护功能、绝缘监测功能及温度监测功能。主控制面板连接机器的电气设备包含电源装置、开关装置、断路器、保险丝接地故障和温度继电器、接线盒、主接触器和辅助接触器及 PLC 部件。

1）集成冷却器

主控制面板内部的温度会受到监测，并且当预警温度为 55 ℃，温度上升较大时，机器会在 70 ℃时停止运行。另外，主控制面板具有一个集成在壳体顶部的冷却器，此冷却器由机器的喷雾系统进行冷却。集成冷却器的机械结构如图 2－41 所示。

2）机械门锁和门连锁开关

主控制面板的前门由螺栓锁定，接线盒的门由 12 个螺栓锁定，主门由一个螺栓锁定，各门均配有门连锁开关，打开一个车门时，机器无法启动，门连锁开关会中断先导线路。主控制面板上的门开关及机械门锁装置的位置，如图 2－42 所示。

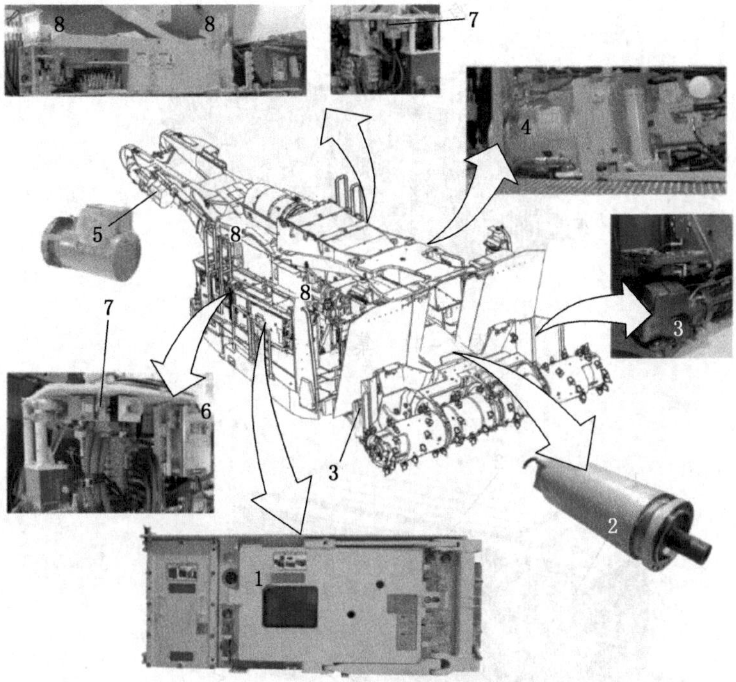

1—主控制面板；2—截割电机；3—装载电机；4—液压马达；5—输送电机；
6—瓦斯监测系统；7—声音/视觉警报器；8—照明系统

图 2-39　电气系统组件图

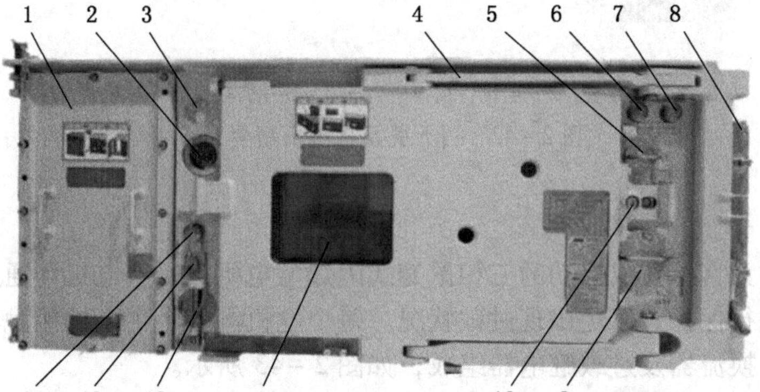

1—接线盒；2—LED 显示矩阵；3—绝缘插头；4—门开启机构；5—截割电机断路器；
6—电源开启；7—电源关闭；8—I. S. 接线盒；9—主断路器；10—门闩；
11—显示屏；12—接口盒；13—接地故障测试开关；
14—接地故障重置按钮

图 2-40　主控制面板

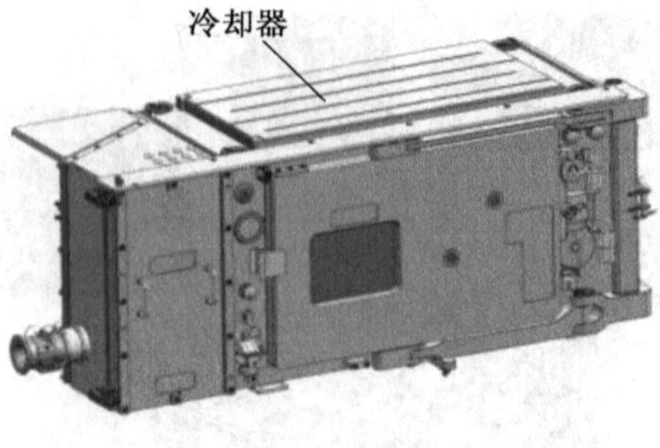

图 2-41　集成冷却器

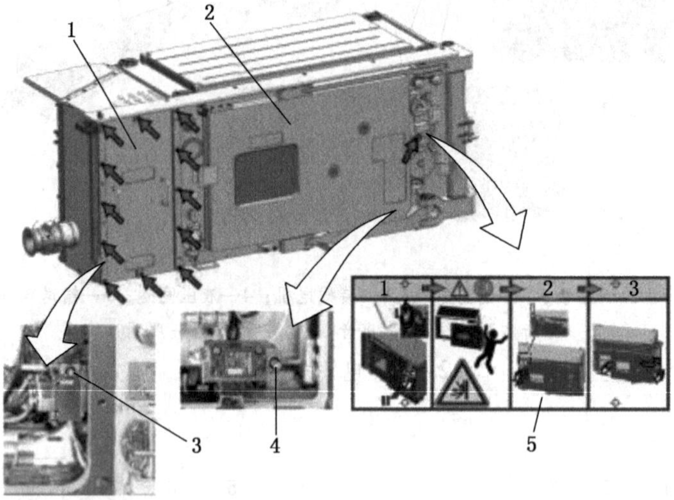

1—接线盒；2—主门；3、4—门开关；5—机械门锁开启机构

图 2-42　门开关及机械门锁装置图

2. 电机

所有电机均为直接在线启动的三相鼠笼式隔爆型电机，所有电机均通过过载继电器和有线热敏电阻进行保护，以免出现过载状况。每个电机电路由主电机接触器、接地故障继电器、耦合器、换流器及过载继电器组成，如图 2-43 所示。

1）270 kW 电机

270 kW 电机是三相鼠笼式异步电机，如图 2-44 所示，其设计具有“防爆”防护等级，适合在井下使用。此电机采用焊接框架和外壳水套定子水冷却，相关的一些技术数据见表 2-1 和表 2-2。

为了防止弄脏和损坏冷却系统，必须使用中性无腐蚀性的冷却剂。当进行温度检测时，根据 DIN 44081/44802，用于热过载保护的 PTC 热敏电阻继电器的截止值介于 2 ~ 4 kΩ，重置值约小于 1.65 kΩ。

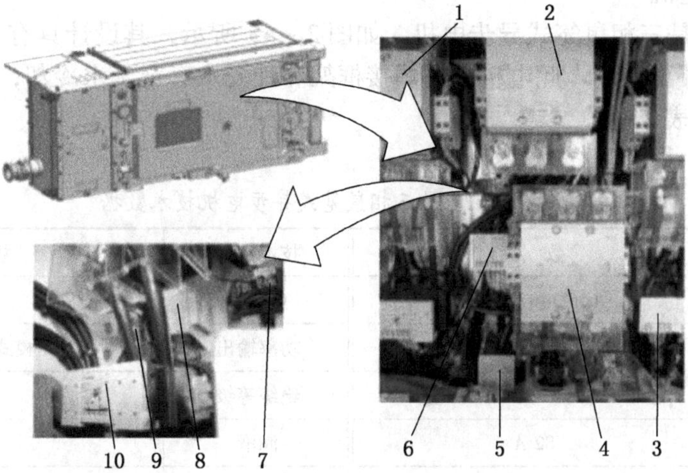

1、2、4—主电机接触器；3、5、6、10—过载继电器；7—换流器；8—扼流圈/耦合装置；9—换流器

图 2-43　电机电路组件图

图 2-44　270 kW 三相鼠笼式异步电机

表 2-1　270 kW 三相鼠笼式异步电机技术数据

技术数据	数值	技术数据	数值
类型	656 58617 000	转速	1476 rpm
重量	1550 kg	额定频率	50 Hz
功率输出	270 kW	效能	94.7%
电压	1140 V	防护等级	IP44
额定电流	168 A	绝缘等级	H
启动电流/标称电流	6.5 A	负荷型	S1

表 2-2　270 kW 三相鼠笼式异步电机定子水冷却参数

类型	参数	类型	参数
冷却介质	水	进水口最低温度	10 ℃
流速	20 L/min	冷却系统最大压力	20 bar
进水口最高温度	40 ℃	冷却系统最小压力	8 bar

2）132 kW 电机

132 kW 电机是三相鼠笼式异步电机，如图 2 - 45 所示，其设计具有“沼气防护”保护等级，适合在井下使用。此电机采用焊接框架和外壳水套定子水冷却，相关的一些技术数据见表 2 - 3 和表 2 - 4。

表 2 - 3　132 kW 三相鼠笼式异步电机技术数据

技术数据	数　值	技术数据	数　值
类型	656 74075 000	负荷型	S1
重量	1100 kg	功率输出	S1 模式下 132 kW
电压	1000 ~ 1140 V	绝缘等级	F
额定电流	82 A	润滑	6750 h
额定频率	50 ~ 60 Hz	冷却	水冷式（最小流速为 10 L/min）
转速	1485 rpm		

表 2 - 4　132 kW 三相鼠笼式异步电机定子水冷却参数

类　型	参　数	类　型	参　数
冷却介质	水	进水口最低温度	10 ℃
流速	10 L/min	冷却系统最大压力	20 bar
进水口最高温度	25 ℃	冷却系统最小压力	8 bar

为了防止弄脏和损坏冷却系统，必须使用中性无腐蚀性的冷却剂，当进行温度监测时，根据 DIN 44081/44802，用于热过载保护的 PTC 热敏电阻继电器的截止值介于 2 ~ 4 kΩ，重置值约小于 1. 65 kΩ。电机保护包含 2 × 3 PTC 电阻器、2 × 3 双金属开关、1 PT 100 在绕组及 1 PT 100 在 NDE 轴承。

3）36 kW 电机

36 kW 电机是三相鼠笼式异步电机，如图 2 - 46 所示，其设计具有“沼气防护”保护等级，适合在井下使用。此电机采用焊接框架和外壳水套定子水冷却，相关的一些技术数据见表 2 - 5 和表 2 - 6。

图 2 - 45　132 kW 三相鼠笼式异步电机

图 2 - 46　36 kW 三相鼠笼式异步电机

表2-5　36 kW 三相鼠笼式异步电机技术数据

技术数据	数值		
类型	656 83978 000	656 83976 000	656 83977 000
重量	330 kg		
电压	1140 V	1100 V	1000 V
转速	1450 rpm		1750 rpm
额定频率	50 Hz		60 Hz
功率比	0.85		0.87
效能	88.7%		91%
防护等级	IP67		
绝缘等级	H		
负荷型	S1		
功率输出	S1 模式下 36 kW		
额定电流	24.5 A	28 A	26.5 A
启动电流/标称电流	6.6		7
启动扭矩/标称扭矩	2.8		2.8
润滑	润滑脂		

表2-6　36 kW 三相鼠笼式异步电机定子水冷却参数

类　型	参　数	类　型	参　数
冷却介质	水	进水口最低温度	10 ℃
流速	10 L/min	冷却系统最大压力	20 bar
进水口最高温度	25 ℃	冷却系统最小压力	8 bar

为了防止弄脏和损坏冷却系统，必须使用中性无腐蚀性的冷却剂。当进行温度监测，也就是进行电机保护时，根据 DIN 44081/44802，用于热过载保护的 PTC 热敏电阻继电器的截止值介于 2 ~ 4 kΩ，重置值约小于 1.65 kΩ。

3. 瓦斯监测系统

机器上安装的瓦斯监测系统由可燃气体传感器/变送器、可编程跳脱放大器、传感头和声音/视觉警报组成，如图 2-47 所示。

1）可燃气体传感器/变送器

可燃气体传感器用于检测周围空气中存在的可燃气体。该传感器具有可调气体传感范围为 0 ~ 4% v/v 信号值，它安装在不锈钢外壳内，气体传感头安装在截割装置旁。

2）可编程跳脱放大器

可编程跳脱放大器（图 2-48）接收来自可燃气体传感器/变送器装置的 4 ~ 20 mA 信号。该信号，即 CH_4 值显示在显示屏上，用于控制两个独立的输出继电器，它安装在不锈钢外壳内，有两个设定点：

设定点 2：如果 CH_4 值大于等于警告值 0.5%，发出警告；

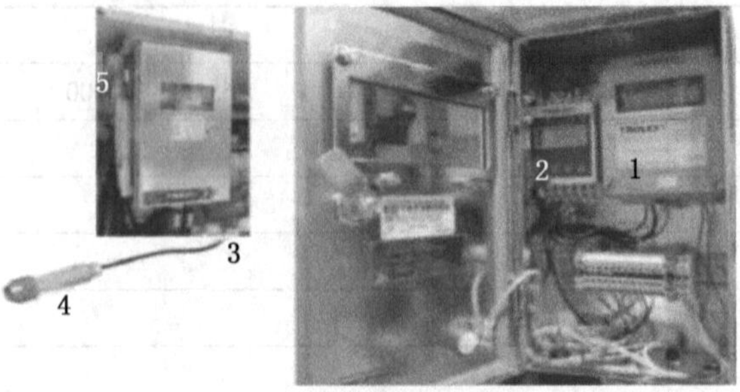

1—可燃气体传感器/变送器；2—可编程跳脱放大器；3—传感头的连接；4—传感头；5—声音/视觉警报

图 2-47 瓦斯监测系统

设定点 1：如果 CH_4 值大于等于关闭值 0.75%，关闭。

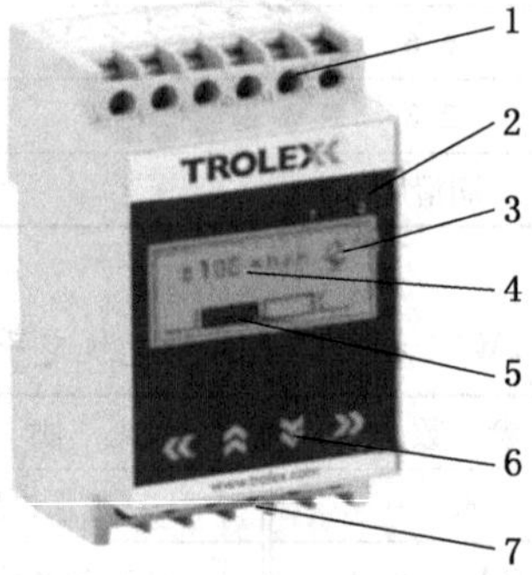

1—端子；2—继电器指示 LED；3—信号趋势箭头；4—测量值；5—信号条；6—小键盘；7—端子

图 2-48 可编程跳脱放大器 TX9131

以下两种电源可用于瓦斯监测系统：带有备用电池的电源和不带备用电池的电源。

（1）带有备用电池的电源：本安型装置在工作期间为瓦斯监测系统供电，即使在高 CH_4 浓度情况下仍能运行最长 30 min。这个时候机器已断电，该监测系统仍可用于测量机器周围的瓦斯浓度。

（2）不带备用电池的电源：模块电源为本安型设备/系统，也即为瓦斯监测系统供电。

这两种电源如图 2-49 和图 2-50 所示。电子电路经过完全密封，该装置本身安装在机器的主电气盒内。

4. 悬垂控制器

可以将发射器用作悬垂控制器，如果出现电池电量耗尽等情况，就需要使用此功能。需将输送的电缆从发射机连接到接线盒并安装在机器上，如果连接正确，无线电信号将会自动被中断，可通过悬垂控制器执行所有功能，用于悬垂控制装置的塞头，如图 2-51 所示。

图 2-49　带有备用电池的电源

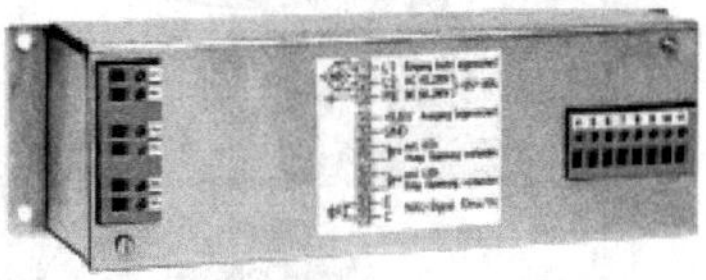

图 2-50　不带备用电池的电源

5. 声音/视觉警报器

声音/视觉警报器是可以与传感器与监控系统配合使用的信号设备，如图 2-52 所示。

图 2-51　用于悬垂控制装置的塞头

图 2-52　声音/视觉警报器

声音/视觉警报器具有以下特性：强力压制成型的聚碳酸酯外壳、具有适用于 Group I 危险区域的本质安全认证、一秒闪烁 LED 视觉警报（可选择琥珀色、蓝色、绿色和红色视觉警报颜色的闪烁 LED）、通过用户可调的警报触发器（可以将设定值配置为低于或超过警报值）。

信号喇叭如图 2-53 所示。信号喇叭用于声音报警。信号喇叭所配备的音响警报装置可在发生危急情况时手动拉响警报，也用于启动液压泵电机、截割电机、装载电机和所有行走功能时的自动报警。启动截割大臂、装载星形机构、铲板、回转式输送机等设备前，会响起声音信号。该电子设备可发出不同音调和频率，最高 110 dB。信号喇叭技术数据见表 2-7。

图 2-53　信号喇叭

表 2-7　信号喇叭技术数据

技术数据	参　　数
类型	542 205 015
电压	9 ~ 50 VAC/DC
温度	150 ℃
尺寸	高度 170 mm，长度 200 mm
直径	132 mm

6. 照明系统

当给机器供电时，灯就自动亮起来，这样也为操作员提示机器带电的视觉警告。机器配备了区域照明灯及信号灯，如图 2-54 所示。

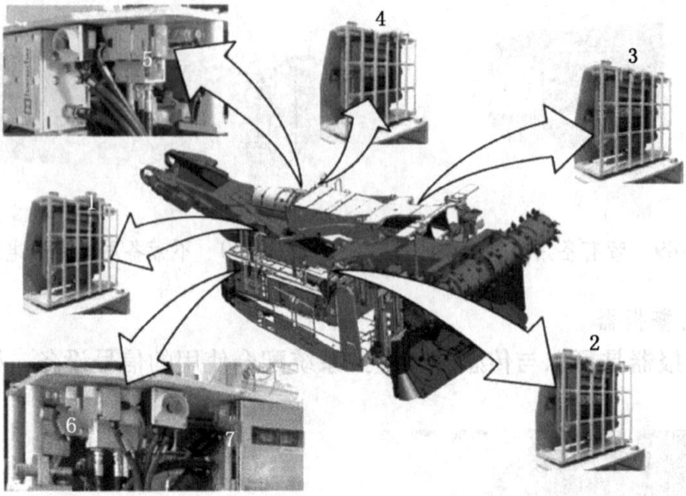

1—区域照明灯；2—区域照明灯；3—区域照明灯；4—区域照明灯；5—信号灯（倒车行走警告闪光灯）；
6—信号灯（倒车行走警告闪光灯）；7—信号灯（瓦斯警告灯）

图 2－54　机器照明灯

1）闪光灯

本质安全闪光灯可在嘈杂的环境中用作视觉警告，如图 2－55 所示。闪光灯相关的一些技术数据见表 2－8。

2）前大灯

前大灯如图 2－56 所示。相关的一些技术数据见表 2－9。

图 2－55　闪光灯

图 2－56　前大灯

表 2－8　闪光灯技术数据

技术数据	参　数
类型	530571012
电源	13.8 VDC
防护等级	IP54
视觉警报	高亮 LED 灯（黄色）
温度	－20～＋40 ℃

表 2－9　前大灯技术数据

技术数据	参　数
类型	530350219/530350221/530350223
电源	24 VAC/24 VDC/240 VAC
耗电量	35 W
防护等级	IP65
温度	－20～＋45 ℃
灯型号	灯泡寿命最多 100 h 的 LED
重量	10.5 kg

八、液压系统

液压系统是开放式回路系统，该系统由独立的液压回路组成，系统中所使用的泵，安装在液压油箱外部。若要加注液压油箱，需要通过加油泵。液压系统结构如图 2－57 所示。

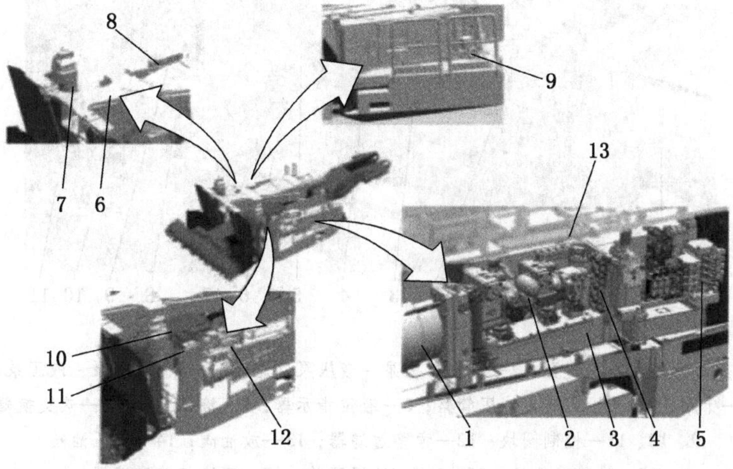

1—液压动力单元驱动装置；2—液压泵；3—液压油箱；4—压力表；5—控制阀；
6、7—右侧顶锚杆机控制器；8—右侧帮锚杆机控制器；9—润滑泵驱动装置；
10、11—左侧顶锚杆机控制器；12—左侧帮锚杆机控制器；
13—加注设备

图 2－57　液压系统结构图

（一）液压动力单元

液压动力单元由液压油箱、液压泵、液压泵驱动电机、过滤器和监测设备构成，如图 2－58 所示。

1. 液压油箱

液压油箱采用焊接设计，并考虑了流体动力技术的特性，具有容纳液压油、冷却、隔离空气及沉淀杂质的功能。液压油箱结构如图 2－59 所示。

2. 液压泵

液压泵是由一个电机通过弹性联轴节驱动的，这些泵的吸入管路可以通过蝶阀单独关闭，无须排出油箱中的液压油即可更换泵。液压泵是液压系统中提供一定流量和压力的油液动力元件，它是每个液压系统不可缺少的核心元件，合理选择液压泵对于降低液压系统的能耗、提高系统的效率、降低噪声、改善工作性能和保证系统的可靠工作都十分重要。

选择液压泵的原则是：根据主机工况、功率大小和系统对工作性能的要求，按系统所要求的压力、流量大小确定其规格型号。

液压泵流量见表 2－10。

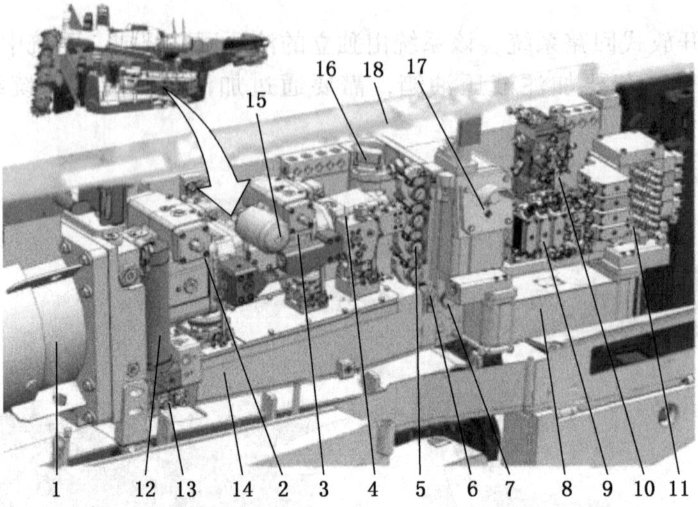

1—液压动力单元驱动装置；2—轴向柱塞泵－液压泵回路；3—轴向柱塞泵－液压泵回路；
4—叶片泵；5—压力表－液压管路；6—液位指示器；7—液压油温；8—热交换器；
9、10、11—控制阀块；12—旁路过滤器；13—放油阀；14—液压油箱；
15—排气过滤器；16—油位/油温开关；17—回流管路过滤器；
18—加注设备

图2－58　液压动力单元结构图

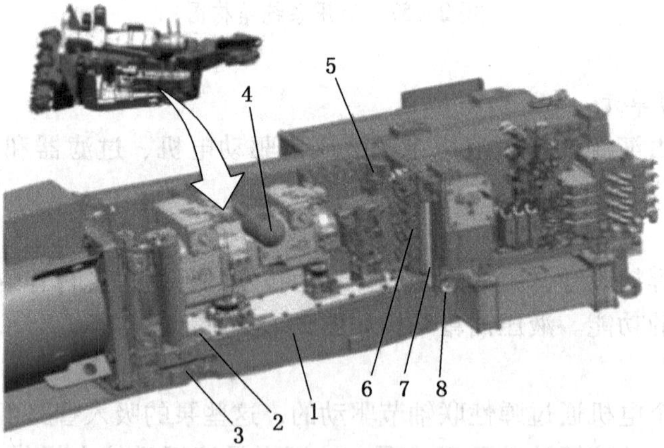

1—液压油箱；2—加油口；3—排油口；4—排气过滤器；
5—油位/油温开关；6—压力表－液压管路；
7—液位指示器；8—液压油温

图2－59　液压油箱结构图

泵的输出能力取决于工作压力、油温、油液黏度、泵的状况等若干因素。

表2-10 液压泵流量

回　路	转速/rpm	标称排量/($L \cdot r^{-1}$)	流量/($L \cdot min^{-1}$)
履带驱动装置和锚杆机回路	1450	0.355	484
主机功能回路	1450	0.125	170
除尘器回路	1450	0.041	54
水泵回路	1450	0.020	27

3. 过滤器

过滤器是一种液压油过滤装置。随着对比例阀高性价比、不易损坏、使用寿命更长及易于维修的追求不断增高，阀门制造商和用户一直在探索更好的液压油过滤装置，目前已有多种过滤器可用于过滤液压油，应安装一个排气过滤器以防污物渗入油箱。所有液压缸都设置有止回阀、平衡阀、制动阀和辅助泄压阀等安全阀，在大多数情况下，油缸所需的集成阀块都直接安装在油缸上。液压软管供应的软管长度标准且配套完整，超出3000 mm长的软管可与标准长度配合使用。

过滤器在运行过程中一直在过滤液压油并收集控制阀返回的所有油量，所有回流液压在流进液压油箱之前，直接通过热交换器由回流歧管和回流过滤器收集。除回流过滤以外，所有叶片泵回流还与旁路过滤系统相连接以获得纯度更高的液压油，透气孔过滤器可以通过液压油箱进行排气。需要注意的是，必须定期维护所有液压过滤器，以确保机器液压装置正常运行。

1）中压过滤器

中压过滤器UR319仅用于串联使用，可用来过滤回路中的液压流。中压过滤器配有一个旁通阀和污染指示器，可防止阀或其他液压组件错误转换，流向为从内到外，改变滤芯液体流向会造成损坏，具体结构如图2-60所示。

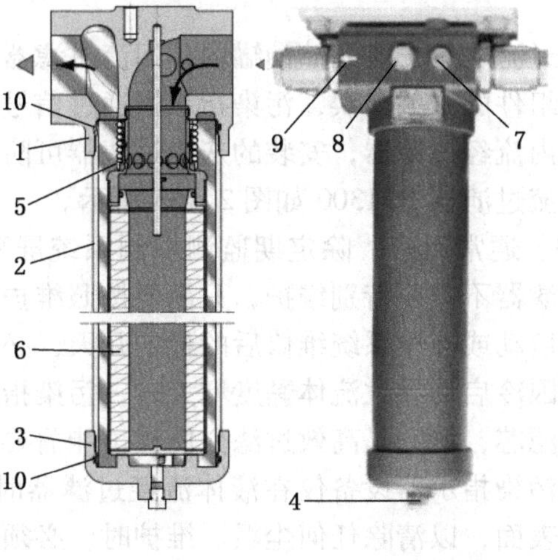

1—滤头；2—管道；3—过滤器盖；4—泄油口塞；5—旁通阀；6—滤芯；7—放油塞；8—污染指示器；
9—箭头（流动方向）；10—形环泄油口和放油塞的位置取决于过滤器的安装位置

图2-60 中压过滤器UR319

（1）压力过滤器维护。通常而言，除定期监测控制系统屏幕上的警告指示对应的可视污染指示器外，压力过滤器不需要特别维护，只需要按照维护说明检查过滤器状况，必要时更换滤芯（图2－61）即可。当需要更换滤芯或因冷启动导致流体黏度增大时，污染指示器就会启动，脏污的液压系统很快就会堵塞新的滤芯，特别是高效过滤介质，可能需要一两次初始滤芯更换才能稳定滤芯使用寿命。压差污染指示器设备仅在液体流经过滤器时作出反应，在维护期间，必须清洁过滤器总成的外表面，以清除任何尘垢。维护时，必须使用适当的工具，检查已拆下滤芯的内表面是否有污垢残留物和较大颗粒物，否则会造成液压组件损坏，切勿试图清洁或重复使用滤芯，切勿在不安装滤芯的情况下运行系统，使用过的滤芯必须按照环境规定进行废弃处理。安装滤芯后，如果发现外部泄漏，请更换泄漏处的O形环。如泄漏仍然存在，检查密封表面是否有刮痕或裂缝，更换任何可能有问题的零件。

（2）可视污染指示器。污染指示器RC778（图2－62）是一种压差设备，当需要更换滤芯或因冷启动导致流体黏度增大时，指示器就会启动。双金属热锁定功能可在系统温度低于29 ℃时防止启动，当温度超过29 ℃时，滤芯被污染且压差超过预设限值，指示器将被激活。如果在冷启动期间可视污染指示器激活，待达到正常工作温度后，可按下该指示器销进行复位。如果指示器复位后又被激活，需更换过滤器滤芯。

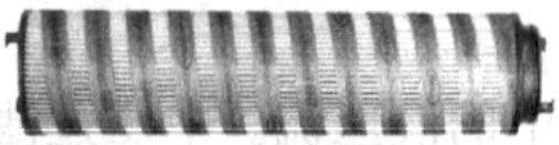

图2－61　滤芯

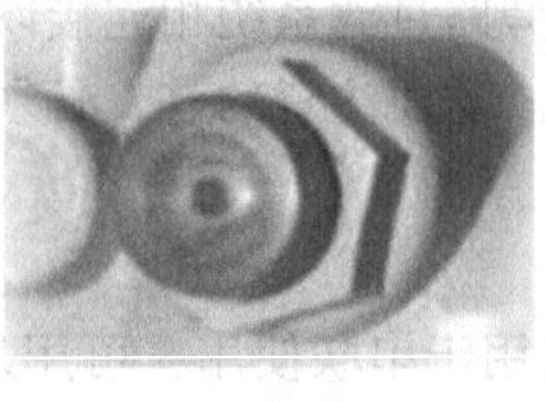

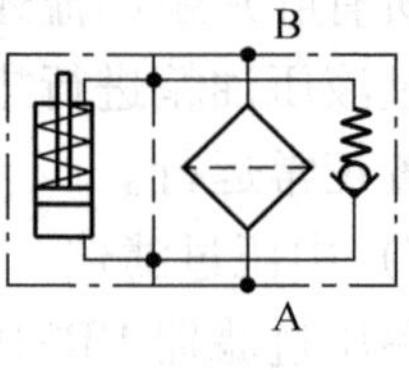

图2－62　可视污染指示器RC778和符号

2）回流过滤器

液压油经回流过滤器过滤之后再流入储油罐内，回流过滤器有一个旁通阀和污染指示器，可防止阀或其他液压组件的开关错误，污染指示器通过信号使旁通阀打开，旁通阀集成在滤芯内，液体从外向内流经过滤器，安装的灰尘过滤器可防止受到污染的机油在更换滤芯期间流入油箱内。回流过滤器RF1300如图2－63所示。

（1）回流过滤器维护。通常而言，除定期监测控制系统屏幕上的警告指示对应的可视污染指示器外，回流过滤器不需要特别维护，只需要按照维护说明检查过滤器状况，必要时更换滤芯即可。机器启动或液压系统维修后的最初几天，必须在更短的间隔内检查过滤器，当需要更换滤芯或因冷启动导致流体黏度增大时，污染指示器就会启动。脏污的液压系统很快就会堵塞新的滤芯，特别是高效过滤介质，可能需要一两次初始滤芯更换才能稳定滤芯使用寿命。回压污染指示器设备仅在液体流经过滤器时作出反应，在维护期间，必须清洁过滤器装置的外表面，以清除任何尘垢。维护时，必须使用适当的工具，在更换滤芯时，检查滤芯的外表面和污垢碗是否有污垢残留物和较大颗粒物，否则会造成液压组件损坏，切勿试图清洁或重复使用滤芯，切勿在不安装滤芯的情况下运行系统，使用过的滤芯必须按照环境规定进行废弃处理。安装滤芯后，如果发现外部泄漏，请更换泄漏处的

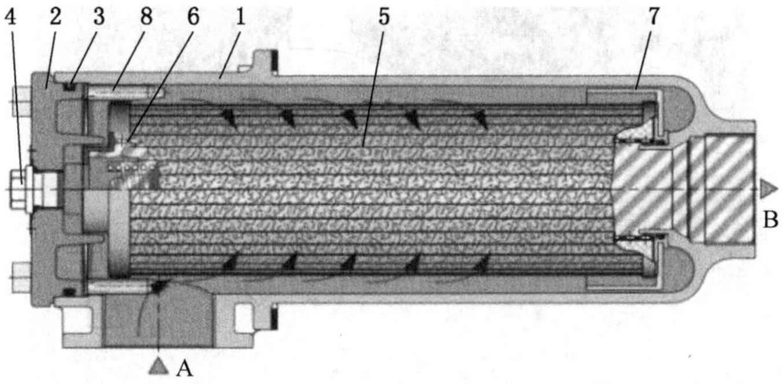

1—壳体；2—过滤器盖；3—形环；4—插头；5—滤芯；
6—旁通阀；7—灰尘过滤器；8—定心环

图 2-63　回流过滤器 RF1300

O 形环。如泄漏仍然存在，检查密封表面是否有刮痕或裂缝，更换任何可能有问题的零件。

（2）可视污染指示器。污染指示器 VR2BM（图 2-64）是一种压差设备，回流污染指示器会对过滤前因污染导致的静态压力增加作出反应，如果过滤器滤芯脏污，红色销会延伸约 5 mm。如果可视污染指示器因系统低温而启动，请按下红色销，并在达到正常工作温度时再次检查系统。如果可视污染指示器在正常工作温度下启动，应更换滤芯并进行复位。污染指示器设备仅在液体流经过滤器时作出反应。使用系统中需要高流量的功能检查指示情况。

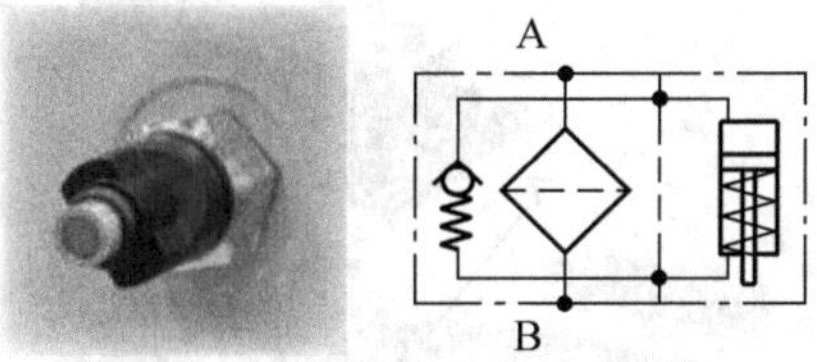

图 2-64　可视污染指示器 VR2BM 和符号

3）排气过滤器

液压油箱液位会随着液压缸的移动和介质温度的波动不时发生变化，这将导致油缸吸入或压出空气。根据环境条件的恶劣程度，受污染的空气可能会被吸入液压缸，从而导致杂质污染油液。安装底座焊接于液压缸上的排气过滤器可防止油缸受到污染，如图 2-65 所示。

排气过滤器的维护内容如下。

机器启动或液压系统维修后的最初几天，必须每天检查过滤器，之后可每周检查一次。另外，应根据真空指示器的指示更换排气过滤器，每六个月或一旦有液压油从滤芯泄漏时，更换排气过滤器。更换后，通过复位按钮对真空指示器复位，仅使用原装

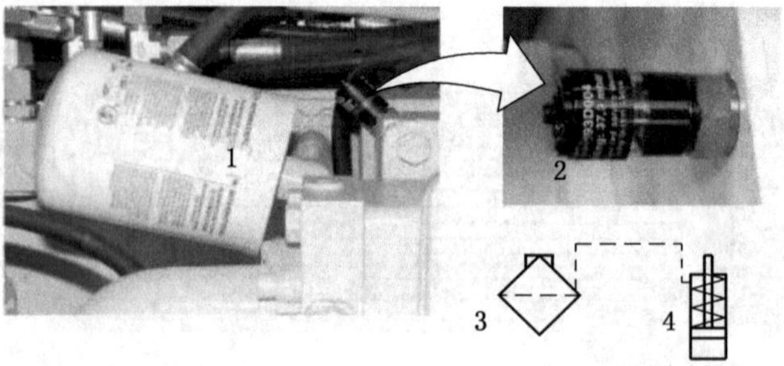

1—排气过滤器；2—污染指示器；3—污染指示器液压符号；4—单活塞杆缸

图2-65　排气过滤器的污染指示器和液压符号

滤芯。

不得运行未配备可正常工作的排气过滤器的机器，如果可视污染指示器指示需更换排气过滤器，应按下复位按钮，避免弄湿过滤介质。确保过滤器底部和储液罐液面保持一定间隙，不得过度添加液压油箱。

4. 监测设备

1）压力表

压力表是机器的标准配置，可监测位于液压机组上的液压系统性能。每个泵均配有一个压力表，这些压力表位于液压油箱上泵的附近，可用于监测主回路中的压力，方便快捷地检查出液压系统的潜在故障。压力表和液位计，如图2-66所示。

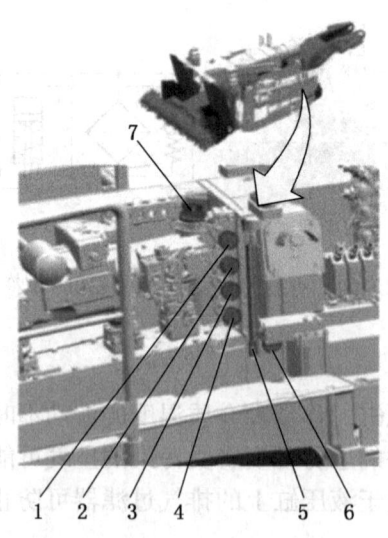

1—压力表液压回路最大压力28 MPa，待机压力3 MPa；2—压力表液压回路最大压力28 MPa，待机压力3 MPa；3—压力表液压回路最大压力21 MPa；4—压力表液压回路最大压力28 MPa；5—液压油液位计；6—温度计；7—油位或油温开关

图2-66　压力表和液位计

2）油位和温度监测

液压系统在液压油箱中配有油位/温度开关，此开关可监测液压油的温度和油箱中的油位。如果油温达到预警温度，LCD 显示屏将显示一条警报消息；如果油温达到 75 ℃，机器会关闭，LCD 显示屏会显示警报消息；只有在油温下降到 55 ℃以下时，才能重新启动机器。如果油位下降到一定程度，油位开关会触发 LCD 显示屏显示低油位警告消息，该消息会持续闪烁，直到油位上升；如果油位继续下降，油位开关将停止机器并在 LCD 显示屏上显示警报消息，低油位激活后，机器将无法重新启动。此外，液压油箱上还安装了一个温度计。

（二）加油泵

加油泵是一种液压驱动式流量分配器，用于加注液压油箱。加油管路连接到旁路过滤器，以通过过滤器加注液压油。需要注意的是，不得通过通气孔过滤器或液位指示器加注液压油，未经过滤不得加注，如图 2－67 所示。

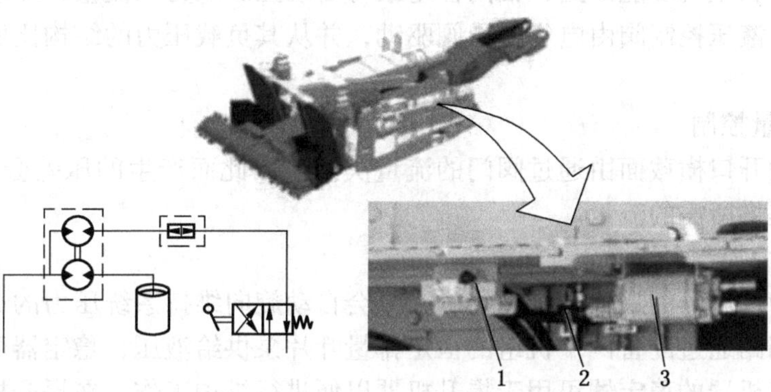

1—方向控制阀；2—流量控制阀；3—齿轮式流量分配器

图 2－67　加油泵

（三）液压油

1. 矿物基液压油

矿物基液压油仍然最常用于移动式液压系统。具有更高黏度指数的矿物基液压油被定义为 HVLP 类型，需要注意的是，含锌油液和无锌油液混合会缩短过滤器的使用寿命。

2. 阻燃液压油

由于若干原因，可能需要阻燃液压油，市面上不同种类的阻燃液压油的特性差别较大，此类油液必须与主要的金属材料和密封材料相兼容。不同类型的阻燃液压油及其属性见表 2－11。

表 2－11　不同类型的阻燃液压油及其属性

类　型	属　性
HFA（含水量＞80%）	水包油乳化液高度阻燃，有关液压压力级别和工作温度的主要限制
HFC－E（含水量约 20%）	水基/乙二醇基，有关液压压力级别的主要限制和有关液压压力和工作温度的主要限制
HFD－U	部分可生物降解，有关液压压力级别和工作温度的次要限制

（四）液压回路

1. 履带驱动装置和锚杆机回路

液压系统用于：履带左侧/右侧、顶棚向上/向下、稳定器左侧/右侧、左顶锚杆机外侧/内侧、右顶锚杆机外侧/内侧、帮锚杆机左侧/右侧、辅助顶锚杆机。

2. 主机功能回路

液压系统用于：截割大臂向升/向下、截割滚筒伸出、掏槽油缸进/出、输送机向上/向下、输送机摆动、装载台伸出/缩回、装载台向上/向下、油脂泵、加注设备、液压锚杆机电缆。

3. 除尘器回路

液压系统用于：除尘器和旁路过滤系统。

4. 水泵回路

液压系统用于：高压水泵和旁路过滤系统。变量轴向柱塞泵将液压供给履带驱动装置、锚杆机回路和主机功能回路，轴向柱塞泵可自动控制压力和流量，即仅产生用户实际使用的液压量。液压控制阀由电气先导阀驱动，并从其负载压力的结构比例控制阀发送反馈给变量泵。

1）泵的流量控制

每个阀门的开口横截面由通过阀门的流量决定，因此而产生的压差会反馈到变量泵，然后该泵自动提供所需的流量。

2）泵的压力控制

当达到压力控制器的最大系统压力时，泵会自动旋向维持系统压力的最小流量，除尘器回路和水泵回路通过配备两个机组的恒定排量叶片泵供给液压，稳定器可切换至维护模式的球阀，并且机器的稳定器可用于提升机器以便进行维护工作。在提升机器时，稳定器缸的压力要比操作模式时的压力高，分为工作模式和维护模式，图 2－68 显示了用于切换操作模式和维护模式的球阀。

（五）液压系统部件

1. 负荷传感变量泵

轴向柱塞变量泵 A4VSO 是一种负荷传感变量泵，A4VSO 的斜盘设计专门用于开式回路的静液压传动机构，当流量与输入速度和位移成正比，通过调节斜盘实现无级变速，并且变量泵可控制流量和压力，负载传感控制器可用作负载压力驱动流量控制器，通过制动器使所需流量与泵的流量相匹配，这意味着只产生液压动力，同时需要按照负荷感应原理操作耗能器，在流量控制器上设定所需的压差，压力控制器可保持恒定压力并在液压系统中泵的控制范围内，当获得最大系统压力时，泵处于压力控制减冲程状态。图 2－69 为 A4VSO 型泵外形。

1）负载感应系统的优点

负载感应系统设计用于减少操作过程中的能耗，因而该系统节省了驱动能量从而降低了冷却需求量。控制阀是比例型控制阀，该阀有一个负载压力反馈管线连接到变量泵，各个功能均可以直接手动控制或由先导阀控制操作，孔口的横截面积与阀门的流量成正比，变量泵感应由此产生的压差，从而提供所需的输出量。

2）工作压力范围

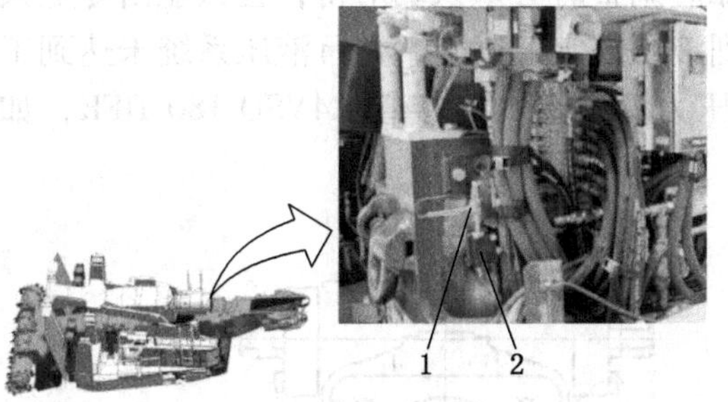

1—球阀；2—泄压阀

图 2－68　球阀－稳定器

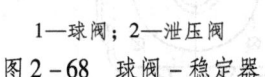

1—泵壳；2—斜盘角度指示器；3—压力控制器；
4—流量控制器

图 2－69　A4VSO 型泵外形

根据机器液压回路的设置，设置 A4VSO 泵最大标称工作压力（nominal pressure，PN）。

3）功能与使用

A4VSO 泵结构如图 2－70 所示，可以通过控制活塞 7 来调整斜盘 5，从而调节泵流量。在非工作条件下，斜盘被弹簧 6 保持在其最大流量位置，启动时，泵会在达到流量控制器 4 上设置的压力时立即减少行程并进入备用运行状态，因此空转时，可将零冲程压力作为备用压力，位置指示器 9 会显示斜盘的位置。

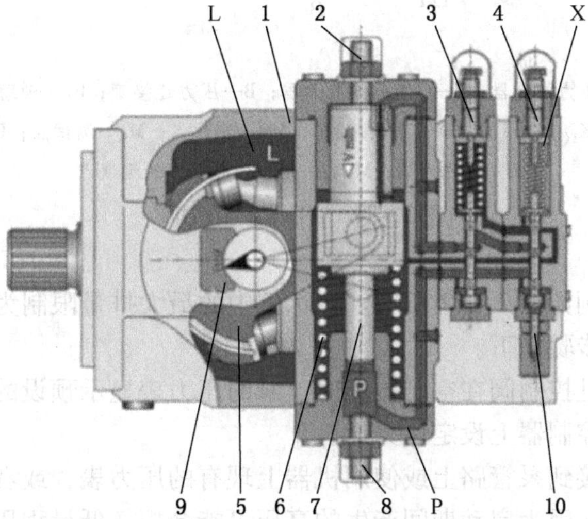

1—泵壳；2—停止器最大体积；3—压力控制器；4—流量控制器；5—斜盘；
6—弹簧；7—控制活塞；8—停止器最小体积；9—位置指示器；
10—斜盘的变速调节；P—高压；L—泵体泄油；
X—负载感应压力

图 2－70　A4VSO 泵结构图

4）流量和压力控制器调整

调整不当和未遵守调整说明会导致系统故障。调整时必须认真对待，且只能由专业人员执行，逐渐将压力增加到规定值，不要设置到液压规定值以上，并且液压系统未达到工作温度之前，不要做最后的调整，装有流量和压力调节器的连接管 A4VSO 180 DFR，如图 2-71 所示。

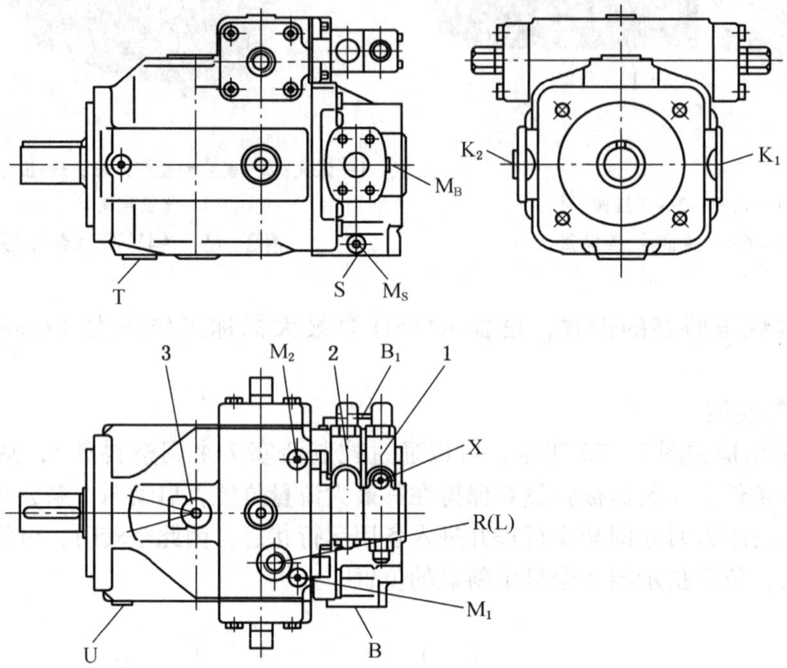

1—流量控制器；2—压力控制器；3—斜盘角度指示器；B—压力连接管；B_1—辅助端口；S—吸入端口；X—负载感应端口；$K_{1(2)}$—冲洗端口；T—排油管；MB—测试点；M_S—测试点；R(L)—排油和排气；U—冲洗端口；$M_{1(2)}$—用于调整压力的测试点

图 2-71　A4VSO 180 DFR

泵的压力调整示例如图 2-72 所示。该示例中的最大排量限制为 0.140 L/rev。

流量控制器调整步骤如下。

当泵正在运行并且控制阀在空挡位置时，泵的压力表显示预设的待机压力；当压力管路关闭时，可在流量控制器上设定压力值。

首先将压力表连接到泵管路上或使用机器上现有的压力表，或者在启动后将一个低压表连接至特定测量点，因为启动期间产生的高压可能会损坏低量程压力表，再拆下流量控制器调整螺钉的保护帽，用 19 mm 的扳手松开锁紧螺母并用 13 mm 的扳手调节流量控制器上的待机压力，调整后，用锁紧螺母锁定调整螺钉并重新装回保护帽，如图 2-73 所示。

压力控制器调整步骤如下。

如果功能是在过载下运行的，那么泵在零位产生输送最大压力，这意味着泵可能存在

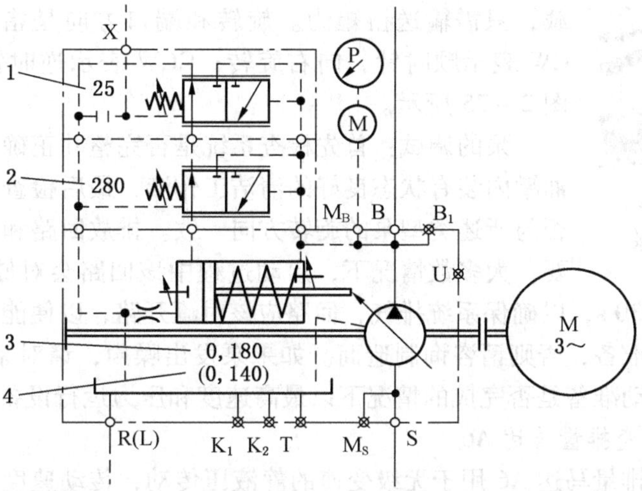

1—流量控制器的备用压力调整至2500000 Pa；2—最大系统压力调整至2800000 Pa；
3—泵额定排量为0.180 L/rev；4—该值可判定泵的最大排量是否受机械限制

图2-72　泵的压力调整示例

内部泄漏并在回路内保持系统压力，考虑到安装在泵回路内的主泄压阀设置了高于泵系统压力的调整值，并且这些阀门在进行泵设置前必须能正常使用。

用于设定泵的该功能，必须要安装有副交叉端口减压，对泵设置低于系统所需的压力设定值，并且调整压力时将执行器移动到最后位置并保持原位，在调整履带驱动泵时，请断开制动释放功能。

首先把适用的压力表与油泵连接或使用现有机器上的压力表，再拆下压力控制器调整螺钉的保护帽，用19 mm的扳手松开锁紧螺母并用13 mm的扳手调节压力控制器的系统压力，调整后，用锁紧螺母锁定调整螺钉并重新装回保护帽，如图2-74所示。

图2-73　流量控制器的调整

图2-74　压力控制器的调整

2. 叶片泵

T6/T7液压泵是恒定排量叶片泵，在共用轴上装有另一个泵筒，形成双泵，进油口通过中心壳体内的一个通用吸入接管进行连接，机油通过泵筒单独输出，前泵筒的压力连接在法兰壳体内，而后泵筒的压力连接在盖板上，由于双离心形式的定子环，有

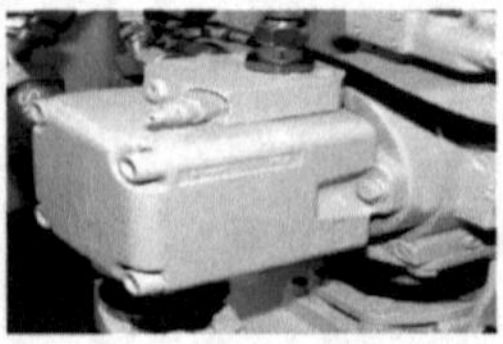

图 2－75　叶片泵

两个相对的压力室和两个相对的吸入室，因此，传动轴液压空载，只需输送扭矩力。旋转和端口方向是指从轴端看的方向，CW 表示顺时针，向右旋转；CCW 表示逆时针，向左旋转，如图 2－75 所示。

泵的调试：首先检查系统是否完整并正确安装，其次确保储油罐内装有状态良好的清洁工作液，最后检查电机的旋转方向是否与所述类型泵的旋转方向一致。排放回路和泵中的空气非常重要，大多数情况下，启动过程中该回路会对储油罐打开，否则，请打开旁通球阀约 30 s，以确保系统排气，回路应该对罐开路，以便能够启动，泵应当在几秒钟内完成启动准备，否则请咨询制造商。如果泵发出噪声，请对系统进行故障排除，切勿在不检查泵启动准备是否完成的情况下以最高速度和压力运行设备。

3. 轴向柱塞可变排量马达 A6

轴向柱塞可变排量马达 A6 用于无级变速的静液压传动，传动速度与流量成比例，通过控制装置改变旋转角度可以实现未经节流的无级变速，最大旋转角度为 25°，最小旋转角度为 0°，输出转矩随着高压侧与低压侧之间的旋转角度及压降的增加而增加，如图 2－76 所示。流动方向如图 2－77 所示。

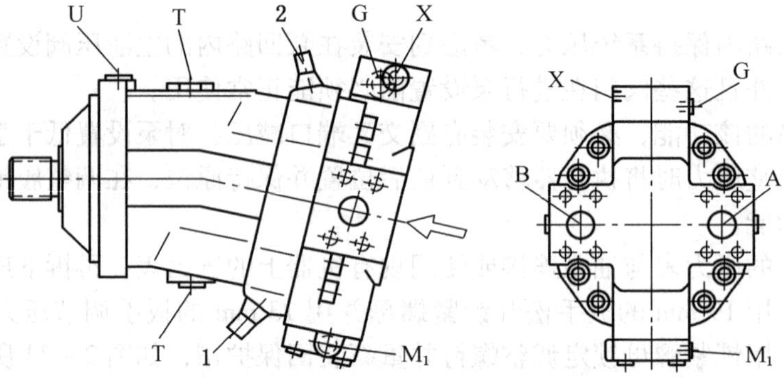

A、B—维修线路端口；G—远程控制压力端口；X—先导压力端口；T—泵壳泄油口；U—冲洗端口；M_1—控制压力的测试端口；1—限制螺钉最大旋转角度；2—限制螺钉最小旋转角度

图 2－76　可变排量马达 A6

4. 液压马达

液压马达 EPRM50 是一个内齿轮电机，如图 2－78 所示。可将液压能转化为机械能，固定排量液压马达运行自动润滑泵，除了要定期更换液压油，液压马达无须维护，该型号的液压马达具有出色的低速运行特性。扭矩取决于马达的规格，以及进口与出口接头之间的压差。马达可以顺时针和逆时针转动。

5. 轴向柱塞可变排量马达 A10VM

轴向柱塞可变排量马达 A10VM 用于无级变速的静液压传动，驱动速度与流量成正比，该马达的旋转方向为双向。图 2－79 为 A10VM 型液压马达。

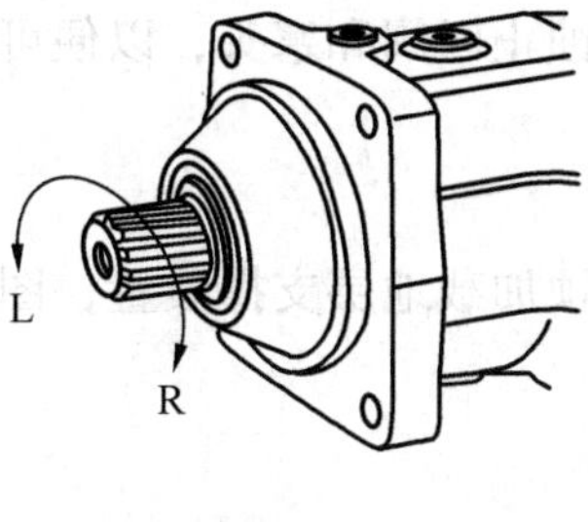

R—向右顺时针旋转；L—向左逆时针旋转。

图 2-77　流动方向示例

1—P(T)压力端口；2—T(P)回流端口；3—L 排放端口

图 2-78　液压马达 EPRM50

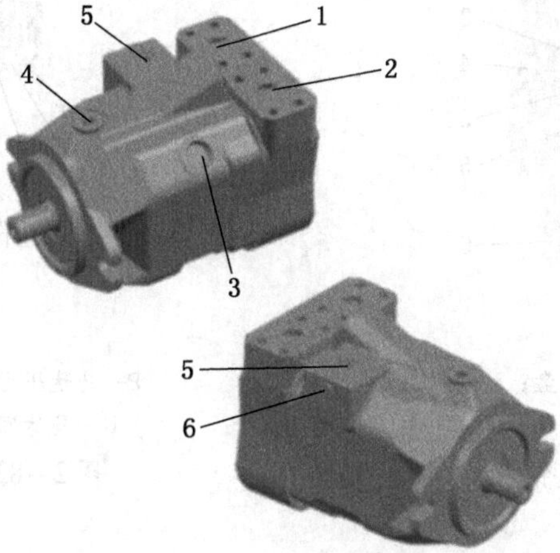

1—压力端口 A；2—压力端口 B；3—外壳排放口 L；4—外壳排放口 L_1；

5—外部控制压力 G；6—外部控制压力 G_1

图 2-79　A10VM 型液压马达

6. 轴向柱塞 F11

轴向柱塞马达 F11 是一种固定排量马达，它可在开式回路或闭式回路中使用，该马达的旋转方向为双向，为了用于风机传动装置应用中，液压马达可选配内置的止回阀，以防止产生气蚀，在配有止回阀的情况下，马达仅可用于一个旋转方向。图 2-80 为带抗气蚀阀的 F11 型液压马达。启动前，确保壳体及整个液压系统充满建议的油液，若发生内部泄漏，尤其在低工作压力下，将不足以在启动时提供润滑作用。

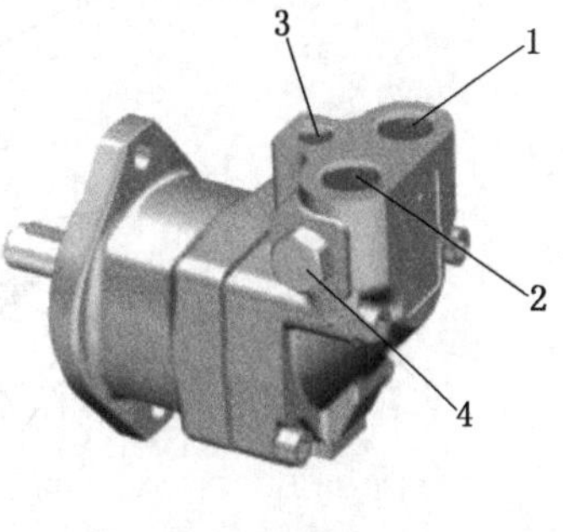

1—压力端口 A；2—压力端口 B；
3—漏油；4—防止产生气蚀的止回阀

图 2-80　带抗气蚀阀的 F11 型液压马达

抗气蚀止回阀选配安装于高速传动装置上，由于内置抗气蚀止回阀的原因，规定了左向或右向旋转，马达的泵流量停止时，抗气蚀止回阀将打开，以便将流量引到马达进口中。如果进口压力不足，马达将会产生气蚀。因此，一定要提供充足的回流端口背压，同时马达选配有抗气蚀止回阀和塞头，以便可切换旋转方向。

7. 钻箱液压马达

钻箱可转动用于顶棚钻孔的钢钎并紧固顶棚螺栓以预加载地层支撑装置，图 2－81 和图 2－82 为双速钻箱和液压端口连接。

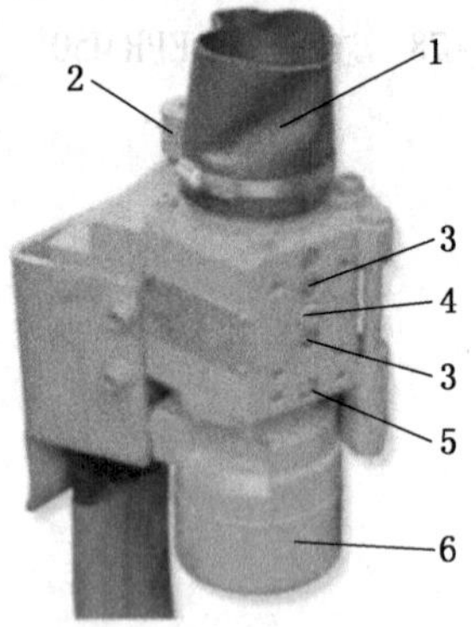

1—回流开关；2—钻头夹盘；3—插头；4—注油嘴；5—排气塞；6—液压马达

图 2－81　双速钻箱

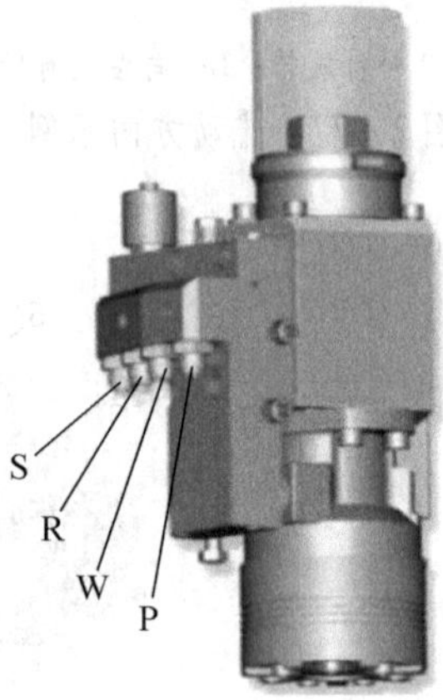

P—马达压力；W—钻头冲洗水流；R—马达回流；S—开关信号线

图 2－82　液压端口连接

8. 片状故障保护制动器

片状故障保护制动器位于履带驱动电机和驱动齿轮之间，当液压马达未运行时，通过弹簧拉下制动器。在驱动装置运行的同时，通过在端口 X 施加的进入控制压力拉起制动器，注油量 0.2 L。制动器组件如图 2－83 所示。

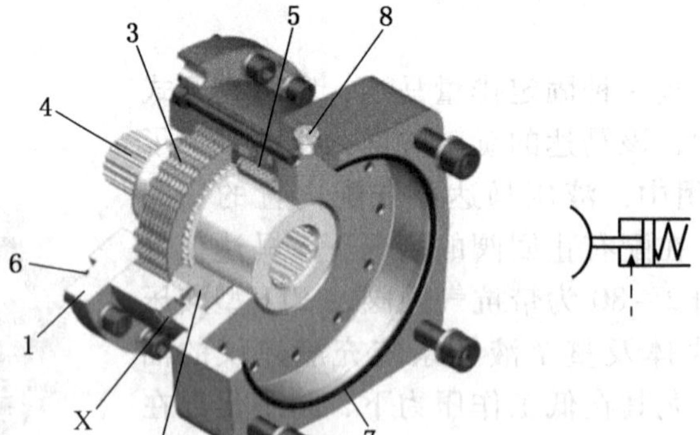

1—壳体；2—止推环；3—垫圈；4—离合器轴；5—弹簧；6、7—O 形环；8—注油塞；X—先导压力连接管

图 2－83　片状故障保护制动器组件

片状故障保护制动器的维护方法如下。

每周检查片状故障保护制动器是否有泄漏，在履带齿轮或履带驱动器的大修和重大维修期间，建议在相同的间隔时间换油。此外，当履带齿轮、液压马达或片组发生变化时，也须加注新油，注油量0.1 L。维修时可按照以下步骤检查片组磨损情况：如图2-84所示放置片状故障保护制动器，使用液压手泵或动力单元支架释放制动器端口 P 处的压力，并检查片组和活塞的距离，使用塞尺检查排放孔，并拆下制动器轴，测量释放制动器前后的距离，新制动器 2.2 mm，最大磨损为 4.5 mm，建议在达到最大磨损极限之前更换片组。

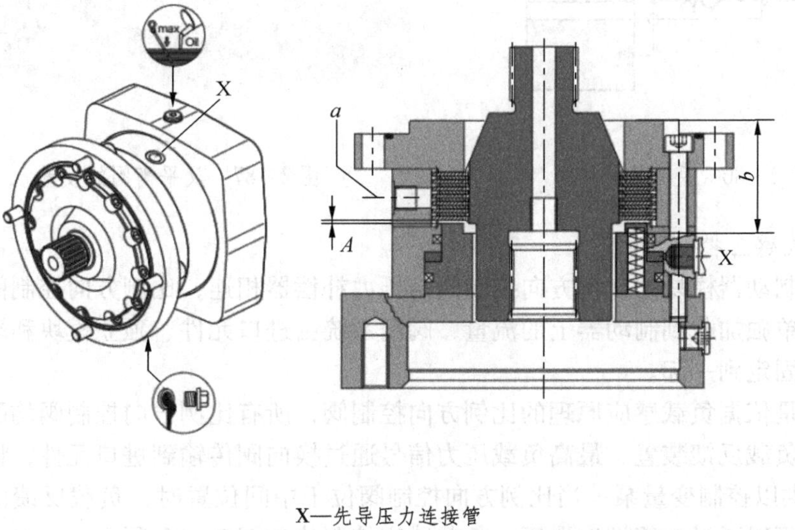

X—先导压力连接管

图2-84　片状故障保护制动器

9. 反平衡阀

反平衡阀用于控制移动负载，以防止在泵之前运行。该阀可在任何位置锁定荷载，不会移位并可通过开启中心控制阀确保静态泄压和热膨安全。反平衡阀其实就是泄压部分带有先导超控或辅助功能的反平衡阀。为了降低荷载，需要获得先导压力，以有效降低安全阀的设定值，这样就能以最小的能量损失自如控制荷载，如果试图在泵前运行荷载，泄压阀将节流或关闭以防失控，无压油流通过旁路止回阀部件增加荷载。反平衡阀 CBCG-LJN 如图2-85所示，反平衡阀符号如图2-86所示。

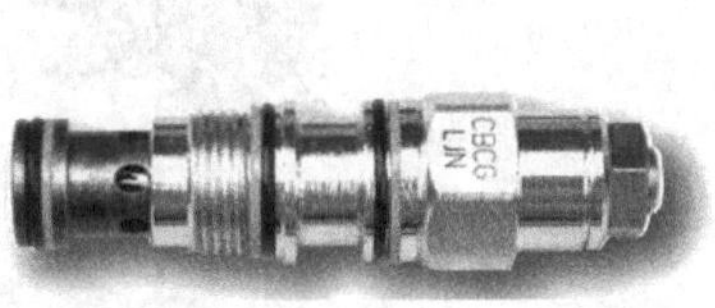

图2-85　反平衡阀 CBCG-LJN

逆时针旋转可增加设定值，顺时针旋转调节螺钉，可减小设定值，如图2-87所示。一旦安装在系统中，反平衡阀就很难调整。因此，应在反平衡阀安装到系统中前，对其进行压力设定。要进行此压力设定，必须在液压试验台上或使用一个特制块将反平衡阀设定到正确压力，或者如果该特制块在特殊情况下不可以用，可以参考预设值按照杆与转弯值的大致比例进行设定。

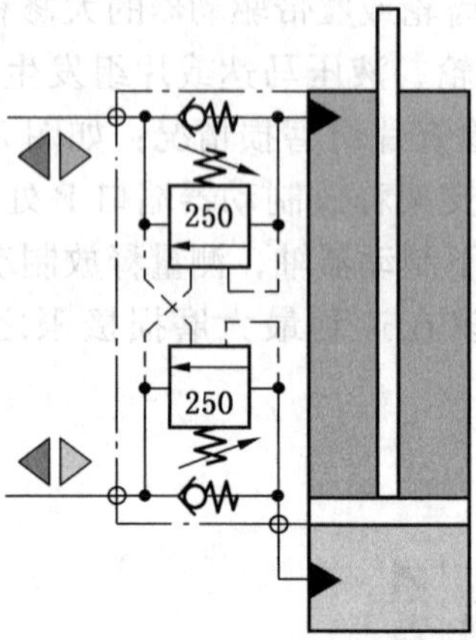

图 2-86　反平衡阀符号

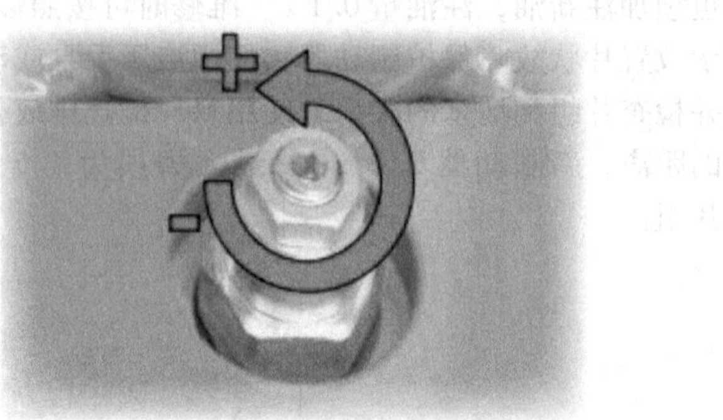

图 2-87　反平衡阀的设置

10. 负载感应控制块

因为各制动器模块的比例方向控制阀与压力补偿器相连，比例方向控制阀的夹层设计更便于控制单独加载到制动器上的流量，阀门系统由进口元件、独立模块和端件组成，由联杆托将其固定到一起。

方向阀是依据负载感应原理的比例方向控制阀，所有比例方向控制阀均配有联合式压力补偿器内负载反馈装置，最高负载压力信号通过换向阀传输到进口元件，该信号可通过端口 XL 提供以控制变量泵。当比例方向控制阀位于中间位置时，负载反馈信道和压力补偿器弹簧腔可以通过油箱端口泄压。负载感应控制块如图 2-88 所示。

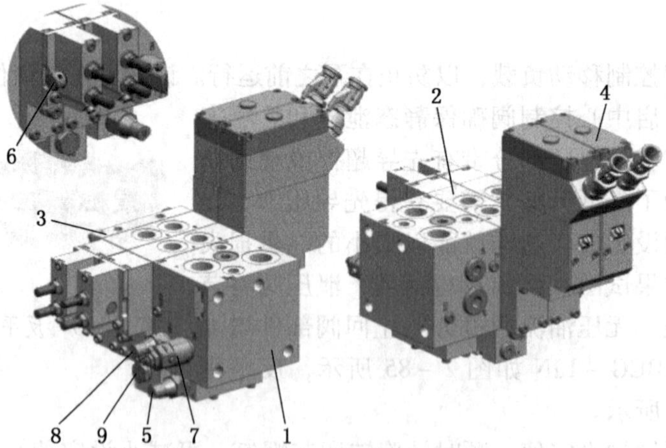

1—进口元件；2—方向阀元件；3—端件；4—先导控制单元；5—先导泄压阀；
6—机械控制装置；7—减压阀；8—泄压阀；
9—LS 泄压阀

图 2-88　负载感应控制块

11. 软管和软管组件

液压软管以标准长度供应，用连接件配套，超出 3000 mm 长的软管可与标准长度配合使用。一般情况下，软管是根据具体要求进行配置的。

在选择软管组件时，必须首先考虑其能承受的最大压力，以下注意事项只是基本准则，未必能够尽善尽美，我们建议在软管组件的要求超过相关推荐中所描述要求时拟出性能规范，必须满足以下最低要求：软管和连接件必须相互兼容，且能够正常工作，一般而言，不能超过软管和软管组件的最大保存期限。

软管如若损坏，必须立即更换损坏的软管，所有标准软管在软管列表中列出，务必考虑当地和国家/地区的具体规定。软管组件起着至关重要的作用，除传导液体的能量以外，它们还始终存在发生不必要移动的可能性。

1）安装软管组件

在安装软管组件时，必须遵循相应的规范，以确保和保持其功能性，关键要点在于：小心安装和拆卸。应进行最佳安装布置并定期检查，以最大限度地减少可能发生的问题，如图 2－89 所示。

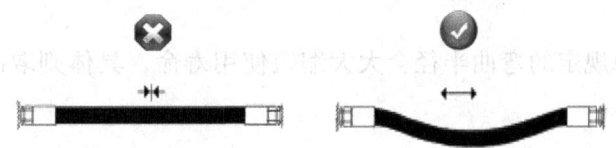

图 2－89　加压力或拉伸应力

由于扭曲应力会减小横截面，必须小心不要扭曲软管，以免情况变糟时损坏软管。为防止产生扭曲应力，安装连接件时不得扭曲软管，如图 2－90 所示。

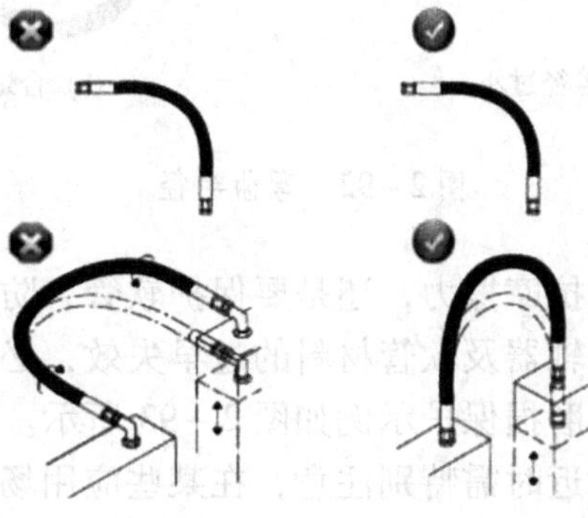

图 2－90　软管扭曲

软管组件的弯曲角度不能超过允许的弯曲半径，也不能翘起或者扭结，否则可能增加流动阻力，此时需要使用弯管或弯头。产品目录中的最小弯曲半径是指软管组件的固定安装，如果软管需要在密集的弯曲半径范围内反复移动，建议尽量选择较大的弯曲半径，软管的弯曲处不能在离管端不到 1.5 d 的地方。软管弯曲如图 2 - 91 所示。

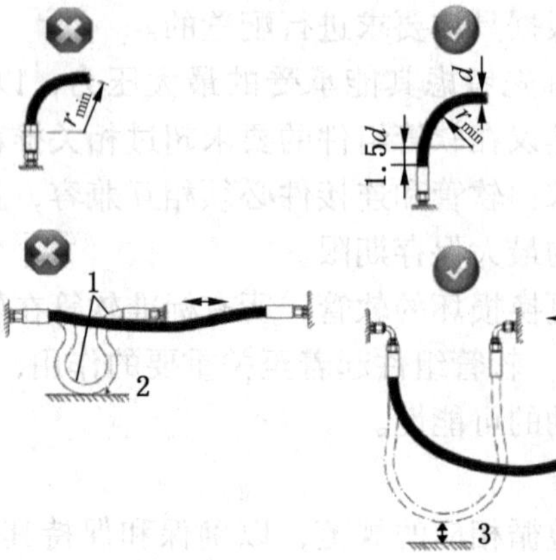

1—弯曲半径过小；2—磨损；3—预留足够的间隙

图 2 - 91　软管弯曲

偏离适用标准中规定的弯曲半径会大大缩短使用寿命，具体则取决于所承受的应力，示例如图 2 - 92 所示。

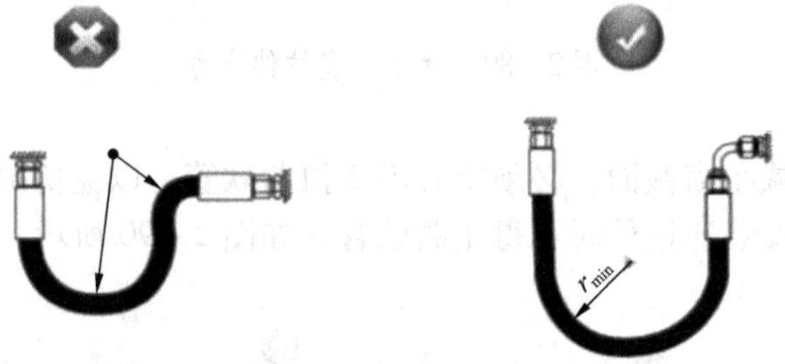

(a) 弯曲半径过小　　(b) 合适

图 2 - 92　弯曲半径

尽管软管具有一定程度的抗摩擦力，还是要保护软管，防止其遭受可能导致过度磨损的外部损坏，避免撕裂软管联轴器及软管材料的过早失效，必须防止软管组件承受超过软管设计标准的极限温度。外部磨损保护示例如图 2 - 93 所示。

软管安装在高温电源线附近时需特别注意，在某些应用场合下，可能需要保护或重新布置软管组件，以免出现高温危险，示例如图 2 - 94 所示。

2）检查和更换软管组件

根据 EN（European Norm，欧洲标准）和 ISO（International Organization for Standardization，国际标准化组织）标准，必须在使用一段之后检查和更换软管组件。在正常使用软管组件的情况下，每隔 12 个月检查一次，使用期限是 6 年（包括 2 年贮藏期）。在用途广泛的情况下，如安装在移动零部件的软管组件、多班次操作、维护间隔长、环境温度过高（大于60 ℃）、工作压力大、耐磨性强、环境状况可能导致软管组件的退化，每隔6个月检查一次，使用期限是2年。暴露在以下环境中会缩短间隔：紫外线、盐、空气污染物、腐蚀、极端温度、臭氧、化学物质，检查间隙和使用期限也视情况而定。

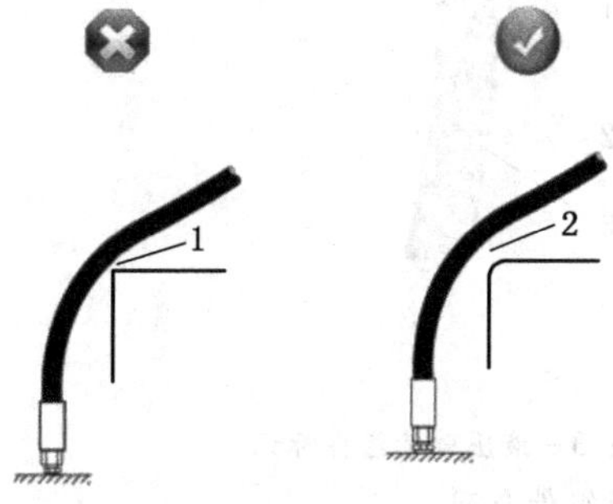

1—磨损；2—预留足够的间隙

图2－93　外部磨损保护示例

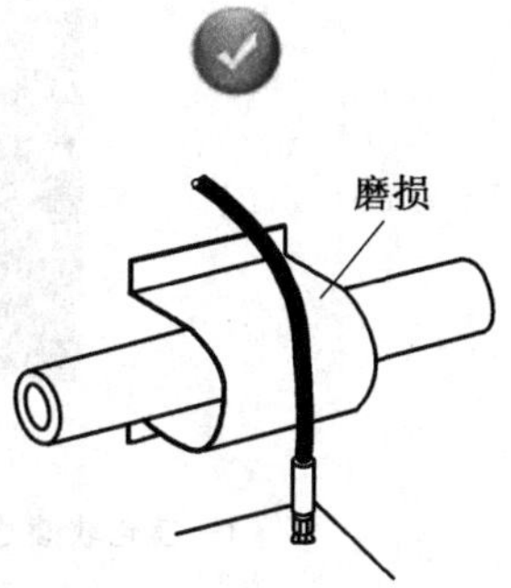

图2－94　高温保护示例

3）标记软管和软管组件

（1）软管标记。根据EN和ISO标准，软管必须明确并永久标记以下信息：软管组件的制造商、软管型号、直径、软管组件的最大工作压力限制、生产年份和季度。

（2）软管组件标记。根据EN和ISO标准，软管组件必须明确并永久标记以下信息：软管组件的制造商、生产日期、软管组件的最大工作压力限制。

软管和软管组件的标记如图2－95所示。

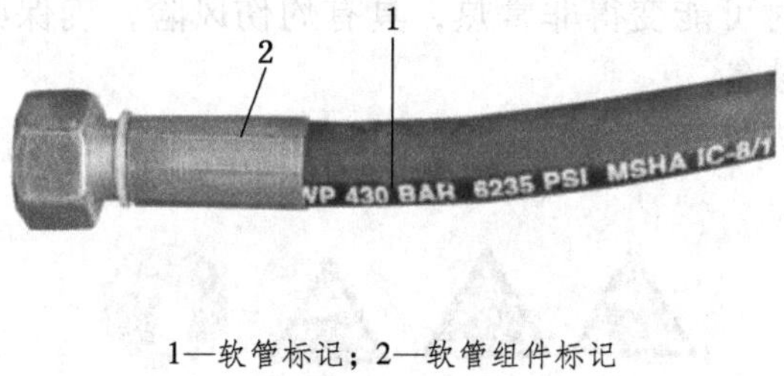

1—软管标记；2—软管组件标记

图2－95　软管和软管组件的标记

（3）软管和软管组件色码。液压软管总成也可使用水而不是液压油，有时为了便于观察，软水管可能是蓝色的，图2－96显示蓝色和黑色的软管组件。

（4）软管和软管组件存储。根据EN和ISO标准，必须符合以下规定：存储在清洁、凉爽和干燥的区域，避免阳光直射或潮湿，不要存储在高压电子设备附近，避免与腐蚀性化学物质接触，避免紫外线，放射性材料，切勿超过最小弯曲半径，必须采用库存循环系统，以便能够先使用最旧的软管或软管组件。

（5）软管和软管组件规范。使用未经许可的零件会发生不可控的风险，还可能会导致死亡或严重伤害，严格禁止使用未经许可的零件。

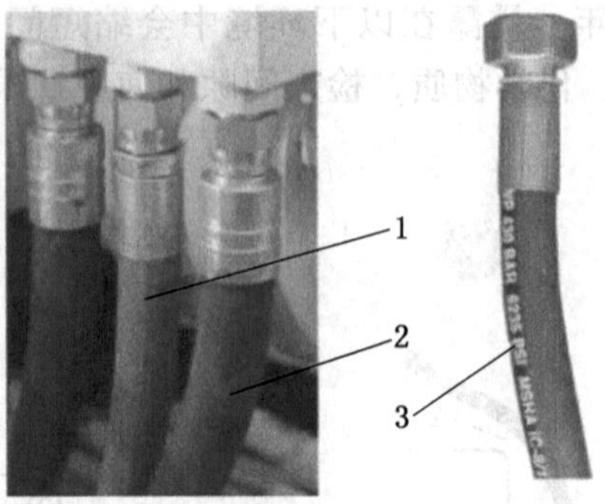

1—蓝色软管总成；2—黑色软管总成；3—液压软管组件标记

图 2－96　软管和软管组件色码

12. 液压蓄能器

蓄能器是一种压力容器，向其加注的氮气通过气囊或隔膜与工作介质分隔开来。

所有连接到液压蓄能器的油液侧管路必须进行卸压，在对液压回路执行任何任务时，管路必须保持打开状态，对蓄能器执行作业之前，蓄能器的气体侧必须进行减压并保持打开，确保使气体侧减压。如果未能妥善处理储存的能量，蓄积的能量可能会造成难以预料的后果，导致人员严重受伤甚至死亡。

执行机加工和/或焊接/钎焊操作时，液压蓄能器必须仅使用氮气充压，切勿使用氧气或空气，不得对气囊式蓄能器执行任何焊接、钎焊或机械作业。如果未按上述要求操作，可能有爆炸风险。

蓄能器外壳在工作时可能变得非常热，具有灼伤风险，确保必须接触的表面并不滚烫，或者佩戴个人防护装备。

危险标识如图 2－97 所示。

图 2－97　危险标识

13. 气囊型液压蓄能器

气囊型液压蓄能器（图 2－98）是一种压力容器，向其加注的氮气通过气囊与工作介质分隔开来。在调试之前，操作液压系统中的液压蓄能器必须预充压，且所需的预充压力必须由操作员进行检查，预充压力级别通过系统的工作数据计算得出。如果调试前的储存期不超过 3 个月，则将预充压蓄压器存放在凉爽、干燥，且无阳光直射的地方便已足够，蓄能器可存放在任何位置，为防止粉尘进入蓄能器中，必须确保液压接头封闭。

1）充压气体

液压蓄能器只能使用最低等级为4.0的氮气进行充压，为蓄能器充压必须使用充压和测试装置为金属波纹管蓄能器充压，在充压过程中，必须牢固安装蓄能器。

2）维护部件

充气和测试装置是气囊式、活塞式和隔膜式蓄能器的连接装置，使用增强器或连接上游的氮气充注系统充气时，持续运行可导致温度上升到不可接受的水平。因此，必须将休息期间合并到充气程序中，以便使充气和测试装置冷却。使用充气和测试装置工作时，应注意气体膨胀造成的温差，切勿将冷气体充至所需压力，因为气体升温后会膨胀。氮气充注装置如图2-99所示。

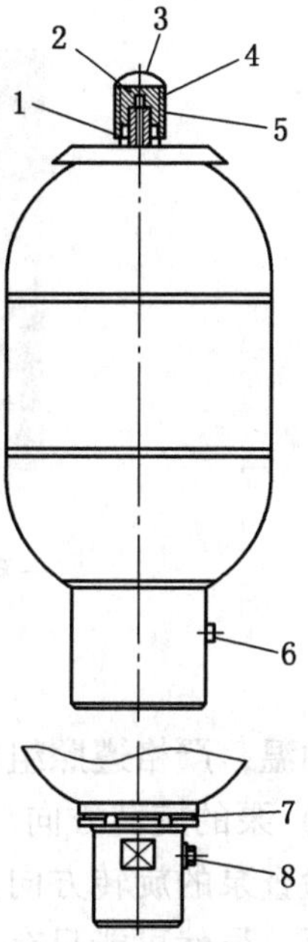

1—转接头；2—止回阀；3—阀门保护盖；4—密封盖；5—密封环；6—插头；7—连接转接头；8—插头

图2-98 气囊型液压蓄能器

（六）变量泵测试

所有的组件，特别是泵和电机在被施加最大压力之前，需要执行启动程序。因此，当泵出现故障并进行更换后，务必按照规定进行操作，否则泵在短时运行后会再次出现故障。安装于锚杆机上的变量泵如图2-100所示。

1）启动和运行

未向泵壳中加注油即启动会损坏甚至毁坏泵，通过泄油口向泵壳中加注，直到泵体完全充满液压油，加注后应重新连接泄油管，同时检查压力、泄油和控制软管和管道是否正确安装。确保泵安装了无张力的液压油箱承载架法兰，再打开吸入管线的所有蝶阀，通过加注口将液压油箱填充到规定油位，保证在启动期间，检查吸油管和接头是否泄漏以防损坏泵，检查油位，以确保油位不会降到最低，并观察启动期

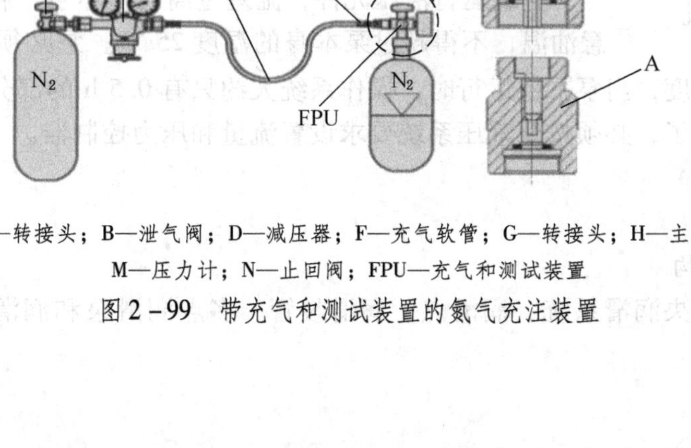

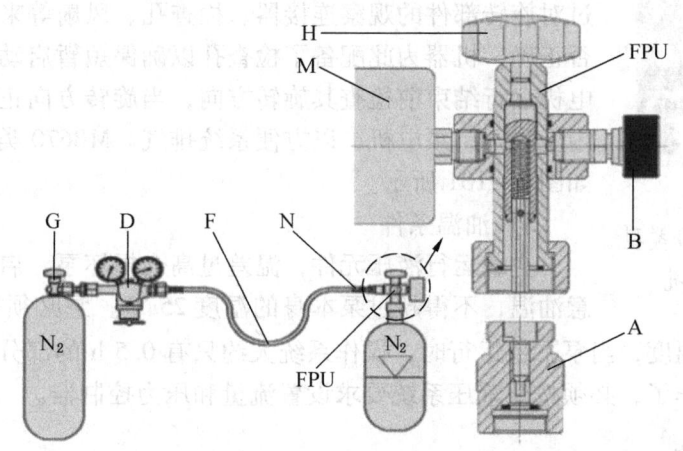

A—转接头；B—泄气阀；D—减压器；F—充气软管；G—转接头；H—主轴；M—压力计；N—止回阀；FPU—充气和测试装置

图2-99 带充气和测试装置的氮气充注装置

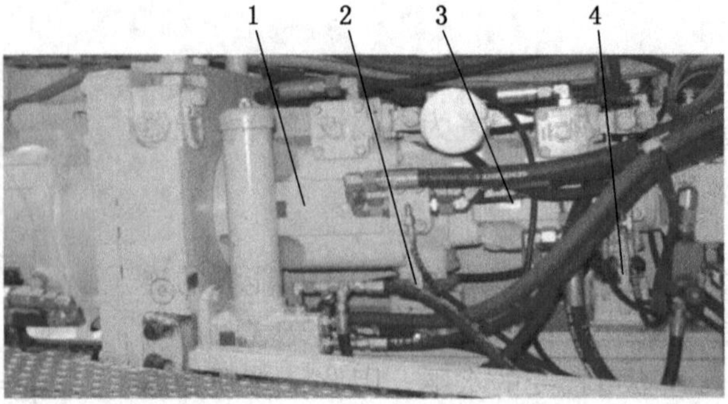

1—泵 1 驱动通过；2—泵 2 驱动通过；3—吸入管路；4—吸入管路

图 2－100　安装于锚杆机上的变量泵

间的油温，严格遵照组件的具体说明。

2）泵的旋转方向

检查泵的旋转方向，旋转方向不正确会导致液压泵损坏，以额定转速在错误方向运行液压泵，虽然可能只有数秒钟，却足以对泵造成严重损害甚至损坏，启动时按照以下所述检查旋转方向。

液压泵调试或每次必须断开电源时，需要确保液压动力单元的电机沿正确方向旋——向右旋转。向右旋转，即从泵传动轴侧来看，液压泵必须顺时针方向旋转，下列三个步骤可用于检查旋转方向。在连接外壳处配有检查口的机器，打开螺塞，确保短暂启动泵电机，并在泵电机运行结束前检查其旋转方向。配有风冷式泵电机的机器，可以通过电机处的空气格栅检查旋转方向，确保短暂启动泵电机，并在泵电机运行结束前检查其旋转方向。没有上述可能性的机器，确保短暂启动泵电机，然后立即检查仪表或机器显示屏上的先导压力，并且/或者选择某个功能以查看其是否正常运行。在系统运行时，可通过对旋转部件的观察连接器、检查孔、风扇等来检查旋转方向是否正确，机器为此配备了检查孔以确保短暂启动泵电机，并在泵电机运行结束前检查其旋转方向，当旋转方向正确时，在短时间内反复开启泵电机，以方便系统排气。MB670 类型机器上检查孔如图 2－101 所示。

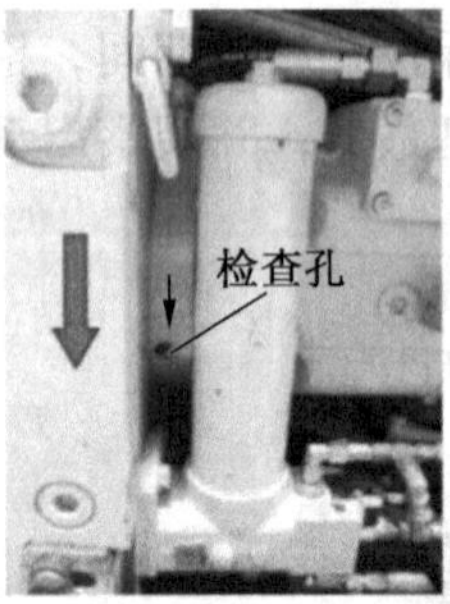

图 2－101　MB670 类型机器上的检查孔

3）油温条件

空载运行液压元件，温差过高会损坏泵，启动泵前需特别注意油温，不得超过泵本身的温度 25 ℃。泵必须在 1～2 s 内启动直至达到相应的温度，当泵平稳运行时，操作系统大约只有 0.5 h 的部分负荷，随后系统便可以满负荷工作了，必须按照液压系统要求设置流量和压力控制器。

九、润滑系统

（一）机械结构

润滑系统由中央润滑系统、润滑点、润滑歧管、多点润滑泵和润滑分配器五个部分组成。

1. 中央润滑系统

机器的中央润滑系统配备一个液压驱动的多线润滑泵，该泵由液压系统提供动力，应用大量的泵原件，持续向连接的润滑点供给润滑脂。

2. 润滑点

润滑点是向指定摩擦点供送润滑剂的部位，是机器集中润滑系统的组成部分。单个润滑点体现在机器润滑必须由油枪直接润滑，一旦润滑完成，必须将螺塞重新安装到适用地方。

3. 润滑歧管

用作所连润滑点的中央分配器是润滑歧管，它位于机器上可安全接近的通向滑套的区域，并且必须由油枪直接润滑。

4. 多点润滑泵

多点润滑泵需要应用大量的泵原件，结构由油箱、壳体、搅拌叶片、刮油器、轴承剖面、偏心环、蜗杆、泵元件、盖板、搅拌机及泄压阀组成。多点润滑泵的组件构成如图 2-102 所示。

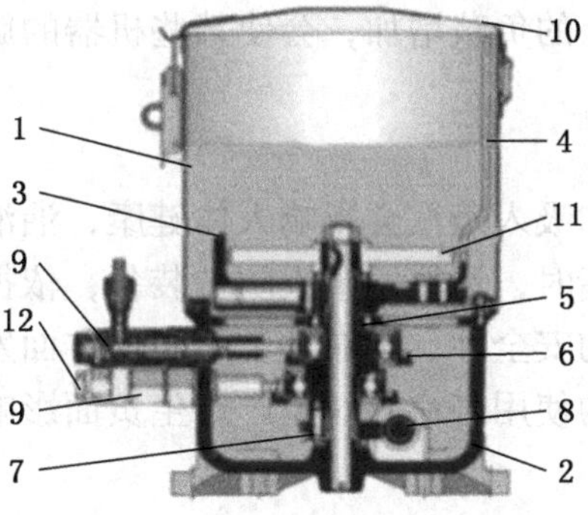

1—油箱；2—壳体；3—搅拌叶片；4—刮油器；5—轴承剖面；6—偏心环；7—蜗轮；8—蜗杆；9—泵元件；10—盖板；11—搅拌机；12—泄压阀

图 2-102　多点润滑泵的组件构成

钢板储液罐含有一定的油脂量，立式泵轴由外部驱动装置通过蜗轮进行驱动，液压马达的速度是可以改变的，偏心压环与泵元件啮合，协同运转立式泵轴，立式偏心泵轴每旋转一次，偏心压环就会促使各泵元件执行一次压力和吸气冲程，搅拌机与立式泵轴相连接，可将润滑剂挤压到进气口，泵轴上还装配有一台可去除容器壁油脂的刮油器。

5. 润滑分配器

分配器由一些独立的部件构成，这些部件彼此螺旋且密封到一起。分配器用于将收到的加压润滑剂分成若干份后，再将其陆续输送到出口，这是通过润滑剂在压力的作用下推动活塞，彼此相互制约而实现的，活塞进入各自最终位置时，其前部的润滑剂将依次进入润滑点。值得注意的是，如果一个润滑点堵塞或润滑分配器的一个接头关闭，润滑分配器将发生堵塞，当润滑脂从安装在油脂泵处的元件中泄漏时，就可以发现这种情况。

（二）润滑剂和用量

1. 油液选择

按油液特性选择油液，必须考虑下列属性：黏度、整个使用期间油液的稳定性、水油分离特性、抗氧化和防泡沫特性、健康影响、环境影响。

按照应用选择油液，必须考虑下列事项：环境、现场特定和安全要求。在以下情况下，部件将会损坏：选择了错误的油液类型、选择了错误的油液黏度、超过了建议的换油间隔、忽视了磨损和污染物极限值。

2. 油液黏度

工业润滑油的黏度由 ISO－VG 标准确定，ISO 等级数字指示润滑油在正 40 ℃时的黏度，单位是厘沱。例如，某种油料的等级是 ISO－VG68，意味着正 40 ℃时的黏度是 0.068 Pa·s。

若选择了不正确的黏度，会导致以下问题：黏度太低会破坏接触面之间的润滑油膜，表面之间的金属与金属接触会导致磨损加快，从而增加需要维护的次数，部件间的内部泄漏会降低系统的效率。黏度太高会使系统中的流动损失增加，也会降低系统的效率，并且由于回油管压力增大，密封上的负载增加，会使某些机器的旋转轴和推力轴承磨损，泵产生气蚀的风险。

3. 油液处理

处理油液时，皮肤接触和吸入蒸汽会影响人体健康，油液和油脂处置不正确会危害环境。因此，在处理油液和油脂时，请使用个人防护装备，依据当地法规处置所有油液和油脂。这些类型的耗材在设备的安全性、可靠性和耐用性方面发挥着重要作用，低质量的油液和非原装零件会缩短设备的使用寿命并对生产产生负面影响。

4. 油液分析

1）油液分析重要性

监测油液状况有助于了解部件的运行状况，并使操作员能够做出明智的维护决策，从而延长设备的使用寿命并降低整个生命周期成本。污垢、沙子、水和金属颗粒等污染物即使数量极少，也会导致部件过早磨损和故障。通常情况下，这会导致计划外停机时间和生产损失。

及早发现是最大限度减少长停机时间和提高机器效率的关键，油液分析有助于评估设备运行状况，并在问题升级前发现它们。这有助于最大限度减少意外故障和长停机时间的风险，控制维护和运营成本，优化维护计划，以最大限度减少对生产的影响，提高可靠性和安全性。

2）油样提取时间

最简单的方法就是基于时间采样，如果操作员具有丰富的经验，对机油状况具有良好的掌控能力，则可以自行确定延长采样间隔，但是应自己担责，特定操作状况可能还要求缩短此时间间隔。此外，还可能要根据特殊分析要求提取样品。例如，需要将一种油型更换为另一种油型时、对系统进行大修或更换零件后、泵发生故障等情况下，以及系统存在可靠性或可用性相关的一般故障。

5. 油液类型

1）齿轮油

连续掘锚机是一种需要承受高负载，并且暴露在多振动和潮湿条件下的设备，齿轮油除强大的水分离能力外，还在混合摩擦区域提供超高的保护功能及较高的承载能力。

根据液压系统工作小时更换油液，所谓“基于时间的”维修策略只是根据工作小时来进行，齿轮油第一次更换时间为50 h，之后更换时间为600 h或者3个月。

2）液压油

液压油类型包括以下几种。

（1）矿物基液压油。矿物基液压油仍然最常用于移动式液压系统，具有更高黏的矿物基液压油被定义为HVLP类型。

（2）阻燃液压油。由于若干原因，可能需要阻燃液压油，市面上有不同种类的阻燃油液，不同油液的特性差别较大，此类油液必须与主要的金属材料和密封材料相兼容。

3）液压油混溶性

（1）HFD－U型油。在混合HLP与HFD－U型油之前，建议进行兼容性测试，并且此类型油不可以混合HFA与HFC－E型油，混用少量其他油液就会导致液压系统完全损坏，仅加注类型完全相同的油液，在使用其他介质之前，必须冲洗整个液压系统。

（2）HFC－E型油。不可以混合HLP、HFA、HFC－E型油，混用少量其他油液就会导致液压系统完全损坏，仅加注类型完全相同的油液，在使用其他介质之前，必须冲洗整个液压系统。

（3）HFA型油。不可以混合HLP、HFA型油，混用少量其他油液就会导致液压系统完全损坏，仅加注类型完全相同的油液，在使用其他介质之前，必须冲洗整个液压系统。

HLP可以混合HLP型油，如果使用相同的原油，则没有任何限制。

4）液压油更换和维护

油液必须按期更换，因为超过使用期后，油液特性和添加剂将会变质。根据液压系统工作小时更换油液，所谓“基于时间的”维修策略只是根据工作小时来进行，矿物基油400 h或查看油液分析，之后1000 h或每年一次更换。根据油液分析更换油液，更高级的维修策略是所谓“基于状况的”形式。

（1）一般液压系统维护。热量、污垢、水和气蚀是导致液压系统故障的四个主要原因，污垢可能是四个原因中影响最大的一个。污垢在液压系统中所产生的影响与在燃油系统中完全相同，大多数污垢具有磨蚀性，当污垢进入液压系统中时，会导致部件快速磨损，有理由认为，如果液压油中没有污垢，液压系统的各个部件将保持清洁。因此，问题是保持液压油清洁，这可通过执行四个基本预防措施来完成：盖住所有液压油容器，从储油罐向液压系统油箱输送油时，仅使用已知清洁的设备，按照所述的过滤器和滤网维护程序操作，进行定期执行机油分析，并在必要时调整或更换填料和密封件。请务必记住，除能使重型设备的部件活动外，液压油还可为液压系统部件提供润滑和冷却。当污垢或水进入液压油时，这三项功能都会受到影响。

油通常会接触两类污染物：从外部进入液压油的污垢，这包括灰尘、棉绒、锈迹和水垢；通过油添加剂变质形成的可溶和不溶产物。第一组污染物可通过采取上述预防措施来控制，第二组污染物导致的污染不能完全通过预防性维护来控制。当液压系统过热时，会加速这种污染物的形成。因此，如果防止了过热，则会减少可溶和不溶产物的形成，但即使是在最小心地维护下，由于氧化、冷凝酸形成而导致的污染也会使油对液压系统部件产生伤害。因此，应当按照定期维护计划，从系统中排出全部液压油。这是消除系统中变质产物积聚的唯一途径。

（2）机油过滤。尽管在处理和分配液压油时非常小心，但还是有可能会有一些杂质颗粒进入液压油中，由于这种颗粒本质上易磨损，并且会损害液压泵、马达和阀门的操作及使用寿命，因此建议在所有液压系统中安装用于清除这些污染物的过滤器。

在所有液压故障中，有70%～80%是由油品质量不良造成的，而不良油品质量则主要由油液污染造成，水、温度或不同油液的混合也可能会导致问题，避免油液污染一个方法是进行适当的过滤。

油品质量和清洁度对液压系统的可靠性和可用性至关重要，为了保持系统清洁，排气过滤器在多尘环境中尤其重要，必须定期更换完全受污染的过滤介质以保持整体效率。

（3）维护过滤器和滤网。如果过滤器堵塞，则无法再执行作业，大多数液压过滤器总成都配有旁通阀，可使油液绕过堵塞的滤芯，由于旁通阀的作用，越来越多的液压油将绕过填满污垢的滤芯。

建议定期监测油液质量，以确保其始终保持在建议的最大值范围内。如果采用的油液不符合所述规格或其中所含机油污染物或磨损颗粒值高于建议最大值，则应更换液压油或更换液压系统滤芯。

如果未另行指定，那么油桶中的新液压油通常达不所提及的清洁度等级，新油必须通过过滤器添加到系统中。液压油中硅砂污染物及水污染的浓度和大小对液压油性能有着显著的影响，特别是在油液黏度和摩擦行为这两个方面，更是如此。在恶劣的截割条件下，如截割高磨蚀性物料、在潮湿条件下尤其是在酸性水条件下作业，需要调整油液采样间隔，以保持规定的油液特性。

二氧化硅污染会导致轴承和部件严重磨损，并最终造成系统故障；水污染会导致液压油润滑特性大大降低，并会由于发生腐蚀而造成更高的磨损，磨损和污染限值可能会有所不同，具体取决于油液类型。因此，需要经过认证的测试实验室的反馈意见，以便评估实际的机油更换间隔，给定的限值必须视为指导值。在低于此限值的情况下，系统中很可能不存在问题。另外，在高于此限值的情况下，也可以运行液压系统特定的时间，不过，若时间过长，将无法确保系统可靠性，液压部件发生故障的概率将急剧增加。

6. 污染物进入系统的原因

污染物进入系统的主要原因是维修和重新注油的初始污染。上述方面对于机器最为重要，因为它们是造成大多数问题的原因。

此外，泵磨损、油缸磨损、油缸密封件磨损、初始阀门污染、排气过滤器污染等也可能造成污染。液压系统污染的来源如图 2-103 所示。

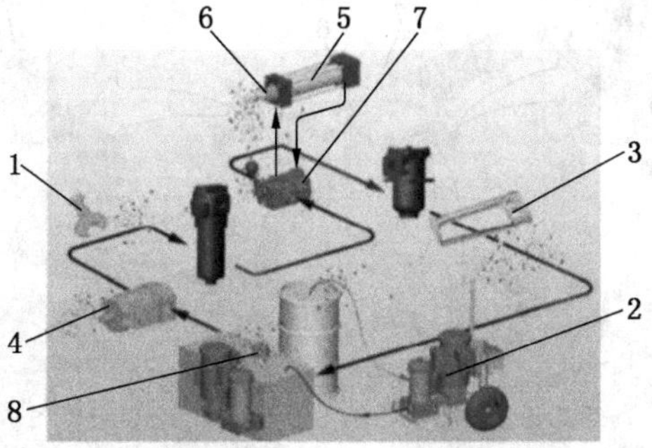

1—维修；2—重新注油的初始污染；3—系统打开；4—泵磨损；5—油缸磨损；
6—油缸密封件磨损；7—初始阀门污染；8—排气过滤器污染

图 2-103　液压系统污染的来源

来自故障部件的污染颗粒会通过油流输送至液压系统的其他区域，并造成严重的连续损坏，因此，在部件故障后必须进行系统清洁。

7. 其他机油

对于高压水泵，可以使用液压油 OH32、OH46 或 OH60，因为其机油质量较高，其黏度等级应与平均环境温度相符。

十、供水系统

供水系统主要由两大系统构成，即冷却和供水系统与喷雾系统。冷却和供水系统不断得到清水供给，可分散机器运行时产生的热损失，并通过热交换器和电机将其供给喷雾系统。

喷雾系统可以控制摩擦起火，为截割头周围的区域产生足够的通风，减少截割过程中的灰尘，冷却截齿。该系统由截割滚筒的条形喷水模块、装载台的输送机、铲板等组成，并使用专门的“ITP”喷嘴设备，用于抑制粉尘的除尘器中也集成了喷嘴。

（一）机械结构

冷却和供水系统由进水口、水泵、截割滚筒上的喷嘴、截割滚筒上方的条形喷水模块、装载台上方的条形喷水模块、输送机上的喷水模块及除尘器喷嘴组成，主要结构如图 2-104 所示。

喷雾系统采用专用的传感温度势喷嘴，用于为危险区域提供水和空气，它的独特性是可形成额外气流。喷雾系统由一些条形喷雾模块组成，具体组成结构如图 2-105 所示。

为条形喷雾模块提供高压水的设备是增压泵站，供水管路与高压水相连接，增压泵是一个固定排量泵，因此需在排放管道上安装一个泄压装置，压力开关负责监测增压泵吸入管路内的水压，如果水压降至最小值以下，将立即关闭泵电机，喷雾系统的监测系统可监测喷雾器的水流。

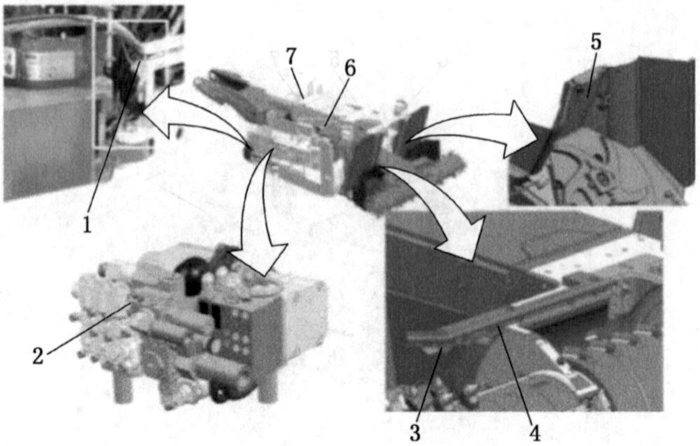

1—进水口；2—水泵；3—截割滚筒上的喷嘴；4—截割滚筒上方的条形喷水模块；
5—装载台上方的条形喷水模块；6—输送机上的喷水模块；7—除尘器喷嘴

图 2-104　冷却和供水系统结构图

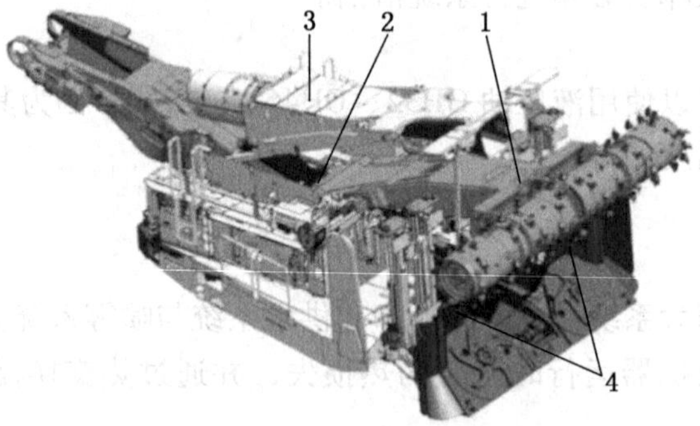

1—截割滚筒条形喷雾模块；2—输送机巷道条形喷雾模块；3—除尘器条形喷雾模块；4—铲板条形喷雾模块

图 2-105　喷雾系统结构图

1. 主要冷却部件

机器喷雾系统需要持续的清水供给，由于水也可用于冷却，该系统被设计成一个开放式回路冷却系统，全部冷却水都可用于喷雾，冲洗水则用于钢钻和抑尘。机器上的冷却和供水系统的主要部件，参见图 2-104。

为了保证机器保持无故障运行，图 2-106 所示的组件和油液必须用水冷却：截割电机通过冷却水套，输送机电机通过冷却水套，装载机电机通过冷却水套，液压马达通过冷却水套，液压油通过热交换器。

2. 主要喷雾部件

为了控制摩擦起火，机器配备了一个喷雾系统，该系统由截割滚筒的条形喷水模块和装载台的条形喷水模块组成，这些条形喷水模块还用于抑制粉尘，输送机上的喷雾可用于冷却系统和抑尘。喷雾系统的主要部件，如图 2-107 所示。

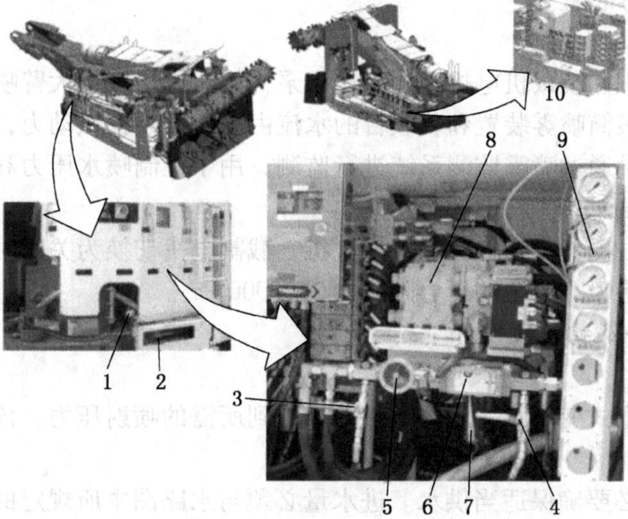

1—进水口（带球阀）；2—反冲洗过滤器；3—测试阀流量开关；4—测试阀压力传感器；
5—流量传感器；6—流量计；7—泄压阀；8—高压水泵；
9—水压计；10—热交换器

图 2－106　进水口主要冷却组件

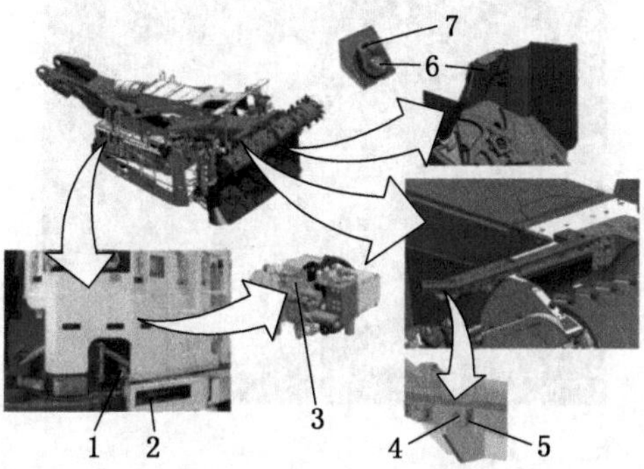

1—进水口；2—反冲洗过滤器；3—高压水泵；4—截割滚筒上的喷嘴；5—固定卡钉；
6—装载台上的喷嘴；7—固定卡钉

图 2－107　喷雾系统主要部件

（二）供水回路

清水通过一个装有 100 μm 过滤刻度的反冲洗过滤器送入冷却系统，然后水流被分流至以下子回路。

1. 输送机喷雾子回路

水流经液压油冷却器和液压马达进入机器左侧的顶锚杆机和帮锚杆机，水流经液压油冷却器和液压马达进入除尘器和输送机喷雾装置，水流经主控制面板的热交换器和输送机电机进入输送机喷雾装置。

2. 截割滚筒喷雾子回路

水流经截割电机和装载机电机进入高压水泵，然后进入截割大臂喷雾装置和装载台喷雾装置，进入截割滚筒喷雾装置和装载台的水流由高压水泵提供动力，截割滚筒喷雾子回路中的水压力和流量通过喷雾监测系统进行监测，用于控制喷水压力和流量。

3. 顶锚杆机和帮锚杆机子回路

水流进入机器右侧的顶锚杆机和帮锚杆机，截割电机切换为关闭时，在喷雾系统中没有流量，减压阀可将喷雾系统的压力限制为 2000000 Pa。

（三）系统部件及相关操作

1. 高压水泵

水泵是一种柱塞式变量泵，可将水压力增加到所需的喷射压力，该泵由液压马达提供动力且无级可调。

机器操作员务必要确保适当供水。进水量必须与水路图中所规定的参数相符，为了确保系统的安全运行，必须过滤普通意义上所谓的清水，高压水泵的上游装有可手动操作的 100 μm 反冲洗过滤器。为了防止泵产生气蚀现象，泵的进口端配有一个压力开关，可在进口压力低于 200000 Pa 时关闭泵，请勿在没有液体的情况下运行泵。当出现液压马达启动、接收到截割电机反馈及喷水启动这些情况时，高压水泵将启动，当出现在压力过低、流量过小及截割电机停止这些情况下时，高压水泵将停止。高压水泵如图 2－108 所示。

图 2－108　高压水泵

1）启动

每次启动前，请进行以下检查：使用油位观察窗，检查水泵的油位，检查是否漏油，反冲过滤器大约 30 s，检查压力表，检查管路和接头是否密封，目视检查喷嘴是否堵塞或损坏。

执行以下操作以启动：冲洗不带喷嘴的喷雾系统，首次启动或较长时间停用后再次启动前，建议对不带喷嘴的喷雾系统冲洗 5 min，冲洗完成后装上喷嘴，这有助于防止喷嘴被系统中积聚的任何残留物堵塞。

2）在易爆区域中调整

高压水泵在交付时已针对机器进行了正确设置，如有必要，必须根据机器的水路图调整设置。不允许在易爆区域使用转数计数器来测量转速，因此，无法对泵进行精确调整，不得在调整压力和流量期间运行泵。要调整水流量，请按如下方式转动液压马达调节螺钉：首先逆时针转动可增加水流量，再顺时针转动可减少水流量，图 2－109 显示了用于调节高压水泵的主要部件。

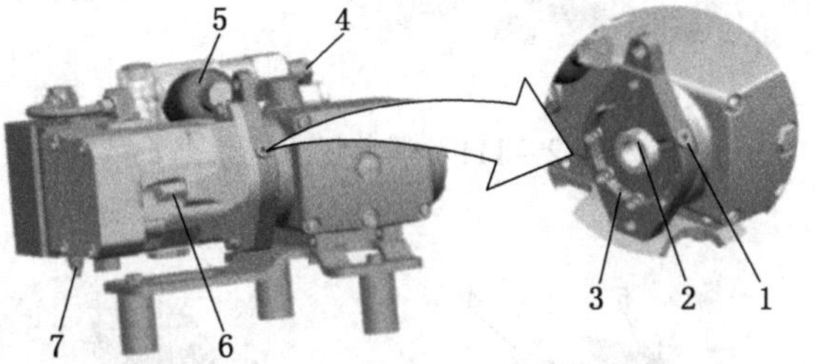

1—速度测量端口；2—反射器；3—泄漏控制；4—压力调节；
5—脉冲阻尼器；6—液压马达调节螺钉；7—流量控制阀

图 2－109　调节高压水泵的部件

开始调整之前，沿顺时针方向完全拧入液压马达调节螺钉，表中的值是指完全拧入的液压马达调节螺钉，下表显示了逆时针转动马达调节螺钉时的水流量变化。调整水流量如图 2－110 所示。

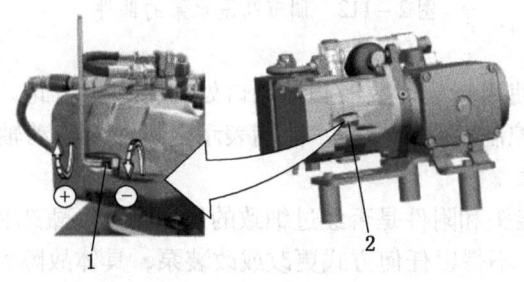

1—液压马达调节螺钉；2—盖

图 2－110　调整水流量

要调整水压力限值，请按如下方式转动压力调节器：首先逆时针转动可减少水压力，再顺时针转动可增加水压力。开始调整之前，沿顺时针方向完全拧入压力调节器，如图 2－111 所示。

3）在非易爆区域中调整

高压水泵在交付时已针对机器进行了正确设置，如有必要，必须根据机器的水路图调整设置，图 2－112 显示了用于调节高压水泵的主要部件。

执行“在易爆区域中调整”一节中所述的过程，对于测量转速，请使用转数计数器。要进行设置，必须在出口压力处安装一个压力表，并在高压侧安装一个流量计，要检查泵

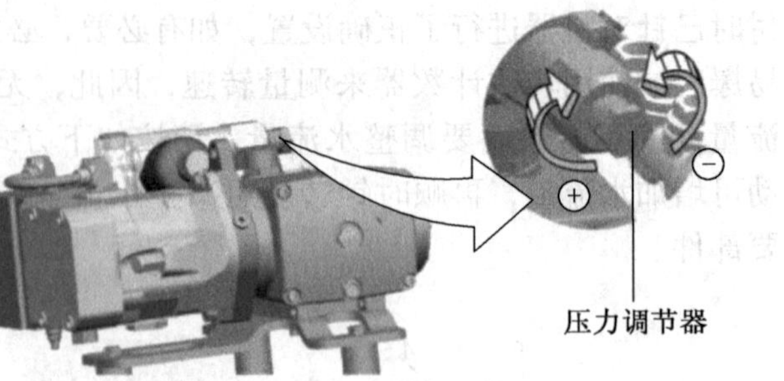

图 2－111　调整压力限值

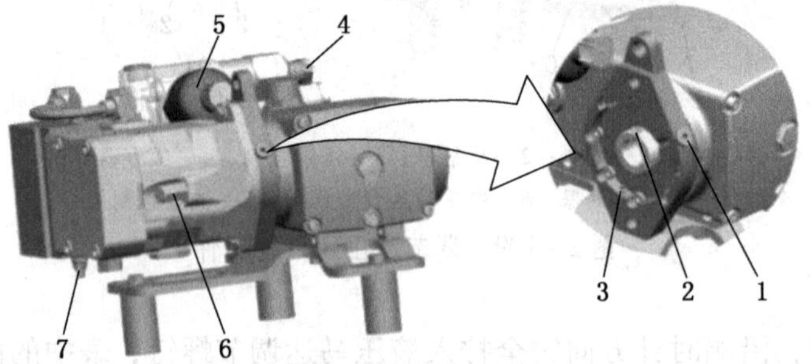

1—速度测量端口；2—反射器；3—泄漏控制；4—压力调节器；5—脉冲阻尼器；
6—液压马达调节螺钉；7—流量控制阀

图 2－112　调节高压水泵的部件

的功能是否正常，建议使用转数计数器测量端口处的转速，为此，需要在泵曲柄轴上安装一个反射器，检查泄漏控制塞是否泄漏，泄漏表示电机或泵传动轴密封件存在故障。

4）检查和排除故障

整个系统的管道、接头和附件是否经过细致的尺寸测量、甄选和安装，将决定泵能否在最佳状态下运行，因此，不得以任何方式更改或改装泵，具体故障解决方案参照表 2－12。

表 2－12　供水系统故障解决方案表

故　障	解　决　方　案
压力过低	喷嘴磨蚀：更换为大小合适的喷嘴。 皮带打滑：张紧皮带或安装新皮带。 进口管漏气：拧紧接头和软管。 压力表失效或不准确地登记：用新仪表检查，更换磨损或损坏的仪表。 泄压阀卡塞、部分堵塞或调整不当：清洁/调整泄压阀，更换磨损的阀座/阀和 O 形环。 进口滤网（过滤器）堵塞或尺寸不正确：清洁过滤器，使用适当尺寸的过淀器，加大检查频率。 泵送的液体中含有磨料：安装适当的过滤器，排放软管泄漏——更换为适用于系统的排放软管。 液体供应不足：对进口加压。 严重气蚀：检查进口状况。 密封件磨损：安装新密封套件，增加维修频率。 进口/排放阀磨损或脏污：清洁进口/排放阀或安装新阀套件

表 2-12（续）

故　障	解 决 方 案
脉冲	脉冲阻尼器存在故障：检查预加压，如果压力过低，冲压或安装新的阻尼器。 异物滞留在进口/排放阀中：清洁进口/排放阀或安装新阀套件
漏水	V 形填片、高压或低压密封件磨损：安装新密封套件，增加维修频率。 适配器 O 形环磨损：安装新的 O 形环。 密封件和 V 形填片过度磨损：安装新密封套件，增加维修频率。 曲轴箱内的潮湿空气凝结成水：安装油盖保护器，每 3 个月或 500 h 更换一次机油
爆震噪声	进口液体供应不足：检查液体供应，增加管道尺寸。 轴承演坏或磨损：更换轴承。 曲轴皮带轮松动：检查键并拧紧调节螺钉
漏油	曲轴箱油封磨损：更换曲轴箱油封。 曲轴油封或轴承盖上的 O 形环磨损：拆下轴承盖，并更换 O 形环和/或油封。 排放塞松动或排放塞 O 形环磨损：拧紧排放塞或更换 O 形环。 计泡器松动或计泡器衬垫磨损：拧紧计泡器或更换衬垫。 后盖松动或后盖 O 形环磨损：拧紧后盖或更换 O 形环。 加注口盖松动或曲轴箱中的机油过多：拧紧加注口盖，将曲轴箱加注至指定容量
泵运行非常不稳定	进口受限或有空气进至进口管道：更正进口管道的大小，检查气密。 泵阀、进口/排放阀卡住：清理异物或安装新的阀套件。 泵密封件——V 形填片、高压或低压密封件泄漏：安装新密封套件，增加维护频率
密封件过早故障	柱塞被刮伤：更换柱塞。 进口歧管压力过大：按照规格降低进口压力。 泵送的液体中有磨蚀性物料：在泵进口处安装适当的过源装置并定期清洁。 压力过大和/或泵送液体的温度过高：检查压力和进口液体温度。 在无液体的情况下运行泵：请勿在无液体的情况下运行泵。 泵缺乏足够的液体：增大软管尺寸，使软管比进口大一个尺寸，加压。 歧管侵蚀：更换歧管，检查液体兼容性

2. 防冻泵

将系统正常关闭后用清水冲洗泵，断开电源，释放管道压力，断开接入口并排放管道。将 4 英尺长软管的一端连接到泵进口，另一端放到装有 50% 水和 50% 防冻剂的容器中，启动并运行该装置，直到防冻剂流出泵排放管道为止，关闭该装置并断开泵进口处的软管，存放装置，遮盖保护，以免损坏元件。

将调节器/卸载机设置到最低压力点，检查曲轴箱的油位和纯度，重新连接油液供给管路，排放管路并使液体流过泵 2 ~ 3 min，检查所有管件接头是否泄漏，首次应手动转动曲轴箱，如果运行顺畅，则接通电源，将调节器/卸载机微量逐步重设到所需系统压力并恢复运行。

3. 反冲洗过滤器

在供水管路中，反冲洗过滤器可用于辅助过滤，该过滤器的独特之处在于可通过四位棘轮的单转自动确定冲洗顺序，如果不轮流冲洗每个滤芯，则无法将阀门从 OFF 位置切换到 ON 位置。

过滤器用于过滤进水，转换选项可在水流管路未关闭或滤芯未取出的情况下进行反冲洗，以清洗主过滤器滤网。该过滤器有两个过滤室，正常操作时，水流会流经这两个过滤室，水流在第二过滤室进行反冲洗期间会流经第一过滤室，反之，水流流经第二过滤室时，第一过滤室正在进行反冲洗。该过滤器通常用于过滤采矿机器的水系统所用的矿井水，更改滤芯会造成生产损失。

关于冲洗，该过滤器的独特之处在于可通过四位棘轮的单转自动确定冲洗顺序，通过棘轮手柄进行四个操作：ON 开启位置，OFF 关闭位置，FLUSH ONE 冲洗一次位置，FLUSH TWO 冲洗两次位置，如图 2－113 所示。

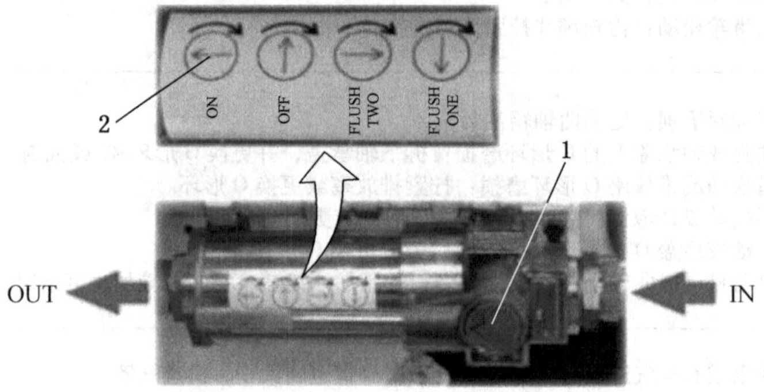

1—反冲洗过滤器处于打开位置；2—操作模式

图 2－113　冲洗位置图

4. CS 型水阀

CS 型水阀是一款采用阀芯设计的液压先导止回阀，需要液压先导压力才能打开该阀，水阀的行程长度有 5 mm 或 10 mm 两种，标准设计水阀的行程长度为 5 mm，如图 2－114 所示。

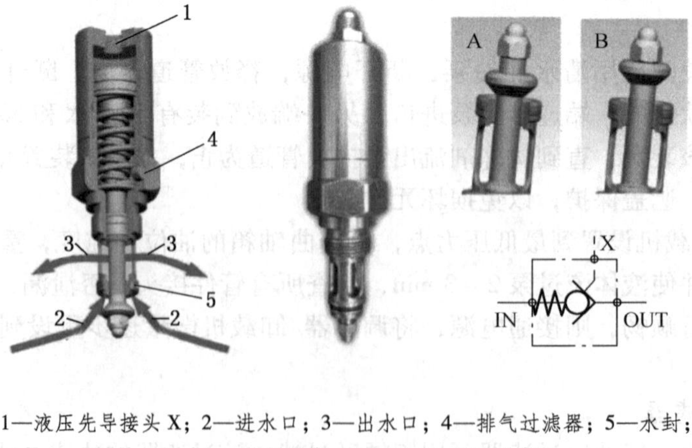

1—液压先导接头 X；2—进水口；3—出水口；4—排气过滤器；5—水封；

A—5 mm 行程长度；B—10 mm 行程长度

图 2－114　CS 型水阀

1）先导压力

最小先导压力的计算方式见表2－13。

表2－13 最小先导压力计算方式

	5 mm 行程长度	10 mm 行程长度
计算公式	P_{min} = 1.36 MPa +（水压 ×0.25）	P_{min} = 1 MPa +（水压 ×0.25）
最小先导压力	约（1.8 ±0.2）MPa（水压为1.7 MPa时） 约（3.5 ±0.2）MPa（水压为8.5 MPa时）	约（1.4 ±0.2）MPa（水压为1.7 MPa时） 约（3.1 ±0.2）MPa（水压为8.5 MPa时）

适用范围：CS型水阀专门用于高压水泵/独立运行水阀组水歧管内，将水阀安装到不锈钢歧管中前，请涂抹防卡润滑剂，如图2－115所示。

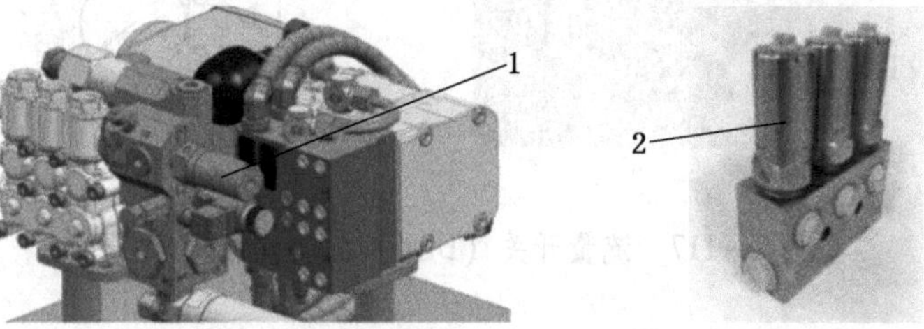

1—高压水泵上的CS型水阀；2—独立运行水阀组上的CS型水阀

图2－115 高压水泵/独立运行水阀组上安装的CS型水阀

2）维修

在正常工作条件下，双向先导阀不需要维修，仅允许经过适当培训且授权的合格人员操作液压/供水系统，该阀不得再次打开或维修。供水系统的组件处于负压状态，维护时，水可能会喷出而导致人员严重受伤甚至死亡，在存有压力的组件上作业前要对系统泄压，在工作开始之前如果存在压力，必须关闭机器并释放压力。

3）检查和排除故障

每周检查一次排气过滤器是否漏油或漏水，如果泄漏，请更换阀，如果水阀未正确闭合，则需旋出水阀、清洁阀座、检查水封、检查是否达到所需先导压力，如果故障仍然存在，请更换水阀。

5. 流量开关

安装在流量开关内部的翼片角度随介质流速的变化而不断改变，牢固连接到翼片的轴引入装置的显示区，指针和弹簧与轴相连接，显示屏外壳中的指针根据翼片位置移动，指针上方是一个可调整的集成转换触点，配有集成限制触点的安全流量开关可用于监测任何安装位置的液体介质，随附的专用按键可在整个测量范围内从外部不断调整到所需的切换点和关闭点，安装传感器时需注意流向，如图2－116所示。

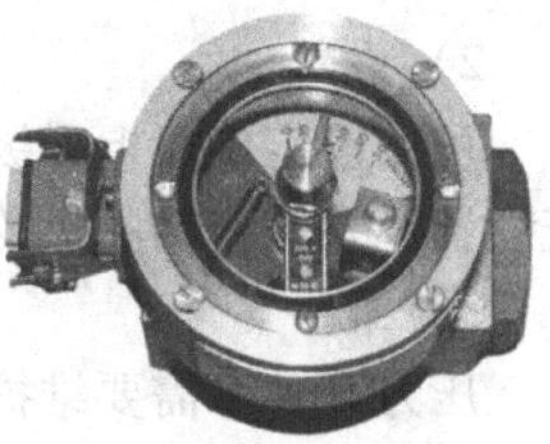

图2－116 流量开关

调整方法：打开中间的螺旋塞，并使用专用按键调整切换点和关闭点，调整时，使用调节扳手压下锁的方形销钉，直到与方形销钉相连接的调整臂与两个指针上额定设定点的调整销钉啮合，下压的同时转动调节扳手，可在整个刻度范围内，将各指针均定位到所需的额定设定值，调整臂在被压下时，切勿触碰到装置的连接件，蓝色刻度标记是水流，黄色刻度标记是油流，擅自调整和未遵守调整说明会导致系统故障。流量开关（DAK）的调整按键/符号如图 2－117 所示。

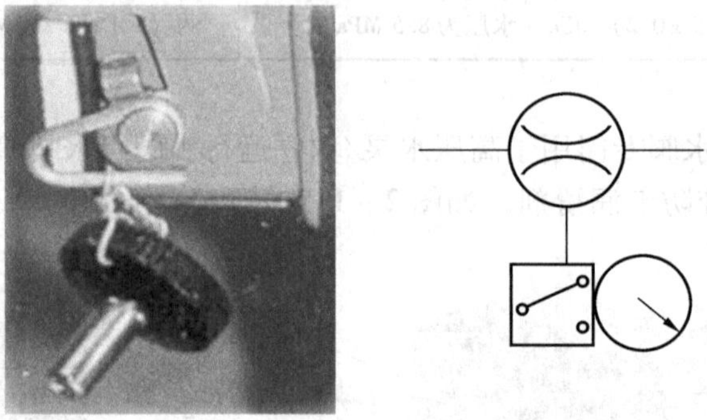

图 2－117　流量开关（DAK）的调整按键/符号

6. 压力开关

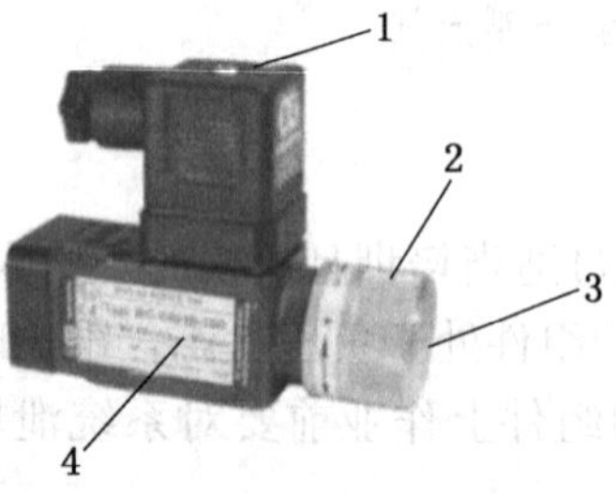

1—插头；2—校针轮；3—锁紧螺钉；4—压力范围/最大压力

图 2－118　压力开关（BC－DSPB）

压力开关（BC－DSPB）是一个压敏开关，通过自动形成/破坏原本安全的电路，在定义范围内监视或保持一个预设值，如图 2－118 所示。

1）装配与安装

仅由经过培训并已授权的技术人员才能更改压力开关的设定。

安装时切勿将压力开关用作操作杆，压力开关可安装于任意位置，确保开关安装牢固，同时必须确保仅将压力开关安装于干净的管道/设备上，将开关安装到其安装位置时，应确保法兰 O 形圈未被损坏，确保所有线路和电缆端部均正确插入并连接到端子或接线盒上，为了避免短路和线路断裂，请勿扭结电缆，必须保护压力开关，使其免受机械损坏。

2）设置

可在设定旋钮上无级调节开关点，并用六角扳手将其锁定到所需位置，可用压力表检查设置，并检查铭牌上的设置范围和最大压力。

3）维护

压力开关不需要维护，如有必要，检查接头、电气产品规格和工作压力，并确认安装是否正确。

7. 热交换器

油水冷却器可用于冷却液压油和润滑油。板式热交换器包含一整片由压型不锈钢薄板制成的传热面，压型板可实现最佳传热性能，压型板管道中的水和油可流经其他管道，该板两侧各有一个盖板，冷却器组件被硬焊到所有外部和内部触点。冷却器可安装于供给泵回路和高压波动回流管路上，水、空气、蒸汽和煤气均可使用该热交换器。HEX 热交换器如图 2－119 所示。

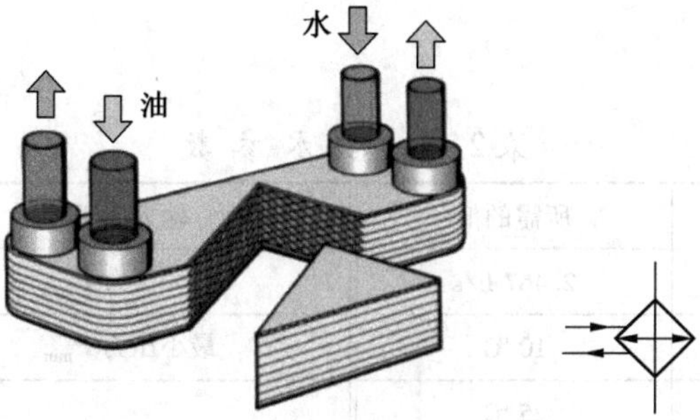

图 2－119　HEX 热交换器

热交换器被污染时，用压缩空气清洁热交换器的散热片。在严重粉尘污染的情况下，需要缩短清洁间隔。

8. 流量计

流量计安装在管道中，用于指示流体的流量，可监测各个系统的水流或油流，是一个可变孔板式装置，通过弹簧加压孔板的压降移动表盘上的指针，孔板组件内有一块条形磁铁，磁铁的移动会带动装有指针轴的磁铁圆盘，磁钢棒可使指针处于干燥区域并尽可能减少流体中部件的移动，这样可确保液压振荡和腐蚀性介质达到工作要求，指示区充满甘油以阻尼指针脉动并防止观察镜模糊不清，流量计配备的侧端口可用于连接压力表。

9. 泄压阀

泄压阀是一个安全阀，用于保护冷却回路的元件，泄压阀并联在供水管路中，可将压力限制为设定值。

1）检查流动方向

泄压阀流动方向标识如图 2－120 所示。

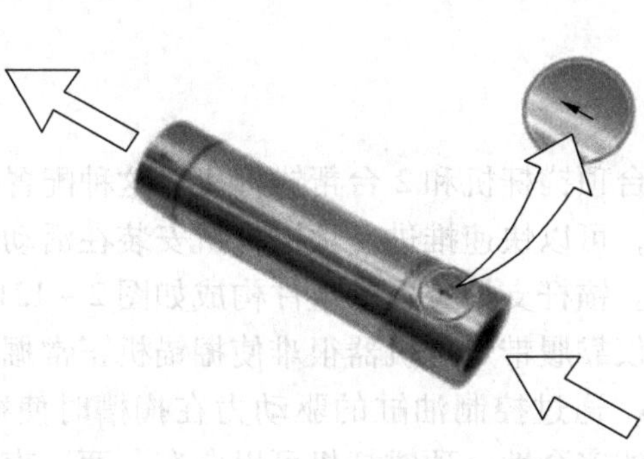

图 2－120　泄压阀流动方向标识

2）维修

必须定期检查泄压阀是否能够正常运行，泄压阀无须特别维护。

（四）供水系统操作规范

1. 操作和监测参数

应按照以下表格中的参数操作冷却和供水与喷雾系统，水路图和软管的正确布置可确保组件足量冷却最大喷水流量延迟为 2 s，此外还监测铲板的喷雾系统，具体参数请参照表 2 – 14 及表 2 – 15。

表 2 – 14 供水参数

输入参数	所需的值	输入参数	所需的值
最小流量 Q_{min}	2.467 L/s	最大压力 P_{max}	200000 Pa
最小温度 T_{min}	10 ℃	最小压力 P_{min}	80000 Pa
最大温度 T_{max}	25 ℃		

表 2 – 15 喷雾系统

值	注 释	流 量	压 力
运行参数	22 个喷嘴 +4 个喷嘴（每个喷嘴流量约 0.048 L/s）	1.056 L/s +0.193 L/s =1.25 L/s（近似值）	喷雾喷嘴压力 520000 Pa
监测：Q_{min}	推荐设置：两个喷嘴阻塞时的流量	约 1.15 L/s	—
监测：P_{min}	—	—	喷雾喷嘴压力 400000 Pa

2. 初始化操作

初始化运行之前，确保所有管道均已按照水路图布置好并已牢固紧固，在施加适当的供水压力时，未密封的管道和任何泄漏的连接会导致严重伤害件。在首次操作机器之前，连接供水装置，缓慢打开所有阀门，包括球形阀，以防止压力达到峰值，为了确保水系统的安全运行，需要参照水路图上的供水参数。

十一、锚杆支护装置

（一）机械装置

锚杆支护装置包括 4 台顶锚杆机和 2 台帮锚杆机，这种配置允许同步进行切割、顶板锚杆支护和侧帮锚杆支护，可以快速推进。顶锚杆机安装在活动接头上，它会提供锚定跨巷道作业所需的较宽范围。锚杆支护装置的组件构成如图 2 – 121 所示。

如果矿层过于坚硬，仅靠履带定位机器很难使掘锚机正常掘进。因此，机器采用顶棚以保持机器在合适的位置，通过控制油缸的驱动力在掏槽时使截割滚筒伸入工作面，同时，顶棚也增加了操作员的安全性，顶锚杆机可以向东、西、南、北倾斜，侧帮锚杆机位于顶锚杆机后方，可以向上和向下倾斜以将锚杆置于不同的高度，并且可以抬起和下移以

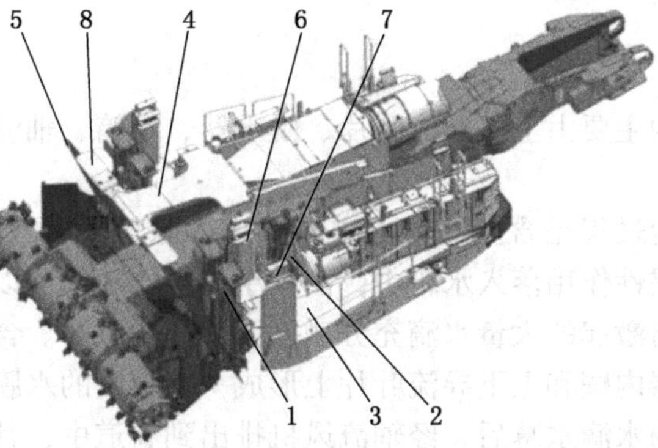

1—顶锚杆机（4x）；2—帮锚杆机（2x）；3—锚杆支护装置平台基座；4—支柱；5—橡胶幕帘；
6—顶板锚杆支护控制台（4x）；7—帮锚杆支护控制台（2x）；8—顶棚

图 2-121　锚杆支护装置组件图

获得最灵活的锚杆支护方式。

（二）操作流程

第一步操作是设置罩盖，当机器处于正确位置并开始新的切割操作时，顶棚升起时，护锚模式自动开启，液压设备会发出不同的声音，通过这种方法或者遥控设置，两位锚杆操作员同时设置顶棚。

第二步操作是从中心锚杆开始护锚，如果要求中心锚杆的距离小于 1200 mm 启动护锚操作，以下是具体的操作步骤。

将护网固定到罩盖上。提升罩盖前，应确保降下架梁千斤顶。当钻机处于垂直状态时，提升罩盖。将垫板插入顶板孔腔内，将架梁千斤顶升至顶板，稍微降低一台钻机的架梁千斤顶并插入钢钻杆，确定护网上的孔位，并将架梁千斤顶完全升起。启动钻机，即保持杆自动开始钻凿旋转，然后用水冲洗。如有必要，可稍微启动孔口钻凿掘进，启动掘进钻机将完成钻孔操作，复位开关会触发冲击锚杆，启动后会导致水冲洗停止，紧接着旋转停止，最后操纵杆回到中速向下掘进，以将钻头降至合适的工作高度。

从卡盘中取出钎杆并将其插入台车。将树脂滤芯和锚杆插入钻孔，固定台车上的螺母。拉动快速掘进和钻凿手柄将锚杆向上推进钻孔，并按照推荐时间进行旋转钻进。按照推荐的设定时间等待，直到化学激活钻拧紧螺母。使用向下掘进降低钻头，退回钻杆导轨并倾斜钻机平台到垂直停驻位置。按照顶板锚杆所需的进尺，进行相同的操作。降低顶棚。缩回顶棚允许降下顶棚前，左右两侧的锚杆机操作员必须按下护锚结束按钮，一旦按下两侧的护锚结束按钮，操作员便可降下顶棚，通过上述步骤或远程控制，当顶棚下降至少 2 s 后，机器自动切换至空挡模式，此时可正常启用行走，也即激活遥控器上的行走启用按键。

在罩盖上方固定另一个锚网支撑架，确保将该护网置于托架中部，同时要注意到，当按钮/操纵杆按至中间位置时，会立即停止所有自动功能，液压系统无压时，所有按钮/操纵杆就会返回并停留到中间位置，这样可避免机器意外启动。

十二、湿式除尘器

（一）结构与功能

湿式除尘器的结构主要由上下导流叶片、脱水器、水箱、轴流风机、排浆阀和注水孔等部件组成。

湿式除尘器的除尘过程是含尘气体由进风口进入除尘器转弯向下的导流叶片冲击水面，较大的尘粒由于惯性作用落入水箱中，而较小的尘粒随气流以较高速度通过上导流叶片间的弯曲通道时，与激起的大量水滴充分碰撞而被捕获沉降。含尘含水的气流又在离心力的作用下，在除尘器内壁和上下导流叶片上形成一定厚度的水膜，将尘粒捕集下降。再由脱水器除掉气流中的水滴水雾后，经轴流风机排出到巷道中，其除尘机理主要是气流中的尘粒与液面和雾化液滴之间产生惯性碰撞、截留、扩散等作用。

湿式除尘器具有水浴、水滴、离心力产生的水膜3种除尘功能，可得到较高的除尘效率。经测定，湿式除尘器的总除尘效率在98%以上，呼吸性粉尘的除尘效率达90%以上。另外，被水滴捕集落入水箱里的粉尘，沉积到水箱内部或随气流冲击不断搅动，当水箱中浓度达到一定值后，通过排浆阀将液体定期排出，并冲洗水管，由供水管补充新水。

（二）安装与操作

由于井下工作条件的特殊性，要求除尘设备移动、安装、拆卸方便，并保证除尘设备与掘进机同步前进，减少工作人员的劳动强度。

除尘器的安装是针对工作面的生产作业条件，并在不影响掘进工人工作的情况下进行的。除尘器和风机安装在桥式输送带两侧，在掘进机两侧悬挂吸风筒，吸尘罩安装在掘进机截割臂上，它们之间分别用刚性风筒和伸缩风筒连接除尘器与风机，这样在掘进机和桥式输送带两侧分别形成两个独立的除尘系统，基本不影响掘进工人工作。由于一台除尘器的处理风量为60～70 m^3/min，采用两台除尘器并联使用，每套除尘系统的阻力为1300 Pa左右，故选用两台JBT－42型防爆轴流通风机，电机功率为4 kW。

在除尘器运行前或每班开工时，先用软管把除尘器水箱中含尘污水放入巷道水沟中，再向水箱注入清水，由水位指示器指示一定的注水量，除尘设备运行一定时间后再放污水和注清水各一次，操作比较简单。

除尘设备、掘进机和压入式局部通风机的供电线路要有风电闭锁装置。当局部通风机一旦因故停止运转或工作面瓦斯超限时，除尘设备和掘进机便能及时断电停止运转，只有压入式局部通风机正常运转且工作面瓦斯浓度不超限的状态下，除尘设备和掘进机的开关才能启动起来。

第二节　锚杆转载机

锚杆转载机组由运输破碎系统、顶锚工作系统、帮锚工作系统、液压系统、水系统和电气系统等构成，总体结构如图2－122所示。

一、运输破碎系统

运输破碎系统包括收料部、破碎部、行走部、本体部及运输部，具体结构如

图 2－123 所示。

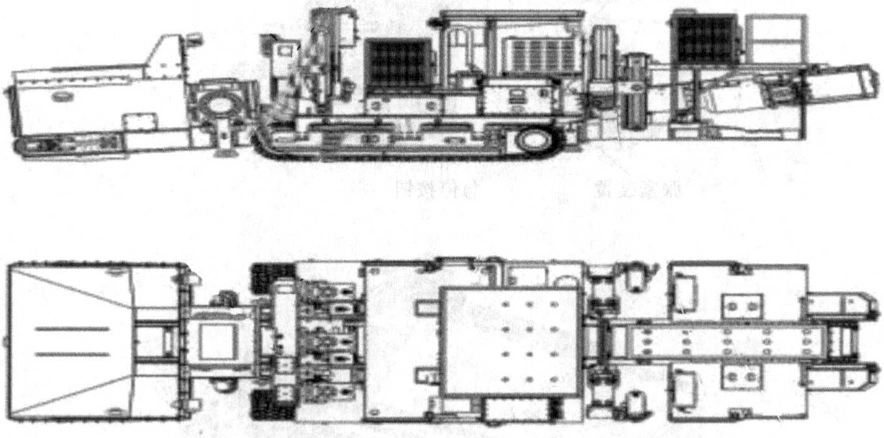

图 2－122　锚杆转载机总体结构

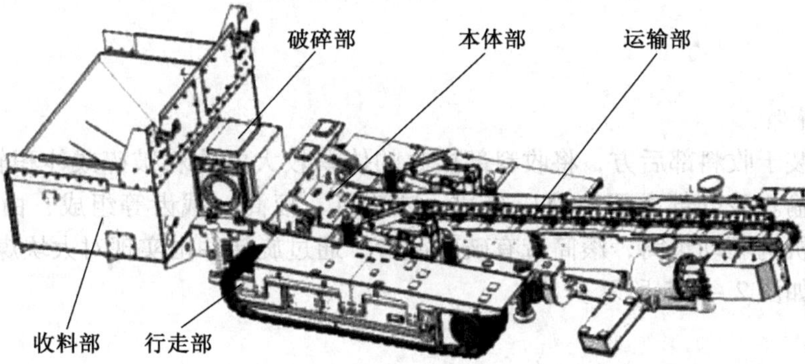

图 2－123　运输破碎系统

（一）收料部

收料部紧跟掘锚机后部，接收从掘锚机运输过来的物料。收料部由伸缩料斗和固定料斗组成，伸缩料斗在推进油缸作用下可向前伸出 1 m，如图 2－124 所示。

另外，在固定料斗前端，设置有张紧装置，方便调整整套刮板链的张紧程度，收料部上方有 2 个照明灯，设备前进时前灯照明，设备后退时前灯警示，急停按钮左右各一个，按下任意一个急停按钮后，油泵电机、运输电机均停止。急停按钮为自锁型，按下后自锁，按照急停按钮提示的方向旋转按钮头部进行解锁，急停按钮解锁后，按电控箱或操作箱的复位键，才可重新启动油泵和运输电机。

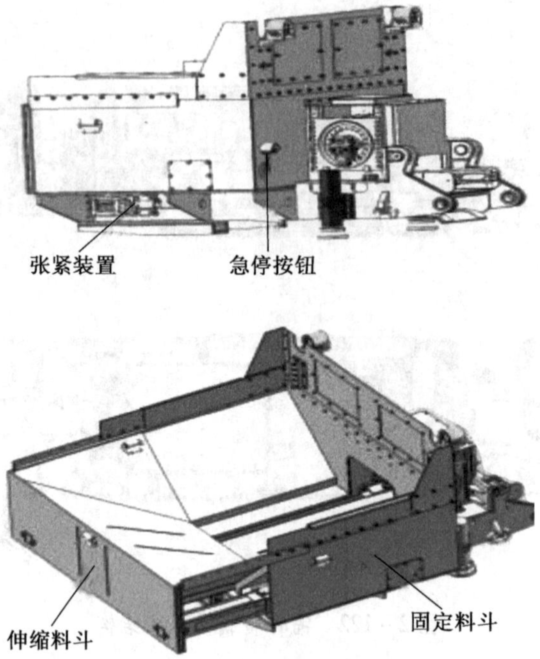

图 2－124　收料部工作原理图

（二）破碎部

破碎部安装于收料部后方，将收料部接收的体积较大的物料破碎成体积较小的物料，方便运输机运输。破碎部主要由液压马达、减速机、滚筒、截齿等组成，由液压马达驱动，通过减速机构驱动滚筒，滚筒带有破碎截齿，通过旋转冲击实现对大块煤的破碎。破碎部工作原理如图 2－125 所示。

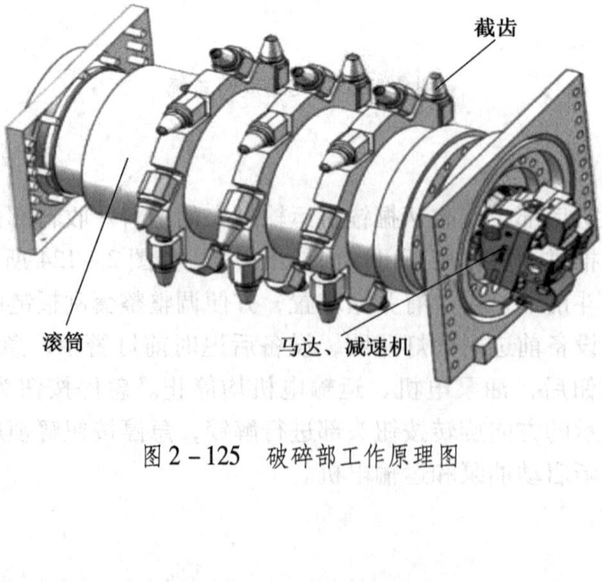

图 2－125　破碎部工作原理图

（三）行走部

行走部由两台液压马达驱动，通过减速机构驱动链轮带动履带实现行走。履带张紧机构由张紧轮组、张紧油缸组成，张紧轮组通过张紧油缸的伸缩运动可调整履带的张紧程度。履带架通过定位止口及12个高强度螺栓固定在机体两侧，在履带的侧面开有方槽，以便张紧油缸的拆卸，行走减速机用高强度螺栓与履带架连接。行走部工作原理如图2－126所示。

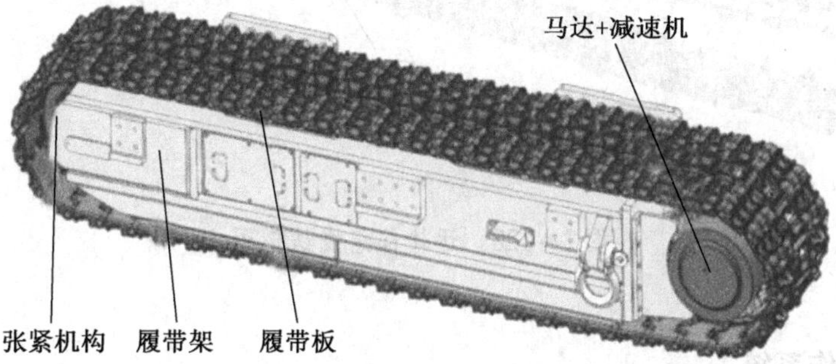

图2－126 行走部工作原理图

（四）本体部

本体部是整台设备的支撑和承载机构，收料部、行走部、顶锚工作系统、帮锚工作系统、泵站等连接其上，各部分结构件主要是以高强度的合金钢板为主体材料，通过焊接和机械加工等工艺手段加工形成，本体部由本体架、连杆机构、帮锚连接架等组成，如图2－127所示。

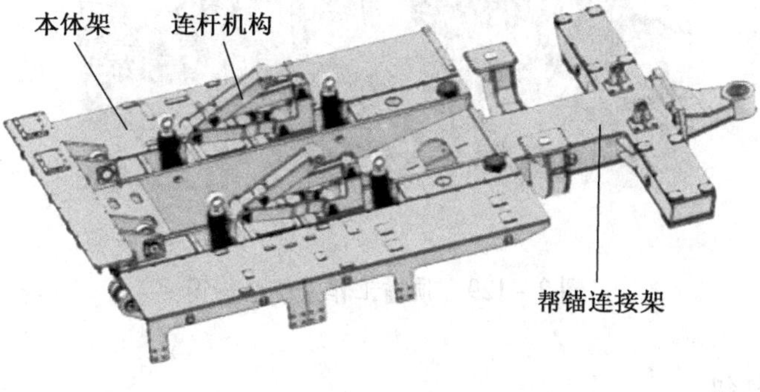

图2－127 本体部组成结构图

（五）运输部

运输部前端连接收料部，将收料部接收的物料转运到机尾的转载机。运输部由两台带有减速机的电机分别驱动链轮，然后带动刮板和刮板链运转，实现物料运输。运输部由前溜槽、后溜槽、刮板链、刮板、电机、减速机等组成，具体结构如图2－128所示。

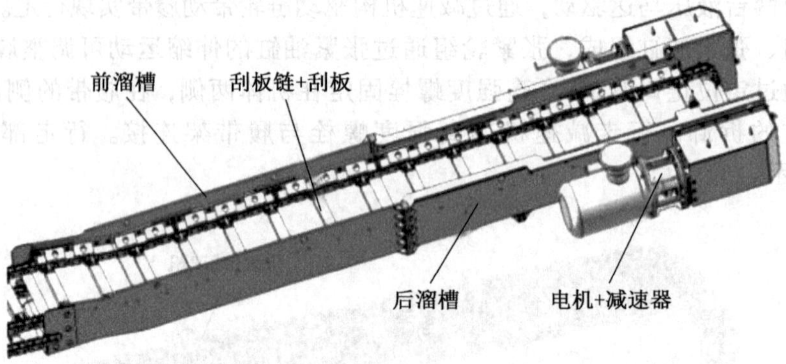

图 2－128　运输部组成结构图

二、顶锚工作系统

顶锚工作系统是锚杆转载机组进行巷道顶部支护作业的重要部件，位于设备中部，包括顶锚杆机组、平移滑箱部、可升降工作平台，具体结构如图 2－129 所示。

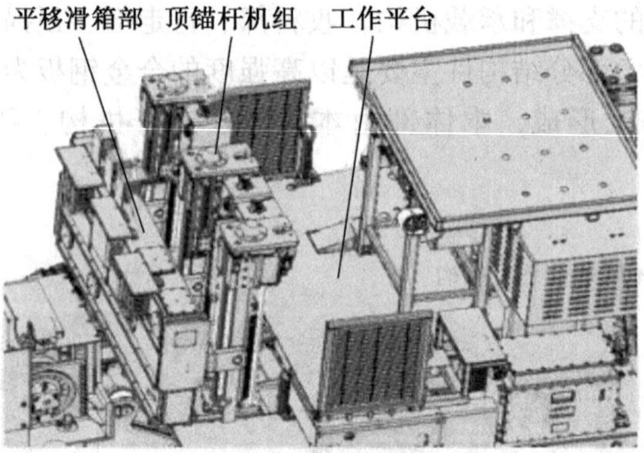

图 2－129　顶锚工作系统结构图

（一）顶锚杆机组

顶锚杆机组由三台顶锚杆钻机组成，分别通过高强度螺栓、平键与平移滑箱部连接。其中，顶锚杆钻机由顶支撑、滑架、框架、推进机构、旋转机构等组成，具体结构如图 2－130 所示。

（二）平移滑箱部

平移滑箱部是转载机组进行巷道顶部支护作业的核心构件，它与顶锚杆机组连接，通过二者的共同配合，完成钻孔及紧固锚杆、锚索的动作。平移滑箱部主要由上箱体组、中箱体组、下箱体组、滑动箱体组等部分组成，具体结构如图 2－131 所示。

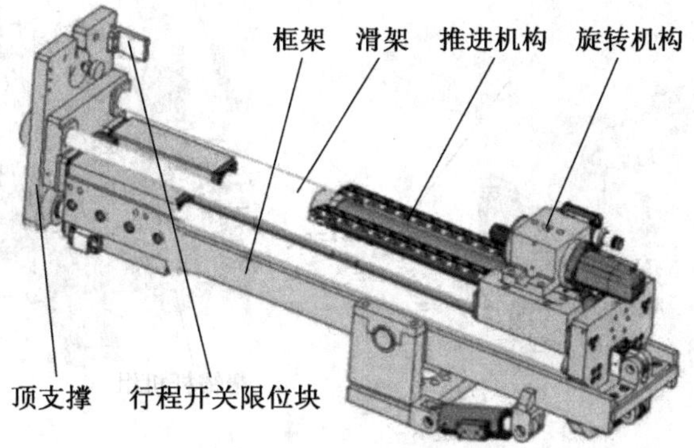

图 2－130　顶锚杆钻机结构图

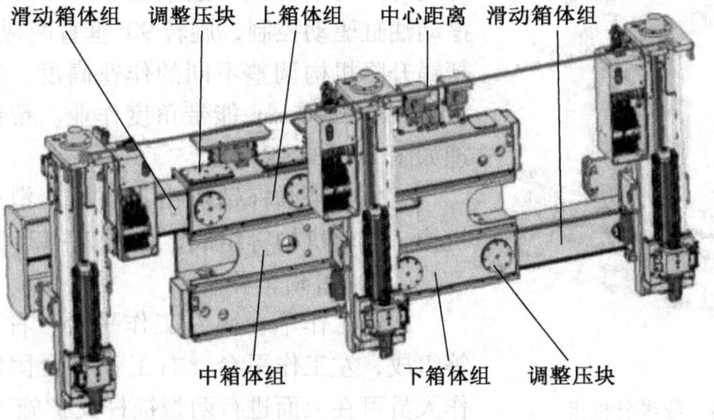

图 2－131　平移滑箱部组件图

（三）可升降工作平台

工作平台与本体部的连杆机构和升降油缸相连接，通过升降油缸的伸缩，可带动整个平台垂直升降 1000 mm，能很好地满足巷道内不同高度位置的锚护作业。

工作平台设有翻板，翻板由油缸控制收放，可在平台两侧各形成 1000 mm × 800 mm 的工作台，便于顶锚杆钻机向外伸展时的打钻作业。料仓铰接于工作平台后部，顶部用于存放支护作业所需物料（如钻杆、托盘、药卷、锚杆等），方便工人取用，如图 2－132 所示。

三、帮锚工作系统

帮锚工作系统是锚杆转载机组进行巷道两帮支护作业的重要部件，包括帮锚杆机组、帮锚工作平台，具体结构如图 2－133 所示。

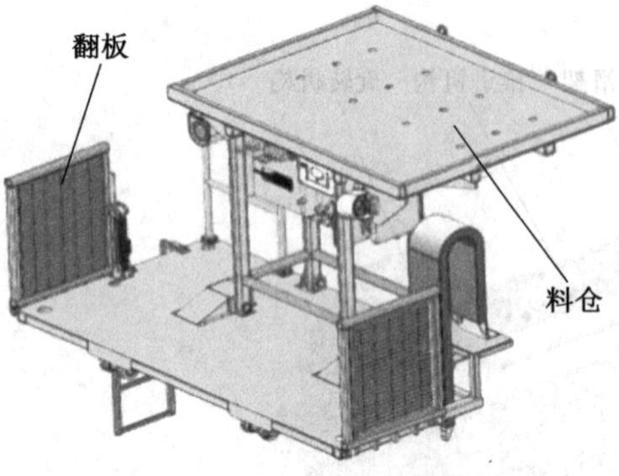

图 2-132　可升降工作平台原理图

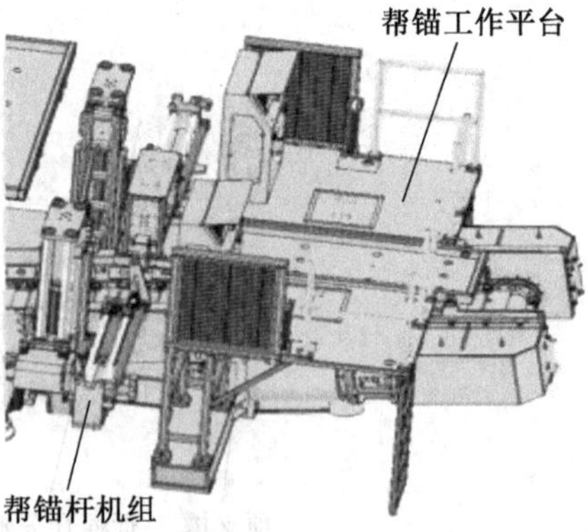

图 2-133　帮锚工作系统组件图

（一）帮锚杆机组

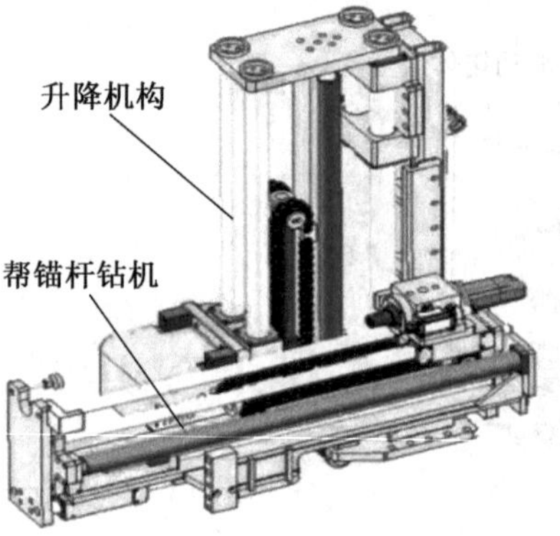

图 2-134　帮锚杆机组工作原理图

在锚杆转载机组机体的后方布置两台帮锚杆钻机，运输时两台锚杆机竖直放置，工作时锚杆机通过液压摆动油缸驱动控制，旋转 90°垂直两帮进行作业，并由帮锚升降机构调整不同的作业高度，其工作范围距底板 1800～3800 mm 能带角度作业。帮锚杆机组工作原理如图 2-134 所示。

其中，帮锚杆钻机由顶支撑、滑架、框架、推进机构、旋转机构等组成，如图 2-135 所示。

（二）帮锚工作平台

帮锚工作平台由左工作平台、右工作平台、料仓等组成，左工作平台、右工作平台固定在本体部，工作人员可在上面进行两帮锚杆支护施工。左工作平台、右工作平台上设有翻板，翻板由油缸控制收放，可在工作平台两侧各形成 1000 mm × 800 mm 的工作台，便于帮锚杆钻机向外伸展时的打钻作业。

料仓铰接于运输机，顶部用于存放支护作业所需物料（如钻杆、托盘、药卷、锚杆等），方便工人取用。帮锚工作平台工作原理如图 2-136 所示。

四、液压系统

液压系统是由泵站、操作机构、油缸、液压马达、油箱、阀组及相互连接的管路等组成，其功能有驱动设备行走、行走履带及刮板链的张紧、料斗升降及伸缩、破碎机驱动、打钻机构的各种动作、平台升降及翻板动作，以及各动作切换及互锁功能。

（一）泵站

泵站由防爆电机、底座、连接罩、变量泵等组成。泵站工作时，电机驱动变量泵，经负载敏感比例多路换向阀等液压元件后，将压力油分别输送给各执行机构，来完成各部件的动作，如图 2-137 所示。

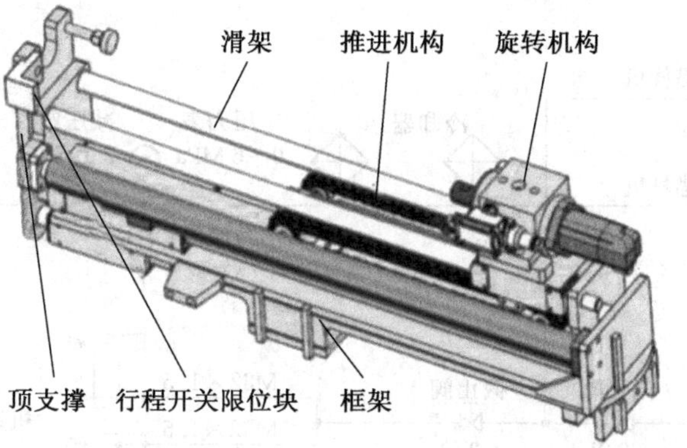

图 2－135　帮锚杆钻机组件图

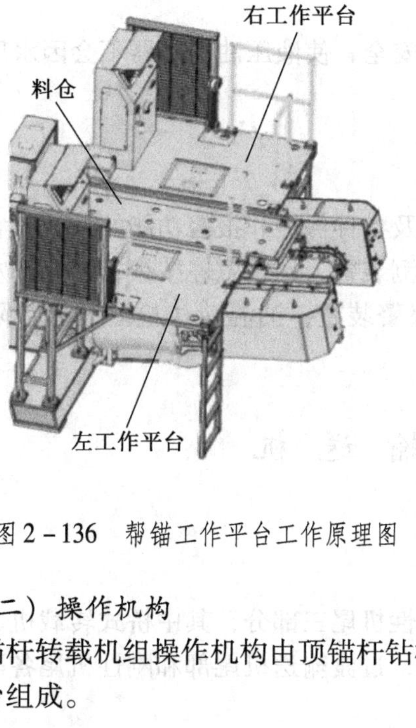

图 2－136　帮锚工作平台工作原理图

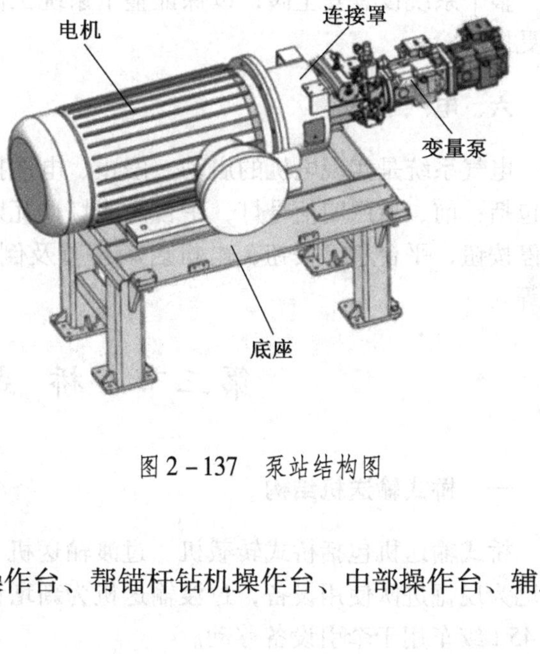

图 2－137　泵站结构图

（二）操作机构

锚杆转载机组操作机构由顶锚杆钻机操作台、帮锚杆钻机操作台、中部操作台、辅助操作台组成。

五、水系统

水系统分为冷却、外喷雾系统，它的功能是为设备提供冷却用水及为钻进机构提供排屑和降尘用水，同时在设备前部和后部的转运口设置喷雾装置，达到进一步降尘的目的。水系统结构如图 2－138 所示。

机身设有外部水源接口，当锚杆转载机组工作时，通过接水口与巷道内的水源接通，经过冷却器冷却液压油后，其中两路水分别进入 5 台钻机的钻杆内部，在锚杆转载机组进行钻孔过程中一方面对钻头进行冷却，另一方面降低浮尘，另外两路水分别进入料斗喷雾和机尾喷雾，降低物料粉尘。

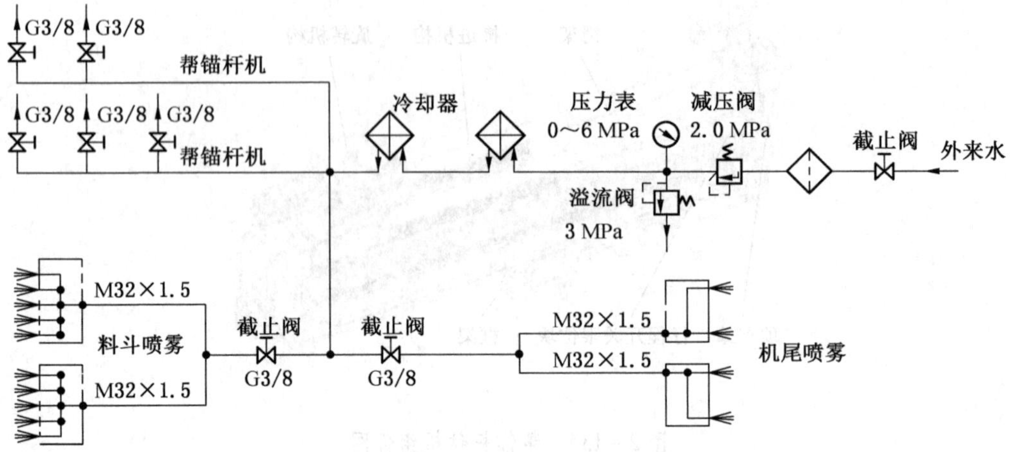

图 2－138　水系统结构图

整个系统设有安全阀，以保证整个系统工作的安全，使液压油冷却器不会因水压过高而受损。

六、电气系统

电气系统是实现电机的启动、停止、电液控制及各种保护和报警功能的系统。它的附件包括：前、后照明信号灯，平台照明灯，瓦斯检测装置，钻臂急停按钮，铲斗部左、右急停按钮，平台急停按钮，电机启动预警及倒车报警装置，油温液位检测装置，限位开关等。

第三节　桥式输送机

一、桥式输送机结构

桥式输送机包括桥式转载机、过渡输送机、刚性机尾三部分，其中桥式转载机、刚性机尾为现掘进队使用设备，过渡输送机为新增设备，过渡输送机尾部和刚性机尾各配置一套 45 t 绞车用于牵引设备移动。

过渡输送机包括：尾部牵引绞车、缓冲落料机尾 59. 1 m、输送带过渡段 8. 7 m、桥式转载桁架 55. 9 m，总机长约 125. 4 m，最高点 3. 33 m。过渡输送机结构如图 2－139 所示。

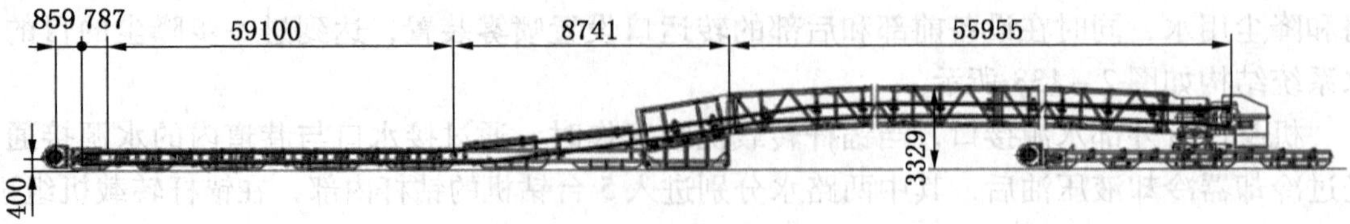

图 2－139　过渡输送机结构图

二、桥式输送机的系统工作过程

1. 初始工作状态

桥式转载机、过渡输送机、刚性机尾均处于收缩状态，如图 2－140 所示。

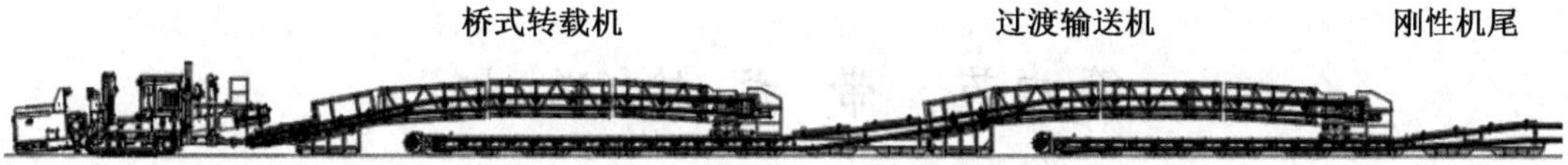

图 2－140　桥式输送机初始工作状态

2. 工作状态 1

桥式转载机随掘锚机、锚运破向前掘进 50 m，如图 2－141 所示。

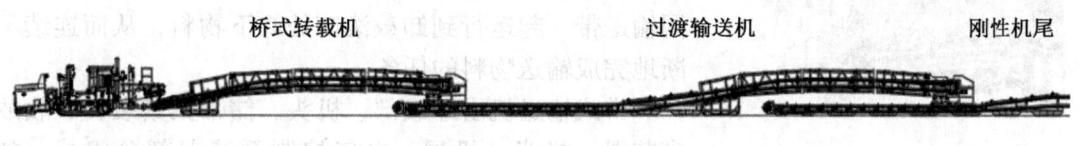

图 2－141　工作状态 1

3. 工作状态 2

过渡输送机沿掘进方向牵引 50 m，如图 2－142 所示。

图 2－142　工作状态 2

4. 工作状态 3

桥式转载机随掘锚机、锚运破向前掘进 50 m，至此转载系统完成 100 m 转载行程，如图 2－143 所示。

图 2－143　工作状态 3

该转载系统在生产班掘进 50 m 后需移动一次过渡输送机，顺槽带式输送机无须任何操作，待完成 100 m 掘进量后，需移动过渡输送机、顺槽带式输送机，接入顺槽输送带 H 架、纵梁、托辊等。

该转载系统桥式转载机与锚运破刚性连接。过渡输送机头部与刚性机尾搭接、尾部与桥式转载机头部搭接，过渡输送机尾部设置牵引绞车，绞车固定绳端设置在锚运破尾部，刚性机尾设置牵引绞车，绞车固定绳端设置在过渡输送机滑靴架处，过渡输送机缓冲落料尾部和刚性机尾侧边设置电缆框，电缆框内配套电缆夹用于转载机、过渡输送机移动时，电缆随设备整体移动，无须掘进过程中接入电缆。

第四节　带式输送机

带式输送机是以输送带作为牵引和承载构件的连续运输机械。输送带绕过传动滚筒和改向滚筒形成一个无极的环形带，输送带的上下分支分别由各种上下托辊组支承，并由张紧装置给输送带以需要的张紧力。输送带的运行是靠传动滚筒与输送带之间的摩擦力带动的，传动滚筒的动力来自驱动装置，输送机接收由转载机卸下的物料，物料同输送带一起运行到卸载滚筒处卸下物料，从而连续不断地完成输送物料的任务。

图 2－144　带式输送机

带式输送机由卸载部、机头、储带张紧装置、收放带装置、机身、机尾、电气控制系统七部分组成，如图 2－144 所示。

一、卸载部

卸载部主要由卸载滚筒、清扫器、卸载架、斜撑、横梁等组成，如图 2－145 所示。滚筒为铸焊结构，如图 2－146 所示。在卸载滚筒前端和卸载部后端装有两套弹簧清扫器和一套重锤清扫器，来有效地清扫粘在输送带上的碎煤。

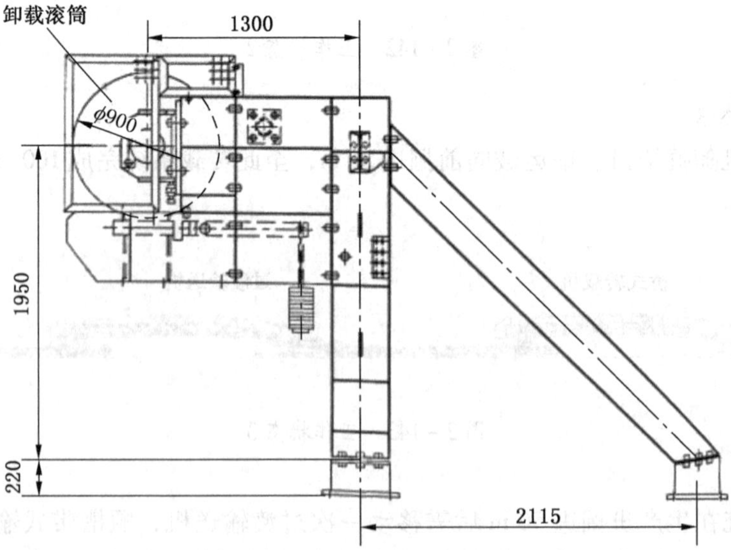

图 2－145　卸载部

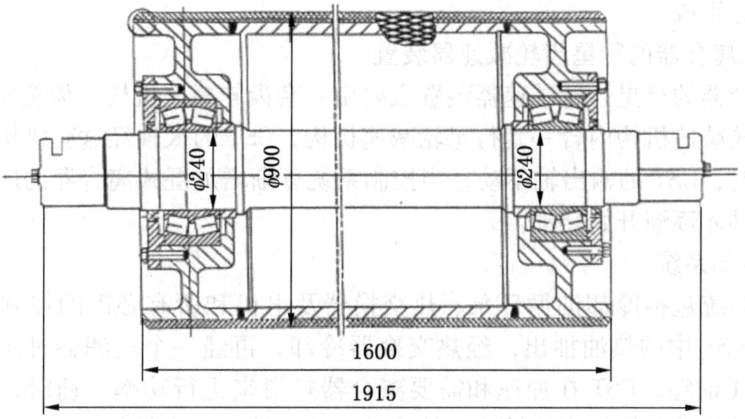

图 2-146　滚筒铸焊结构

二、机头

机头可分为驱动装置、传动装置、KPZ 自冷盘式制动装置三部分，采用的是双滚筒三驱动方式，其中在低滚筒的两端出轴上，一边为驱动装置，另一端安装 KPZ 自冷盘式制动装置，驱动装置与传动装置之间靠蛇形联轴器相连，其具有传递扭矩大、传动平稳等特点，制动装置与传动滚筒间由制动装置厂家带的柱销联轴器相连。

（一）驱动装置

驱动装置由电机、联轴器、CST 减速器、驱动装置座等组成，如图 2-147 所示。

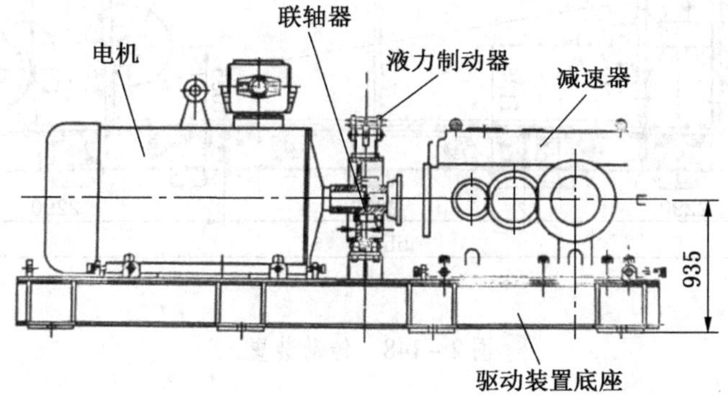

图 2-147　驱动装置

1. 驱动装置内部型号

电机型号为 YB 450 S 3-4，联轴器为 ZL 7 型弹性柱销齿式联轴器，减速器型号为 CST 420 KRS。

2. CST 减速器

CST 系统主要由带湿式离合器的行星齿轮减速器装置、一套外部冷却系统、一套电气控制系统三部分组成。

1）带湿式离合器的行星齿轮减速器装置

带湿式离合器的行星齿轮减速器装置主要由一套齿轮减速机构、齿轮箱、一套湿式离合器组成。齿轮减速机构内含一套行星轮减速机构，CST 的入轴经这套机构将动力传至出轴，电机启动时，CST 的输出轴不动，当控制系统逐渐增加湿式离合器的压力时，动静离合片压紧，出轴才逐渐开始转动。

2）外部冷却系统

外部冷却系统包括冷却油循环泵、热交换器及电机和所有必需的控制阀及压力传感器，冷却泵将 CST 中的热油抽出，经热交换器冷却，再经一个过滤器过滤，最后通过离合器盘返回 CST 油箱，CST 在加速和需要离合器打滑来进行功率平衡时，冷却油通过离合器摩擦片上的特殊凹槽带走旋转片和静止片相互摩擦而产生的热量。

3）电气控制系统

电气控制系统为防爆型，主要包括 CST 防爆控制箱、安装在控制箱门上的 Panel View 显示屏、操作按钮盒、安装在每个 CST 齿轮箱侧面的液压显示接线箱、内装电磁阀及放大器，安装在接线箱旁边的防爆 PVC 控制盒，用来对 CST 进行监测、控制，以及提供和用户系统的接口。主要监测的参数有：润滑油温度、冷却压力、润滑压力、离合器压力，也即盘组件、输出轴速度、驱动电机功率、油位等。

（二）传动装置

传动装置主要包括机头传动架、传动滚筒、改向滚筒三大部分，如图 2－148 所示。

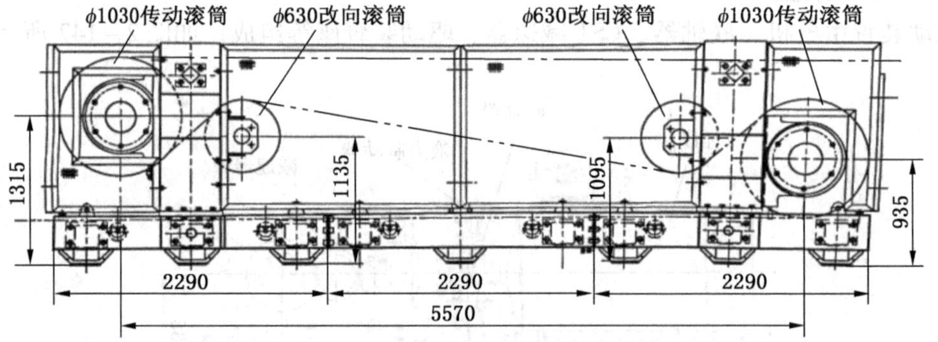

图 2－148　传动装置

机头传动架可分为两侧传动架和中间传动架三部分。传动滚筒采用铸焊结构，轮毂与轴采用胀套连接，如图 2－149 所示，滚筒表面铸耐燃胶并设有人字形沟槽，以提高其与输送带之间的摩擦因数，同时去除污物，滚筒轴承座处设有温度传感器，用以感知轴承的温度变化。

（三）KPZ 自冷盘式制动装置

KPZ 自冷盘式制动装置是机电液一体化设备，由制动装置、液压站及配套电控系统组成。

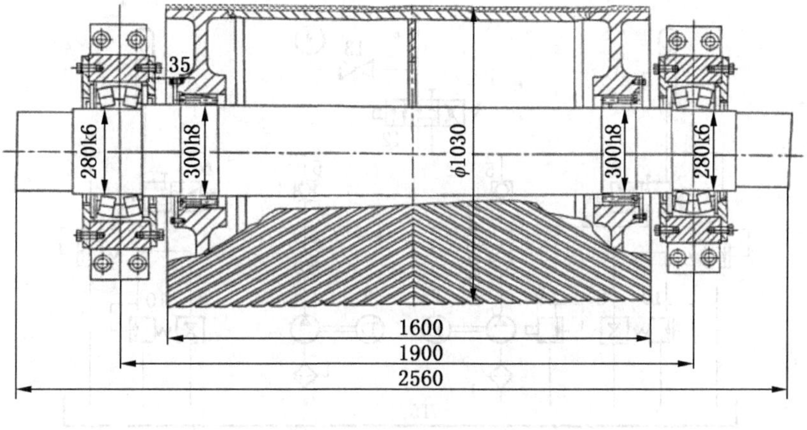

图 2－149　传动滚筒

1. 制动器与制动装置

制动器采用矿山常用制动器，弹簧施压，油压释压。机械设备正常工作时，油压达最大值，此时正压力为 0，且闸瓦与制动盘间留有 1～1.5 mm 的间隙，即制动闸处于松闸状态。当机械设备需制动时，电液控制系统将根据工况发出控制指令，使制动装置按照预定的程序自动减小油压以达到制动要求。

制动装置主要由制动盘和制动闸组成，其制动力矩是由闸瓦与制动盘摩擦而产生的，因此调节闸瓦对制动盘的正压力即可改变制动力矩，而制动闸的正压力大小与液压系统控制油压成比例。

2. 液压站

液压站是一个双回路并联系统，其中一套工作、一套备用，提高了工作可靠性。液压站主要由齿轮泵、滤油器单向阀、溢流阀、蓄能器、电液调压装置、电磁换向阀等组成。正常工作时，电控系统使液压站油泵启动，电磁换向阀带电，液压油经粗过滤器 1 进入齿轮泵 3 到达精过滤器 4，再经单向阀 5 进入，手动换向阀 12，进入压力表和制动器，进入蓄能器，经电磁换向阀 6 进入电液比例阀 9，控制油压换向，进入安全阀 11 控制油压。当正常停机时，依靠电控系统，通过电液调压装置对制动力的调节使输送机匀速减速停车。当突然断电时，电磁阀 6 失电，此时蓄能器 7 的油经过节流阀 8 和溢流阀 10 慢慢回到油箱，从而控制了盘形闸的工作压力，达到控制制动减速度的目的。

3. 电控系统

电控系统以可编程控制器为核心，与带速检测单元、电机转速检测单元及电液比例阀输出单元等配合，对输送机进行监控。

图 2－150 为 KPZ 自冷盘式制动装置液压原理图。

三、储带张紧装置

（一）结构组成

储带张紧装置可分为五部分：储带转向部、储带仓部、张紧车、游动小车、张紧装

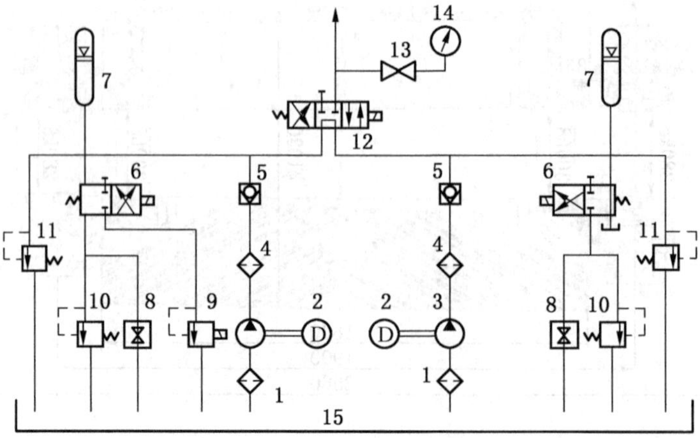

1—粗滤油器；2—电动机；3—油泵；4—精滤油器；5—单向阀；6—电磁换向阀；7—着能器；8—节流阀；9—比例阀；10—溢流阀；11—安全阀；12—手动换向阀；13—开关；14—压力表；15—油箱

图 2－150　KPZ 自冷盘式制动装置液压原理图

置。输送带分别绕过储带转向部和张紧车的改向滚筒，将带分六层存储在储带仓内，游动小车在储带仓架内移动以支承输送带，张紧装置使输送带始终保持所需的张力，如图 2－151 所示。钢丝绳缠绕如图 2－152 所示。

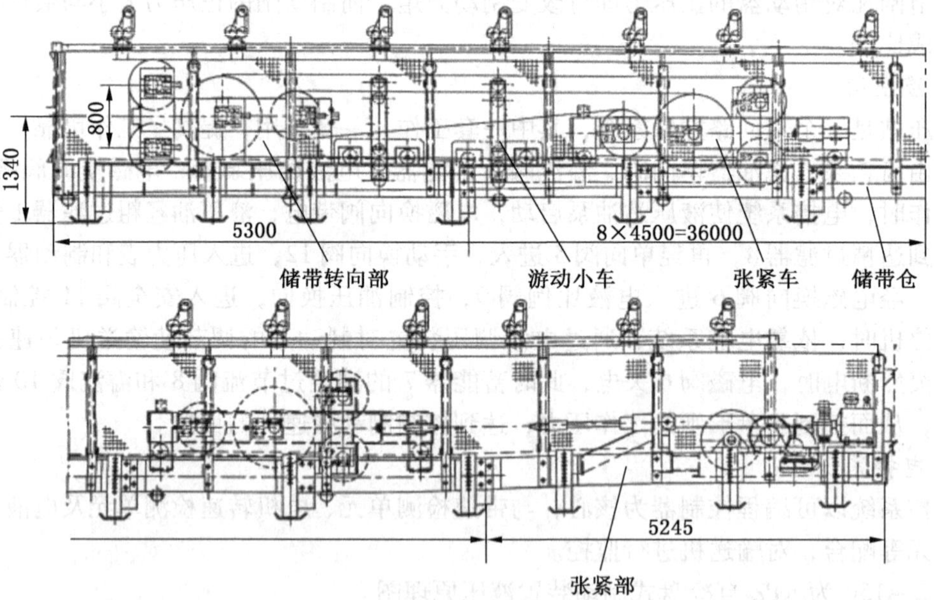

图 2－151　储带张紧装置

张紧装置主要由张紧装置底座、张紧绞车、钢丝绳、液压自动拉紧装置四部分组成。

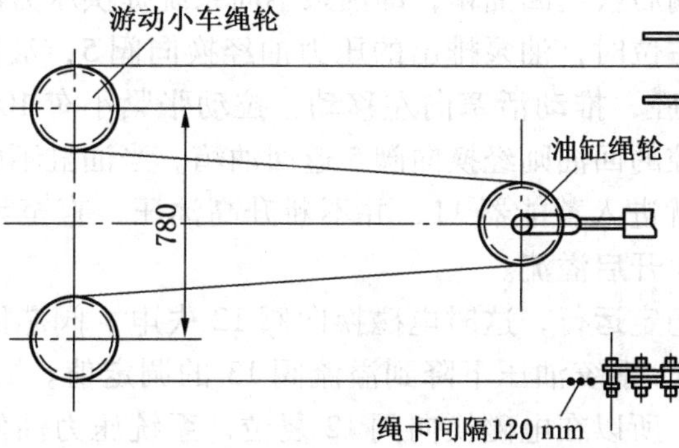

图 2－152　钢丝绳缠绕示意图

张紧绞车用于对输送带张力的初调整，液压自动拉紧装置用于对输送带运行过程中张力的动态调整。

（二）装置原理

图 2－153 为液压自动拉紧装置液压原理图。

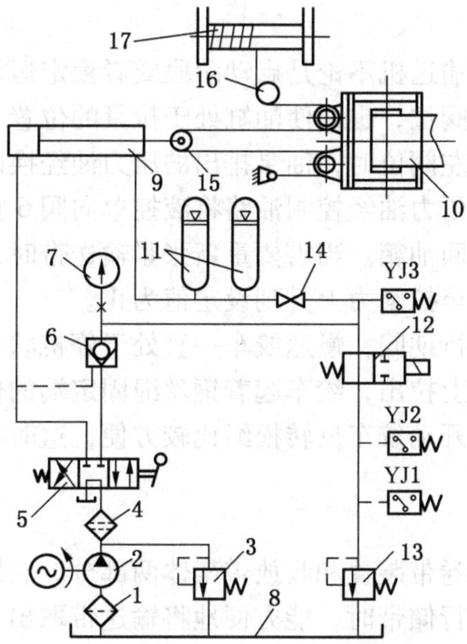

1—粗过滤器；2—液压油泵；3—溢流阀；4—精过滤器；5—手动换向阀；6—液控单向阀；7—压力表；8—油箱；9—拉紧油缸；10—张紧小车；11—蓄能器；12—电磁换向阀；13—溢流阀；14—截止阀；15—动滑轮；16—改向滑轮；17—慢速绞车

图 2－153　液压自动拉紧装置液压原理图

当合上隔爆控制开关隔离换向手把 QS 后，系统处于待命停机状态。在手动工况下开动油泵电机，油泵经粗过滤器2从油箱吸油。当手动换向阀5的阀芯处在中位时，油泵排出的油液经过滤器4到换向阀后就返回油箱，即油泵不向系统提供压力油，这时油泵为卸荷工况。当手动换向阀处在右位时，油泵排出的压力油经换向阀5，液控单向阀6，截止阀14进入油缸9右侧的有杆腔，推动活塞向左移动，拉动张紧小车10，以张紧输送带。在此过程中，油缸左侧无杆腔的回油则经换向阀5返回油箱。当油缸不能再拉动张紧小车移动时，油泵排出的压力油就进入蓄能器11，并不断升高油压，直至系统压力上升到溢流阀3的调定压力，溢流阀3开启溢流。

输送机启动后转入正常稳定运行，这时电磁换向阀12失电，阀芯回复左阀位，将溢流阀13的回油路与油箱接通。系统油压下降到溢流阀13的调定值。YJ1、YJ2压力继电器所整定的动作压力值更小，所以在电磁换向阀12复位，系统压力油使得YJ1动作，当系统处于自动工况时，其接点KP 1使得油泵电机自动停止工作。随着输送机的继续运行，由于输送带的塑性伸长和液压系统中油液的泄漏等原因，油缸有杆腔的油压会不断下降。当压力降到YJ2的动作回复压力时，其接点KP 2使得油泵电机重新启动，油泵又向油缸有杆腔供油并使其压力上升。当压力升高到YJ1的动作压力时，YJ1又动作而又将油泵电机停机。经过一段时间后，压力下降到YJ2的动作压力时，油泵电机又启动起来，如此自动反复。可见，输送机稳定运行期间，液压系统的压力，也即油缸有杆腔的压力是在YJ1和YJ2所整定的动作压力值范围内变动的。由于YJ1、YJ2两者的压力整定值相差甚小，一般为1~2 MPa，可以近似为恒压力，所以，稳定运行期间油缸对输送机的拉紧力可以看成是恒张力。

另外，需要注意的是，输送机不论是启动阶段或者稳定运行期间，手动换向阀的手把应始终打在使其阀芯处于右阀位，也即使油缸处于拉紧的位置。

当手动换向阀阀芯处在左阀位时，油泵排出的压力油经换向阀进入油缸无杆腔，推动活塞使活塞向外伸出，同时压力油经控制油路将液控单向阀6打开，使油缸有杆腔的回油经液控单向阀、手动换向阀回油箱。当需要重新张紧输送带时，可直接启动泵站后将手动换向阀手把打到右阀位，直至拉紧力上升到设定值为止。

在输送机启动或稳定运行期间，慢速绞车一直处于停机状态。由于制动闸的作用，钢丝绳不会被油缸从绞车卷筒上拉出，绞车起着钢丝绳固定端的作用。至于输送机因为检修而需要松弛输送带时，往往开动绞车反转松绳比较方便，这时不需要液压系统参与工作。

四、收放带装置

收放带装置大致可分为卷带装置和收放带架体两部分。它用来完成输送机随工作面的不断推进，储带仓无法再进行储带时，能方便地将输送带取出，如图2-154所示。

（一）卷带装置

卷带装置为独立的一个整体。卷带装置可分为底座和卷带车两部分，底座分固定底座和活动底座，当卷完带时，将活动底座旋至与固定底座相平行，此时卷带车即可顺利推出，平常不用时，将活动底座旋至两侧。卷完带时，推带油缸活塞杆伸长，将卷带车沿底座导轨推出，吊住卷带芯轴上的起吊耳，拔出连接销轴，即可将输送带随芯轴吊走。

（二）收放带架体

收放带架体上共有三套压带架体，其中两套为固定式，另一套为可活动式。这三套压

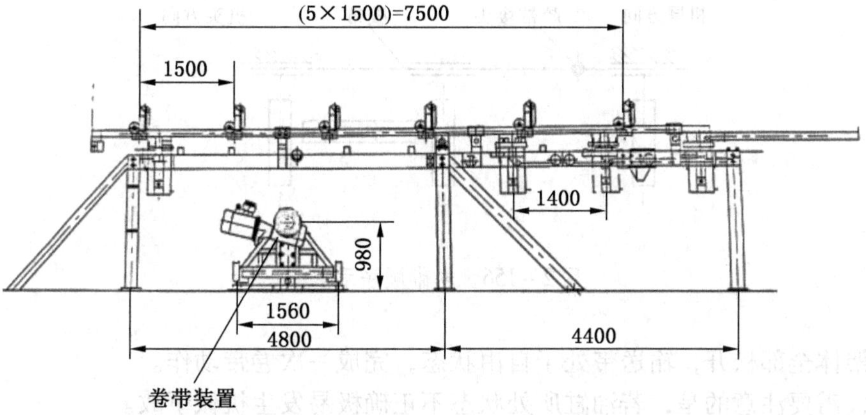

图 2－154　收放带装置

带架体分别在油缸的作用下进行动作，如图 2－155 所示。

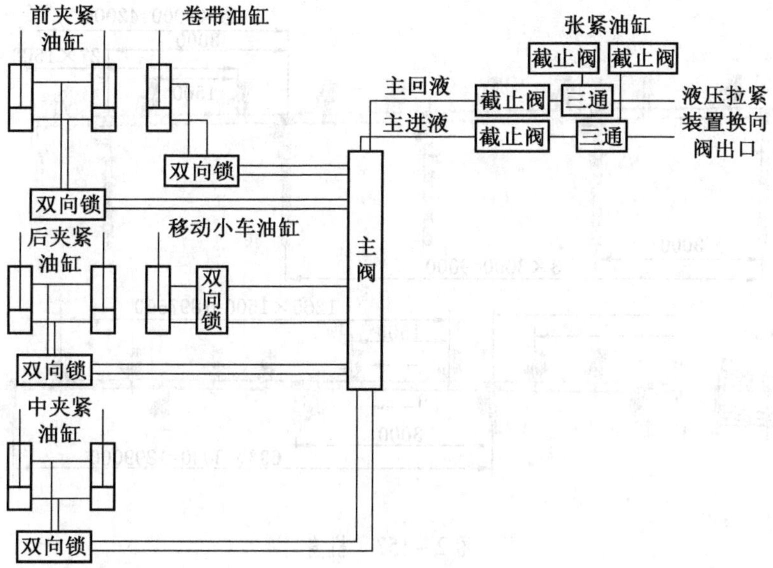

图 2－155　三套压带架体液压系统图

当储带达到一定程度，需要卷带时按以下顺序进行，如图 2－156 所示。

油缸 4 夹紧，取下输送带扣、穿条；油缸 4 松开；油缸 2 夹紧，油缸 3 活塞杆伸出；油缸 2 松开，油缸 3 活塞杆收回；油缸 2 夹紧，油缸 3 活塞杆伸出。

重复以上步骤，直至输送带长度足够缠到卷带滚筒上。

油缸 2 松开（此时除油缸 1 处于夹紧状态，其余处于放松状态）；卷带；油缸 2 夹紧，油缸 3 活塞杆伸出，取下输送带扣、穿条；接带；油缸 1、2、4 复位，油缸 3 活塞杆缩

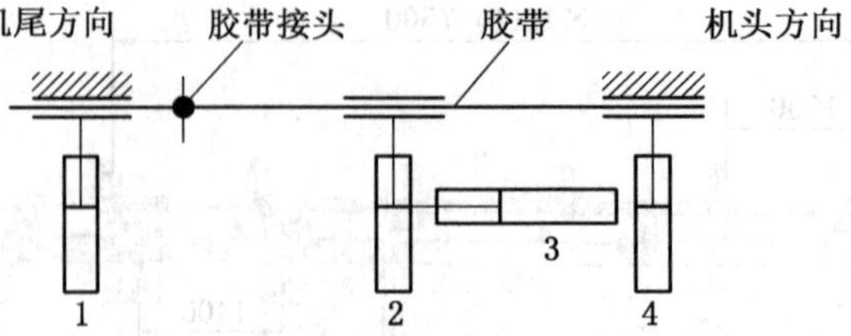

图 2－156　卷带顺序示意图

回，压带架体全部松开，输送带处于自由状态，完成一次卷带动作。

另外，需要注意的是，若油缸所处状态不正确极易发生机械事故。

五、机身

机身主要由调高 H 架、标准 H 架、纵梁、槽形上托辊组、V 形下托辊组、调心上托组组成，如图 2－157 所示。

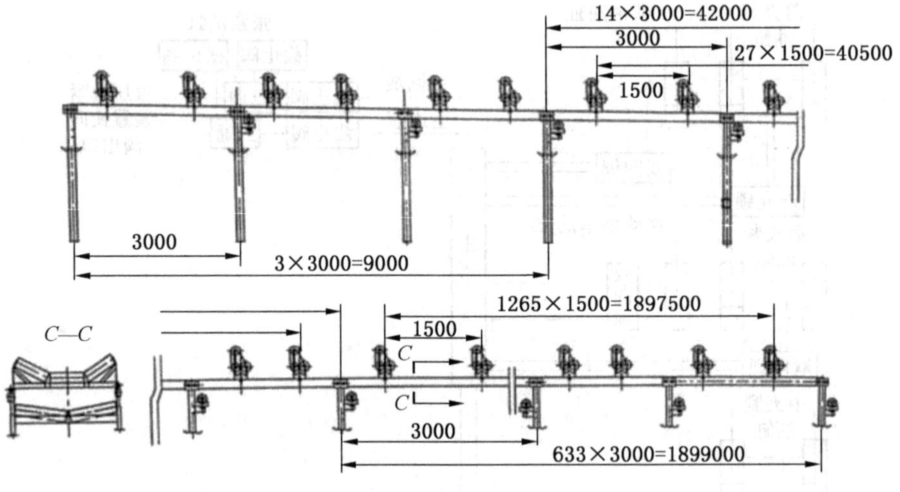

图 2－157　机身

调高 H 架共有 17 架，其中 4 架为固定式调高架，其余 13 架为可调式，可调支腿上、下支腿间靠销轴连接，每次调节高度为 100 mm。由槽钢焊接面成的标准 H 架与纵梁靠销轴连接，纵梁上焊有挡座，槽形上托辊架与纵梁相连时，将带扁的螺栓旋入挡座，再与异形螺母连接，拆装快速方便，定位可靠。

槽形上托辊组为 30°前置式槽形托辊组，中托辊与两侧托辊轴心线不在同一直线上，水平方向中心距为 150 mm，更换更灵活。调心上托辊组用于纠正和防止输送带跑偏，以保证输送带对中运行，每安装 20 组上托辊组加 1 组调心上托辊组，如图 2－158 所示。下托辊为 10°V 形托辊组，直接安装在 H 架上。所有托辊密封采用接触与非接触双层密封结构，更为科学合理，延长了托辊使用寿命。

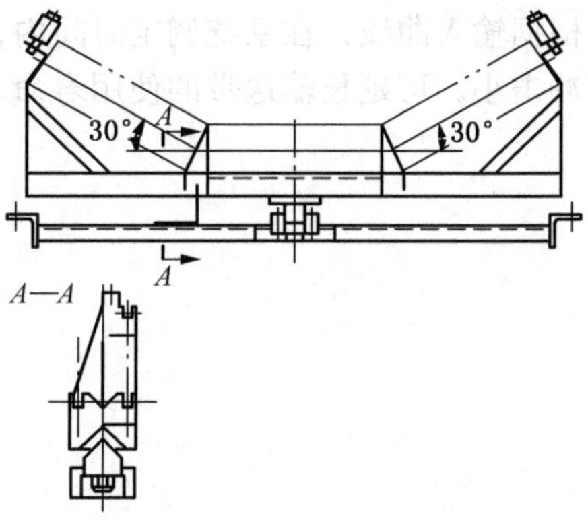

图 2－158 调心托辊架

六、机尾

机尾由机尾架、机尾窗筒、缓冲托辊架体组成，其作用是承接由其他机械转来的煤流，并使输送带折返回机头，构成团环。

七、电气系统

带式输送机电气系统由 PLC 来完成可控启动传输，也即 CST 的电气控制。PLC 中的控制软件可以对各驱动器进行自动控制，使之达到负载平衡。一条输送带配置一套 PLC 系统，可用于控制两台或多台 CST 驱动器、KPZ 自冷盘式制动装置、SZL 自动液压张紧装置、PROMOS 输送带保护、HT6 LI－400 Z/1140 V 组合开关等。它集安全保护系统、软启动系统、自动张紧于一体，对带式输送机实现综合监控，如图 2－159 所示。

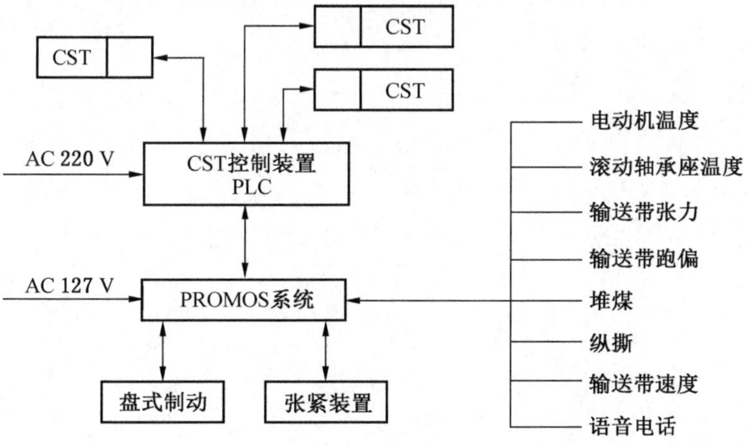

图 2－159 电气控制系统图

调速软启动装置是采用可控启动传输装置来实现的，通过控制住离合器盘组件上所加的压力，可以恰当地将电机旋转的扭矩传输到 CST 的输出轴，同时可以消除负载对整个驱动系统的冲击。使启动时根据输入曲线，在系统调定时间内，速度由 0 平稳升至运行速度，启动平稳可靠，对整机冲击小，可延长输送带的使用寿命、降低输送带的强度等级。

第三章　快掘系统拆卸和装配

第一节　掘锚一体机拆卸和装配

一、零件的拆卸和装配

1. 接合面

要连接的零部件接合面必须特别干净，不能有损伤痕迹；拧紧螺栓前，必须为接合面涂抹一层薄薄的无酸润滑脂以防腐蚀。

2. 销钉

确保销钉彻底清洁以防腐蚀并涂抹一层薄薄的无酸润滑脂。

3. 螺栓

必须使用经批准的清洁剂清洗螺纹孔和螺栓，所有螺栓必须按照扭矩表中规定的扭矩紧固。通常，随附的机械配件和工具包含所需的扭矩扳手。

4. 黏合剂

应使用合格的黏合剂，以确保牢固紧固螺栓和螺母。黏合剂要均匀涂抹到螺栓的螺纹上、螺栓头上或盲孔螺纹上。

5. 注意事项

在拆卸之前，务必标记好相关的零部件，如软管、电缆、连接件、接头等，确保能正确重新连接；务必将拆卸的零部件保存在安全、清洁、干燥的场所。重新装配前，务必清洁，必要时润滑零部件，切勿重新装配已损坏的零部件，务必保护螺钉螺纹使其免受损坏，将大型或重型组件放置到适宜底板上时应始终小心并防止意外移动，要始终适当保护法兰的表面，防止灰尘和损坏。

二、机器装配或拆卸准备工作

为了便于无故障装配机器，操作员应按照装配图所示做好装配和拆卸区域的准备工作。

单个分总成/零部件必须按照正确的装配工作顺序交付和存储；保持装配区域的清洁和干燥，必要时用木板覆盖地面，重的次级总成必须存放在木板上；安装链条和钢丝绳吊环必须数量充足，并确保其完好可用及具有足够的承载能力；装配区须配备充足的照明；装配前所有机器零部件必须放置在装配区。装配区如图 3－1 所示，三个高架轨道吊车用于运输，其中一个位于中心，其他两个距左右约 1.2 m，轨道上装有用于运输和装配的电车和气动葫芦。

需要注意的是，图 3－1 中的 a 为最小高度，b 为安装导轨和升降架的距离，c 为起重链的距离，最小装配区为机器最大高度加 1 m，机器最大宽度加 2 m，最小长度为 60 m。必备的起重设备和工具有 2 台起重滑车——起重力（15 kN/15 t）；2 台起重滑车——起重力（50 kN/5 t）。

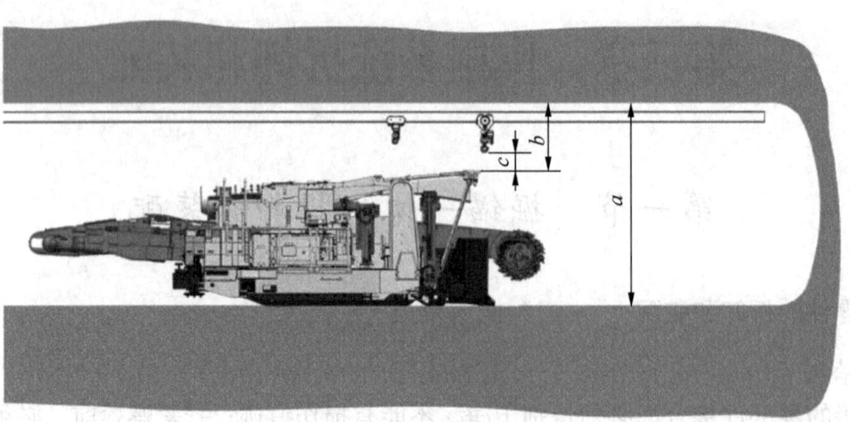

图 3－1　装配区

三、装配顺序

首先，将已拆卸的履带放到地上并预先安装到主机架上，沿履带齿轮紧靠履带链安装张紧装置，将掏槽油缸安装到主机架上，再将导杆预先安装到掏槽滑架上，安装导杆前，应确保将掏槽滑架的空隙注满润滑油，将整个组件安装到主机架中，用螺栓固定掏槽油缸，再在底座上安装掏槽滑架，安装装载台举升油缸，将链式输送机前部安装到掏槽滑架上，将截割大臂举升油缸安装到掏槽滑架上。

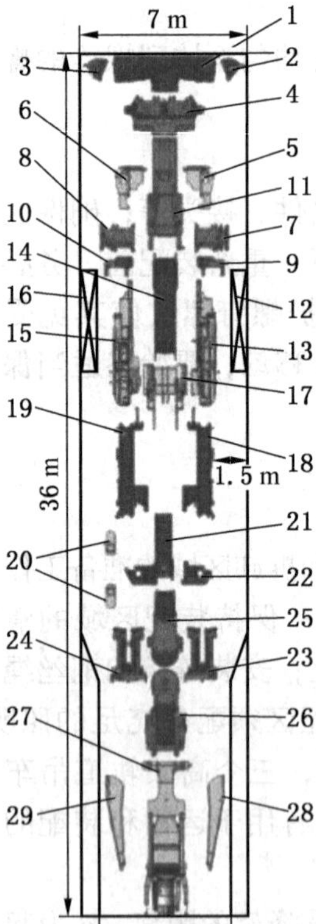

图 3－2　配置图

其次，安装截割大臂，先安装两个工作平台并吊装底板，将链式输送机后部与前部相连，液压设备和电气支架安装到主机架上，再将吊装支柱并固定罩盖，顶棚油缸安装到罩盖和前支架上后，再安装顶铺杆机和铺网支撑架，将两台帮铺杆机安装到液压设备和电气支架上，再安装电动、液压、润滑软管和供水软管，将油箱注满液压油，进行液压设备试运行，把装载台吊装到链式输送机前部，根据拆卸程度，预先安装截割装置。

随后安装截割电机，并将分总成安装到截割大臂上，用润滑油润滑所有润滑点，并在中央润滑系统加注润滑油，最后安装盖板和存储设备。

四、配置图

由于该装配图是设备的整体分布图，因而尺寸、重量和组件可能均略有差异，主要目的是提供一个地下组装部件的概览及组装时所需的空间，如图 3－2 所示。对应部件见表 3－1。

表3-1 部 件 表

部　件	名　称	尺寸/mm	重量/kg
1	装载台	4000×1400×1500	11700
2	装载台右侧伸缩部	900×700×1500	550
3	装载台左侧伸缩部	900×700×1500	550
4	带内滚筒的截割齿轮箱	3400×1600×1150	12500
5	右侧平台支架	1050×1300×1700	780
6	左侧平台支架	1050×1300×1700	780
7	右侧伸缩式滚筒	直径1150×1100	2400
8	左侧伸缩式滚筒	直径1150×1100	2400
9	锚杆装置右侧底板	1150×800×300	250
10	锚杆装置左侧底板	1150×800×300	250
11	截割臂	4420×1410×960	4870
12	容器·右侧帮锚杆机	容器3500	700
13	主控制面板	1900×800×800	1300
14	输送机前部	4300×1030×850	3000
15	液压站	4600×1000×1500	3200
16	容器·左侧帮锚杆机	容器3500	700
17	进刀滑轨	2550×1800×1500	4370
18	右侧履带	4400×1350×1100	4100
19	左侧履带	4400×1350×1100	4100
20	顶棚盖板（2x）	950×350×160	110
21	主机架后部1	2800×2050×1250	4500
22	主机架后部2	1500×1300×950	1350
23	右侧顶锚杆机支架/配备顶锚杆机	2400×1400×550	2000
24	左侧顶锚杆机支架/配备顶锚杆机	2400×1400×550	2000
25	输送机后部	3050×1500×900	2200
26	输送机摆动部件	3500×1600×980	3100
27	带除尘器的顶棚	6200×3050×1200	3000
28	右侧平台/摆动部件	3900×850×540	730
29	左侧平台/摆动部件	3900×850×540	730

五、主要部件拆卸和装配

（一）外滚筒拆卸和装配

外滚筒的位置及剖视图分别如图3－3和图3－4所示。

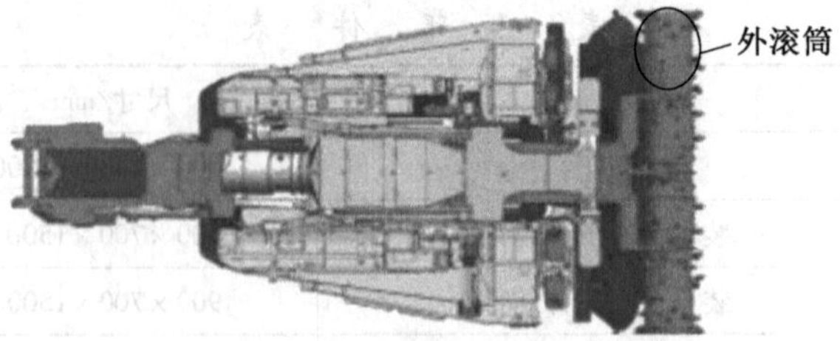

图 3-3　外滚筒的位置

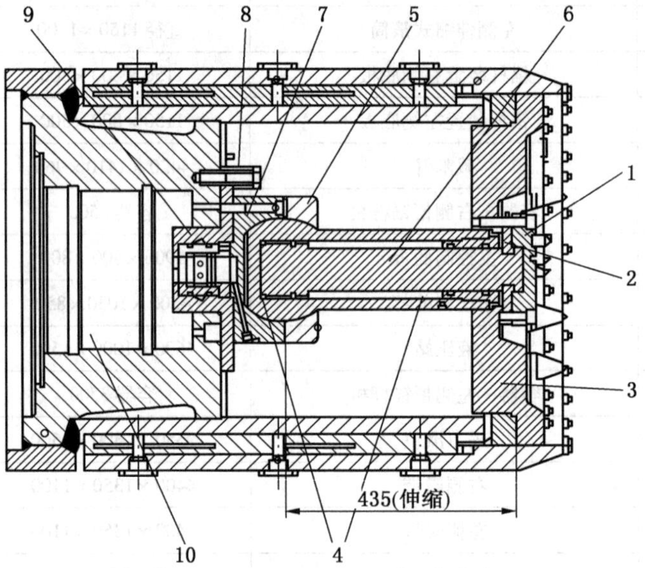

1—油缸支撑盖板；2—半壳；3—伸缩套管；4—液压软管；5—油缸夹持环；6—油缸；7—油缸支撑；8—定距块；9—旋转驱动器；10—外滚筒

图 3-4　外滚筒剖视图

1. 外滚筒拆卸

1）准备工作

通过安装止动装置或降低高度将升高的部件放到机械安全位置。

2）拆卸步骤

首先拆下油缸支撑盖板、半壳和带滑板的伸缩套管，其次断开液压缸的液压软管，并拧松油缸夹持环螺钉，需注意三个螺钉必须先后依次用 M16 螺杆替换，以便拆除，再取出剩余的螺钉并拆卸油缸和螺杆，采用相同的方式拆下油缸支架和定距块，并分别使用 M16 螺杆和 M24 螺杆替换，最后拆下旋转驱动器和拧松外滚筒螺钉，使用螺纹拔出工具拆下外滚筒，再采取运输防护措施保护好输出轴和液压输送管。

2. 外滚筒装配

1）准备工作

通过安装止动装置或降低高度将升高的部件放到机械安全位置，拆下运输保护装置，安装外滚筒前，应在齿轮箱输出轴上涂抹一层 Molykote CU7439 Plus。

2）装配步骤

按照与外滚筒拆卸步骤的相反顺序进行装配。

3）注意事项

截割滚筒由截割齿轮箱驱动，包括内截割滚筒和外截割滚筒。内截割滚筒分为两个半壳，安装在传动轴的一个方形配件上，外截割滚筒由花键固定。

（1）油缸连接和泄油槽。一旦转子密封件损坏，泄油槽就会漏油，如图 3－5 所示。

（2）花键的磨损。必须按照图 3－6 所示的方法安装花键，圆的一面在里面，平的一面在外面，直到花键的一侧磨损，厚度约减少 2 mm，才可翻转使用。

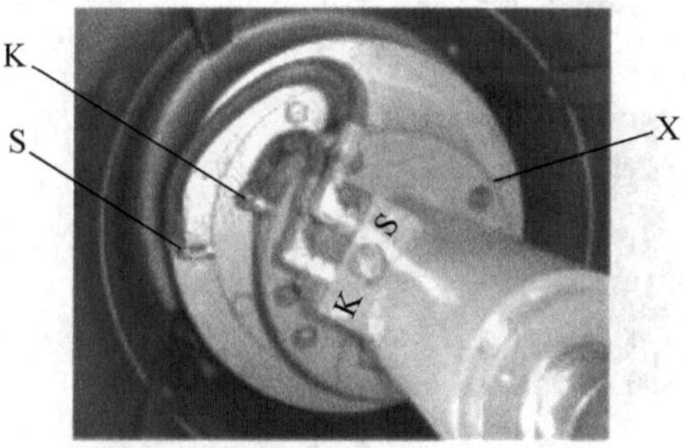

K—伸展部；S—回缩部；X—泄油槽

图 3－5　液压缸连接软管

图 3－6　外滚筒花键

（3）装配外截割滚筒的注意事项。安装截割滚筒时，请注意截割齿轮箱和截割齿轮箱传动轴上的标记，如图 3－7 所示。

同时，应特别注意将滚筒上的焊接箭头以正确的位置和顺序对准截齿垫块。图 3－8 中，a 和 b 为外截割滚筒，c 和 d 为截割滚筒伸缩部，e 为箭头。

可使用 M24 螺纹杆和六角螺母将外滚筒装配到传动轴上，如图 3－9 所示。

将新油缸插入到外滚筒前，应通过油缸专用支架和油缸夹持环测试新油缸能否顺畅运行，拧紧所有的螺钉后，油缸必须能够运行，否则必须再次检查油缸轴承座上的缸筒和滚珠，必要时进行返工，同时软管的位置是很重要的，绝对不能触碰伸缩套管，最终装配完成后，检查所有相关的功能。

（二）截割装置的拆卸和装配

带截割齿轮箱的截割滚筒的位置如图 3－10 所示。

1. 截割装置的拆卸

1）准备工作

根据所选择的运输方式，小心地把截割大臂降到地面或运输工具上，保护截齿不受损坏，如图 3－11 所示。

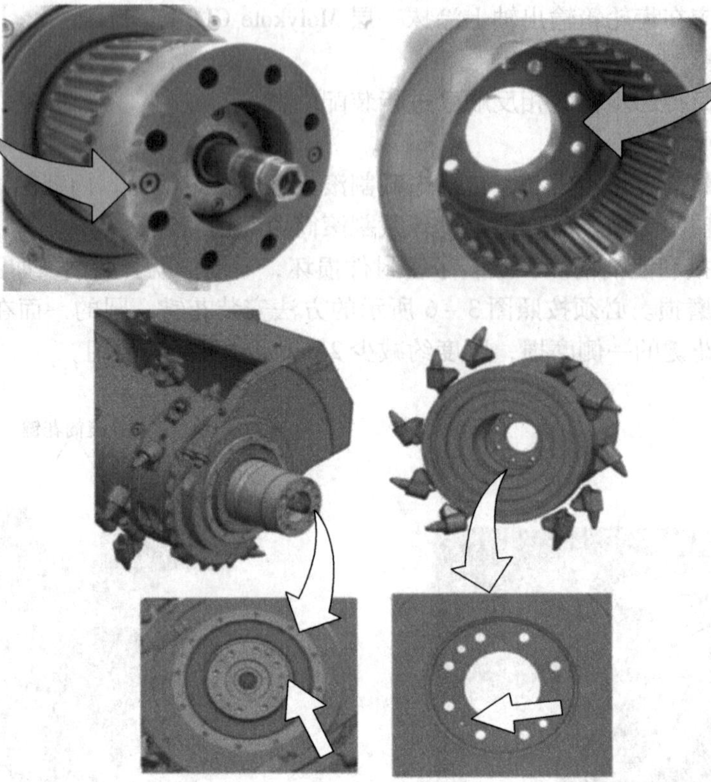

图 3-7　截割滚筒上的标记

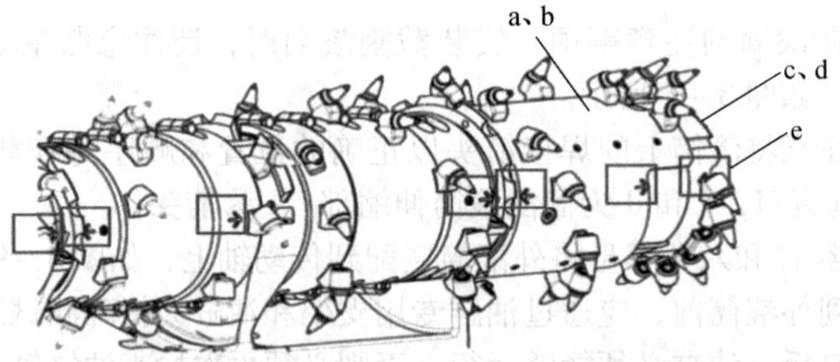

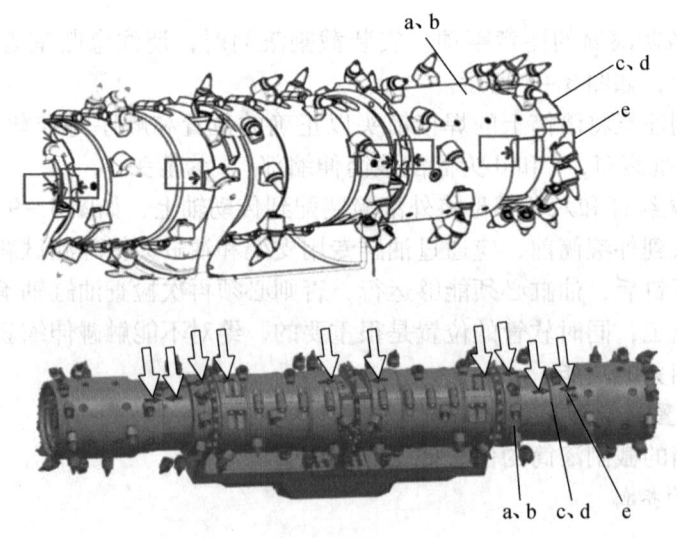

图 3-8　滚筒壳上的焊接箭头

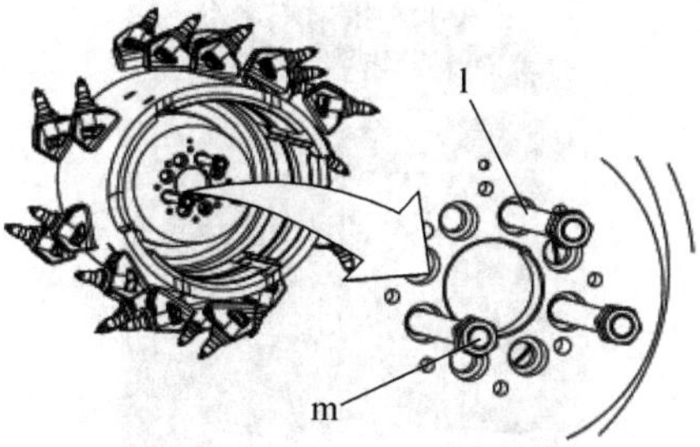

l—M24 螺纹杆；m—六角螺母

图 3－9　安装外滚筒

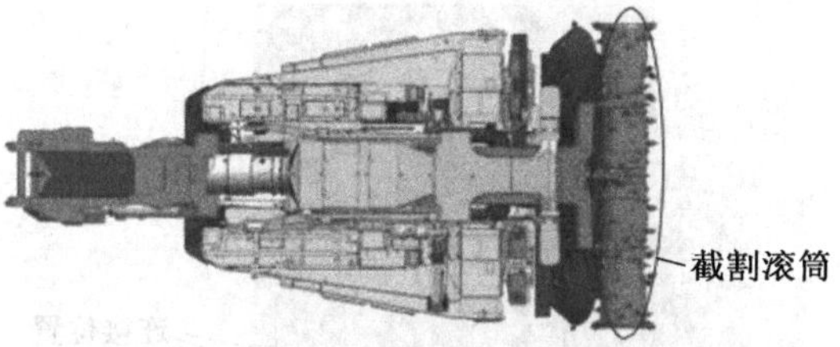

图 3－10　带截割齿轮箱的截割滚筒的位置

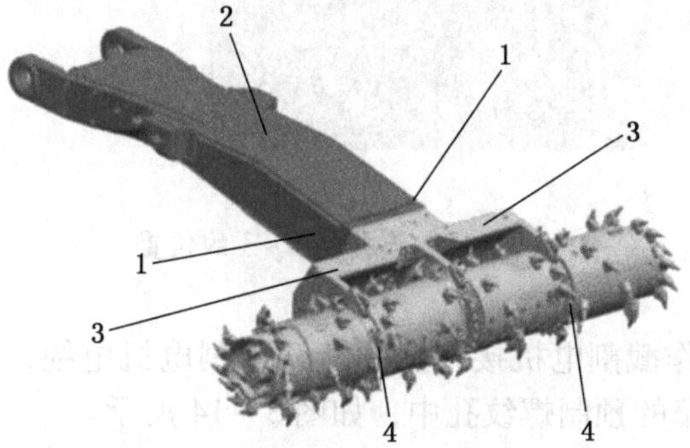

1—左侧/右侧盖；2—顶盖；3—截割齿轮箱上的拧入式吊耳；4—截割滚筒上的拧入式吊耳

图 3－11　截割装置与截割大臂

2）拆卸步骤

（1）通过安装止动装置或降低高度将升高的部件放到机械安全位置，拆下左盖和右盖，拆下并标记所有连接到截割装置上的软管，如图 3－12 所示。

（2）拆下连接件，用数字标识连接件，以便能正确重装，连接件编号 1、2 和 3 位于截割大臂左侧，4、5 和 6 位于右侧，如图 3－13 所示。

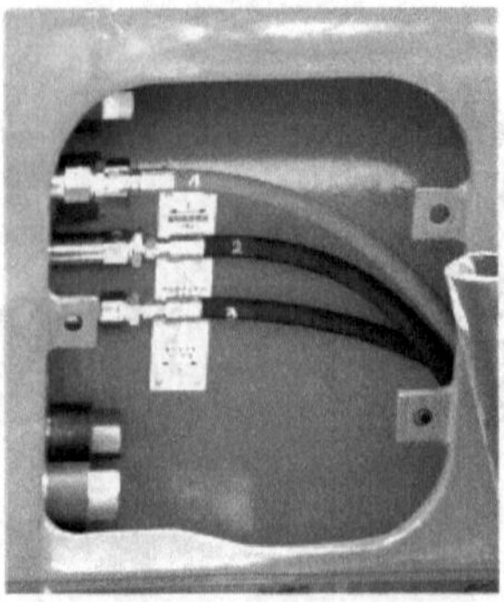

图 3 – 12　截割装置的软管

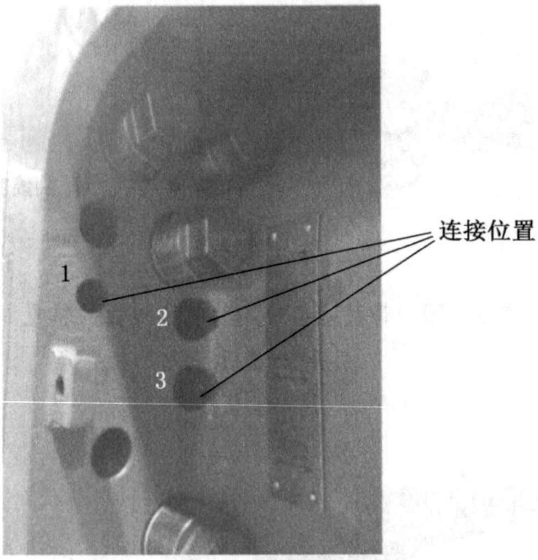

图 3 – 13　连接件 1 ~3 的位置

（3）打开顶盖以操作截割电机接线盒并断开截割电机电缆，并将提供的拧入式吊耳插入并紧固到截割齿轮箱的预制螺纹孔中，如图 3 – 14 所示。

（4）拆下破岩齿并将提供的拧入式吊耳插入并紧固到预制螺纹孔中，而非破岩齿中，如图 3 – 15 所示。

（5）用提升设备将截割装置固定到位后拆下六角螺栓，随后将截割装置从前端拉开以便拆下。最后将所有螺孔和端口都要加盖和加塞，防止污染和损坏，如图 3 – 16 所示。

2. 截割装置的装配

1）准备工作

首先必须在已安装好电机的前提下，将截割齿轮箱装配到截割大臂前，同时注意在安装电机前，要确保配合面干净并润滑，避免异物进入齿轮箱，最后用螺栓固定并用合适的扭矩扳手小心拧紧螺栓，如图 3 – 17 所示。

图 3-14　截割齿轮箱上拧入式吊耳的位置

图 3-15　破岩齿上拧入式吊耳的位置

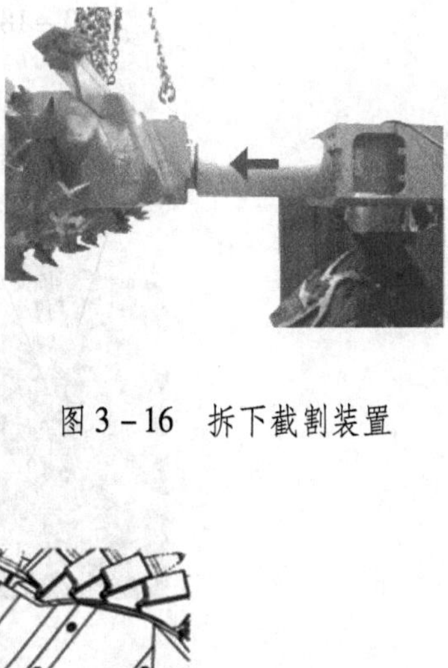

图 3-16　拆下截割装置

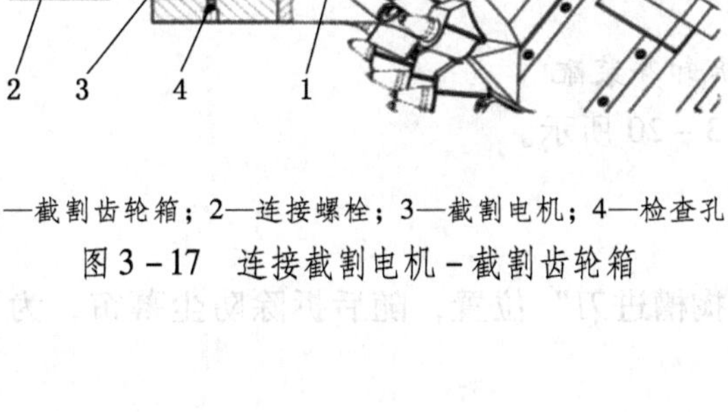

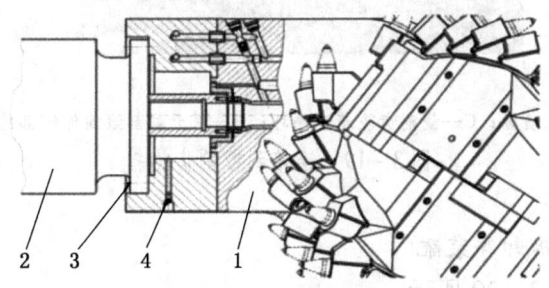

1—截割齿轮箱；2—连接螺栓；3—截割电机；4—检查孔

图 3-17　连接截割电机-截割齿轮箱

2）装配步骤

首先通过安装止动装置或降低高度将升高的部件放到机械安全位置，再按照与截割装置拆卸步骤的相反顺序装配截割装置，最终装配完成后，检查所有相关的功能，如图3－18、图3－19所示。

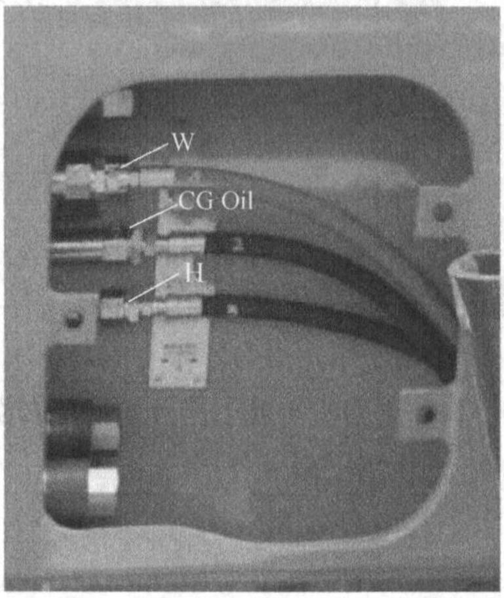

W—高压水喷雾；CG—油截割齿轮箱油循环；
H—用于截割滚筒伸缩部的液压管路

图3－18　连接截割齿轮箱－截割大臂

W—高压水喷雾；C—截割齿轮箱油循环；H—用于截割滚筒伸缩部的液压管路

图3－19　连接到截割齿轮箱

（三）装载设备的拆卸和装配

装载台的位置如图3－20所示。

1. 装载设备的拆卸

1）准备工作

首先将机器移到“掏槽进刀”位置，随后拆除防尘幕帘，为了便于拆卸装载台，建议先拆下截割装置，如果必须要拆卸装载台进行维修，请不要拆卸截割装置。此时，截割大臂必须移入并固定到合适的位置以防意外移动，降低并固定装载台以便拆卸，最后根据选定的运输选项放置装载台。

2）拆卸步骤

（1）首先通过安装止动装置或降低高度将升高的部件放到机械安全位置，使用专用工具拆卸输送机链，再将起重设备连接至装载台上的吊耳，如图 3－21 所示。

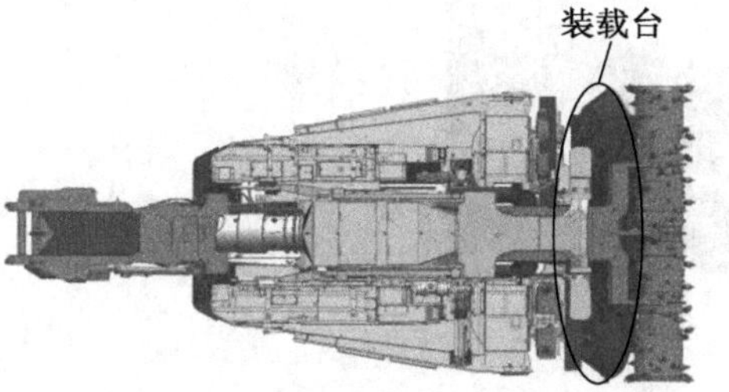

图 3－20　装载台的位置

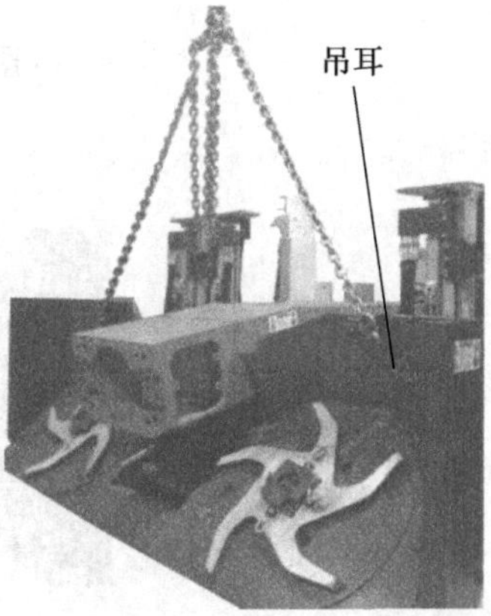

图 3－21　装载台起重设备

（2）在确保装载台不会意外移动的情况下，拆卸并标记装载台右侧的所有软管和所有电缆，如图 3－22 所示。

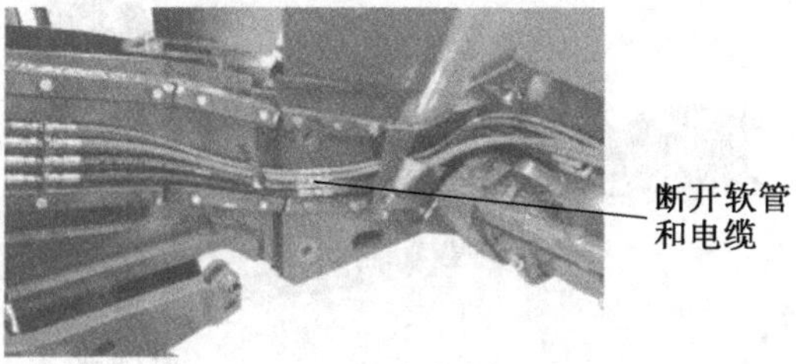

图 3－22　断开软管和电缆

（3）保证所有端口都要加盖和加塞，防止污染和损坏，随后拆除轴架，使用附带的拔出装置拆卸 2 个左侧连接销和 2 个右侧连接销，如图 3－23 所示。

（4）小心地拆下机器装载台，最后重新安装先前拆除的销钉和轴架，如图 3－24 所示。

2. 装载设备的装配

首先通过安装止动装置或降低高度将升高的部件放到机械安全位置，再按照装载设备拆卸步骤的相反顺序装配装载设备，最终装配完成后，检查所有相关的功能。

图 3-23　取出连接销钉

图 3-24　拆下装载台

（四）装载台伸缩部的拆卸和装配

装载台伸缩部的位置如图 3-25 所示。

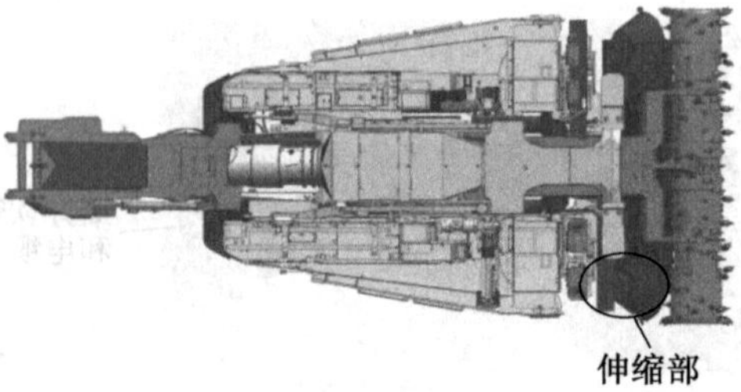

图 3-25　装载台伸缩部的位置

1. 装载台伸缩部的拆卸

装载台伸缩部的拆卸如图 3-26 所示。

（1）首先通过安装止动装置或降低高度将升高的部件放到机械安全位置，拆除轴架和销钉，如图 3-27 所示。

（2）再倾斜装载台伸缩部，重新将原来拆除的销钉和轴架装配到装载台上，以确保油缸不意外移动，并使用提升设备并通过吊耳固定装载台伸缩部，如图 3-28 所示。

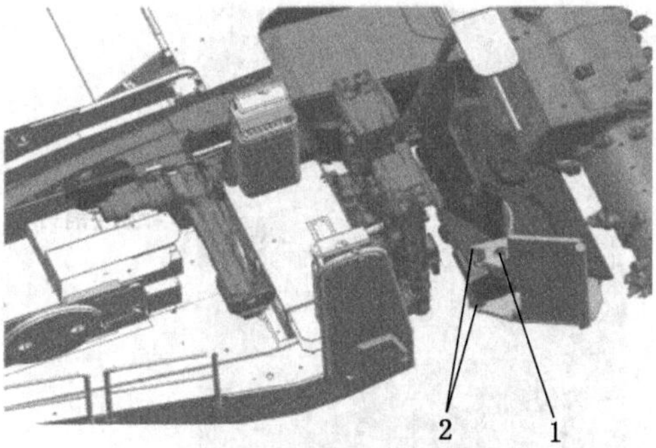

1、2—带销钉的轴架

图3－26　装载台伸缩部的拆卸

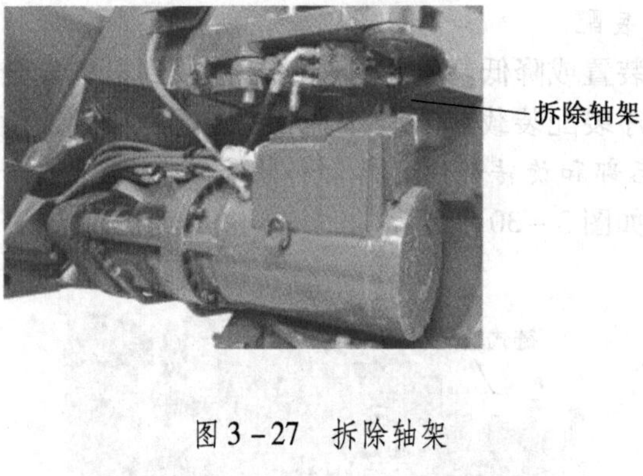

图3－27　拆除轴架

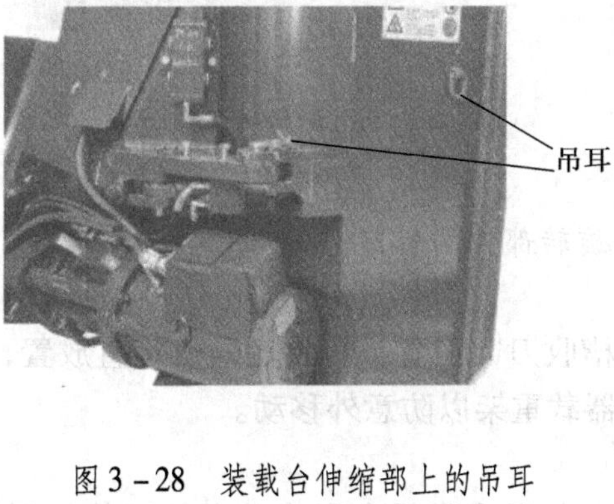

图3－28　装载台伸缩部上的吊耳

（3）在确保装载台伸缩部不会意外移动的情况下，拆除轴架和上下连接销钉，如图3－29所示。

（4）最后从机器上拆下装载台伸缩部，将原来拆除的销钉和轴架重新装配到装载台上。

图 3-29 装载台伸缩部的连接销钉

2. 装载台伸缩部的装配

首先通过安装止动装置或降低高度将升高的部件放到机械安全位置，再按照装载台伸缩部拆卸步骤的相反顺序装配装载台伸缩部，最终装配完成后，检查所有相关的功能。

（五）链式输送机后部和旋转部件的拆卸和装配

链式输送机的位置如图 3-30 所示。

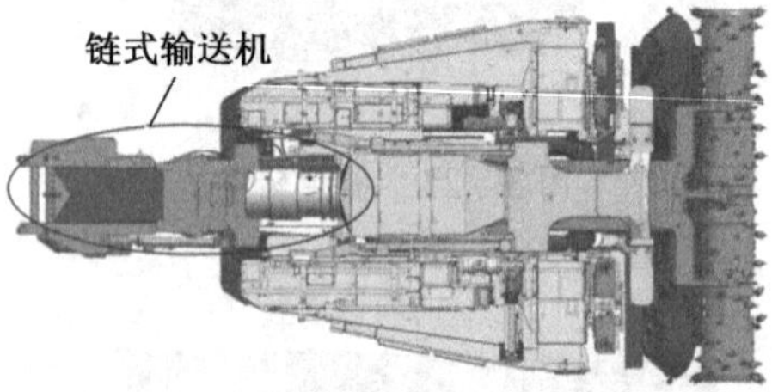

图 3-30 链式输送机的位置

1. 链式输送机后部和旋转部件的拆卸

1）准备工作

首先将机器带到“掏槽收刀”位置，再将输送机笔直放置，要保证尽可能降低罩盖，随后用提升设备固定除尘器载重架以防意外移动。

2）拆卸步骤

（1）首先通过安装止动装置或降低高度将升高的部件放到机械安全位置，使用专用工具拆卸输送机链，再将提升设备装配到支护顶棚上，保证固定除尘器以防意外移动，拆下除尘器的所有软管并贴上标签，如图 3-31 所示。

（2）拆下支护顶棚的销钉，如图 3-32 所示。

（3）拆下护板，如图 3-33 所示。

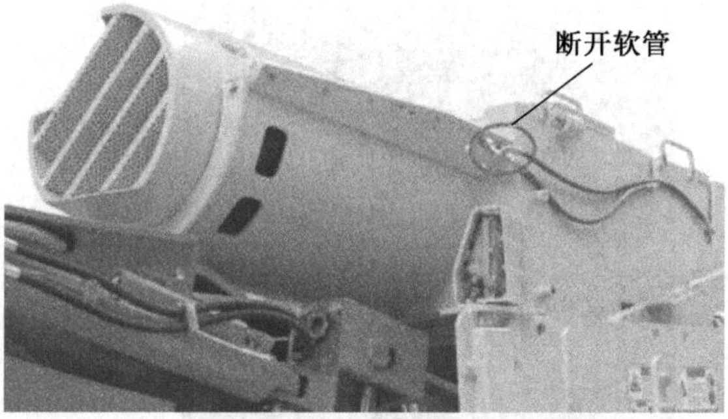

图 3－31　断开软管

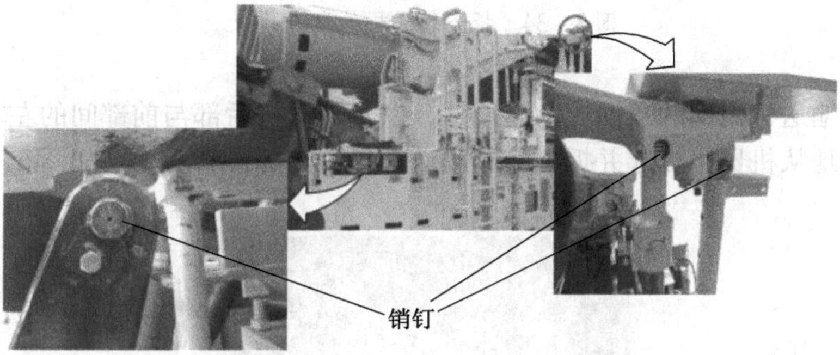

图 3－32　拆下支护顶棚的销钉

图 3－33　拆下护板

（4）随后小心地在机器上提起并拆下支护顶棚，将起重设备固定到输送机旋转部分和后部的吊耳，保证固定输送机旋转部分和后部以防止意外移动，再拆下输送机的所有软管并贴上标签，如图 3－34 所示。

（5）接下来将输送机举升油缸固定到拆卸位置，拆下左右两侧输送机举升油缸的上

图 3－34　拆下输送机的所有软管

轴架和销钉、输送机后部的顶前端的连接件，以及输送机后部与前部间的左右两侧连接销钉，最后小心地从机器中提起并拆下链式输送机的旋转部件和后部，如图 3－35 所示。

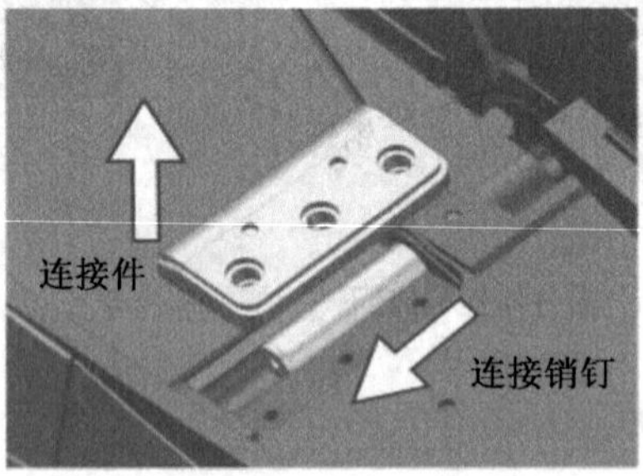

图 3－35　操作图

2. 链式输送机后部和旋转部件的装配

首先通过安装止动装置或降低高度将升高的部件放到机械安全位置，再按照与链式输送机后部和旋转部件拆卸步骤的相反顺序装配输送机后部和旋转部件，最终装配完成后，检查所有相关的功能。

（六）扶手的拆卸和装配

扶手的位置如图 3－36 所示。

1. 扶手的拆卸

首先通过安装止动装置或降低高度将升高的部件放到机械安全位置，再松开并拆下固定螺栓，提起并卸下机器扶手，如图 3－37 所示。

2. 扶手的装配

首先通过安装止动装置或降低高度将升高的部件放到机械安全位置，再按照与扶手拆

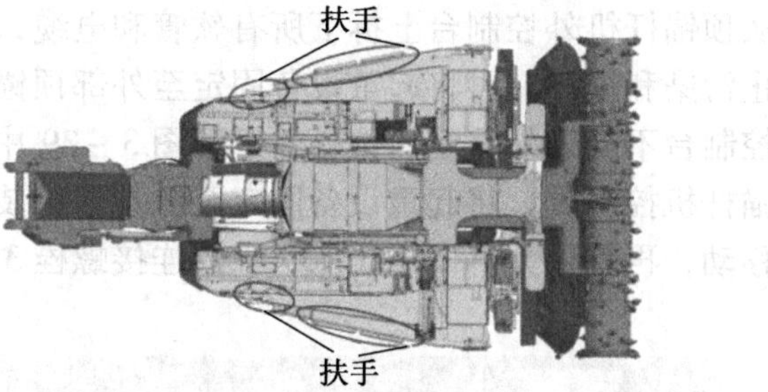

图 3-36　扶手的位置

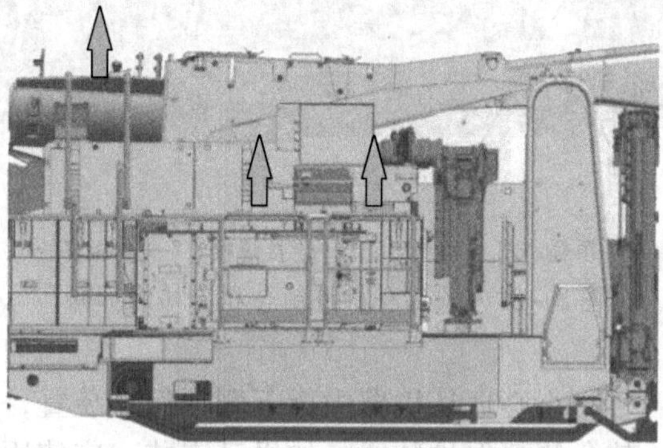

图 3-37　提起并拆下扶手

卸步骤的相反顺序装配扶手，最终装配完成后，检查所有相关的功能。

（七）工作平台的拆卸和装配

工作平台的位置如图 3-38 所示。

1. 工作平台的拆卸

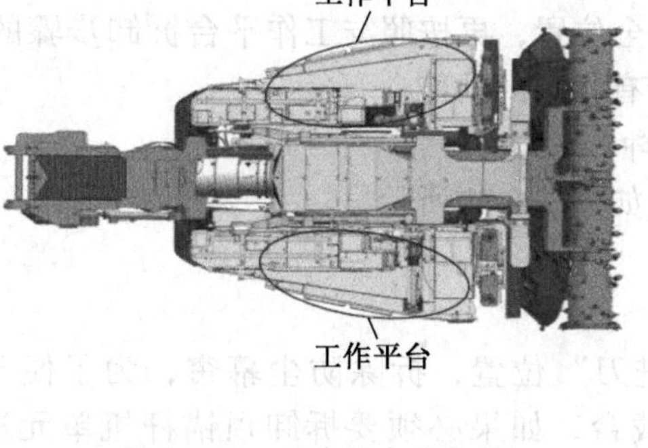

图 3-38　工作平台的位置

首先缩回工作平台，并将扶手拆除，通过安装止动装置或降低高度将升高的部件放到机械安全位置，并从顶锚杆机外控制台上拆下所有软管和电缆，贴上标签，将所有端口都要加盖和加塞，防止污染和损坏，再将起重设备固定至外部顶锚杆机控制台上的吊耳，要确保外部顶锚杆机控制台不会意外移动，拧松并拆下图 3－39 中的连接螺栓 2，小心地从机器中拆除外部顶锚杆机控制台，将起重设备固定至侧帮保护装置上的吊耳，要确保侧帮保护装置不会意外移动，再拧松并拆下图 3－39 中的连接螺栓 3。

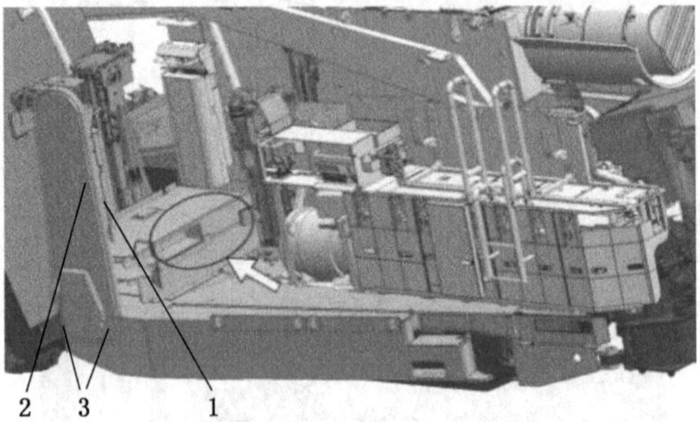

1—顶锚杆机外控制台；2—连接螺栓；3—连接螺栓

图 3－39　顶锚杆机控制台和阶梯的拆卸

小心地从机器中拆下侧帮保护装置，重复以上步骤，并拆除其余侧帮保护装置，如果已安装，应使用提升设备拆除顶锚杆机操作员使用的仰角架，并将起重设备固定至可移动工作平台的外部，以防意外移动，如图 3－40 所示。

图 3－40　固定工作平台

拆除工作平台前端和后端的轴架和销钉，如图 3－41、图 3－42 所示。最后小心地从机器中拆除可移动工作平台的外部，保证完全缩回摇臂并固定以防意外移动，固定并保护液压软管，并重新安装先前拆除的销钉和轴架，如图 3－43 所示。

2. 工作平台的装配

首先通过安装止动装置或降低高度将升高的部件放到机械安全位置，再按照与工作平台拆卸步骤的相反顺序装配工作平台，最终装配完成后，检查所有相关的功能。

（八）顶锚杆机的拆卸和装配

顶锚杆机单元的位置如图 3－44 所示。

1. 顶锚杆机的拆卸

1）准备工作

将机器移到“掏槽进刀”位置，拆除防尘幕帘，为了便于拆卸顶锚杆机单元，建议先拆下截割装置和装载台，如果必须要拆卸顶锚杆机单元进行维修，请不要拆卸截割装置和装载台。此时，截割大臂和装载台必须移入并固定到合适的位置以防意外移动。

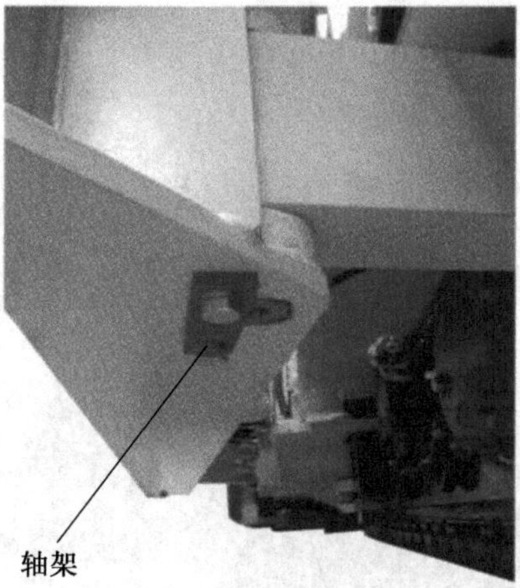

图 3－41　工作台的轴架

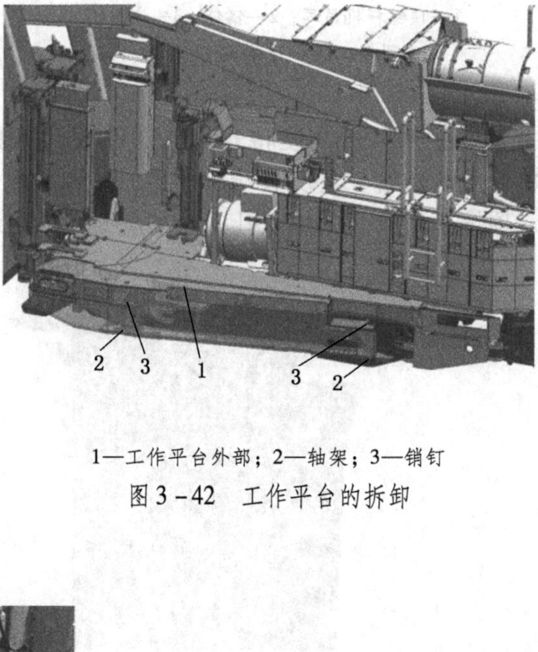

1—工作平台外部；2—轴架；3—销钉

图 3－42　工作平台的拆卸

图 3－43　摇臂

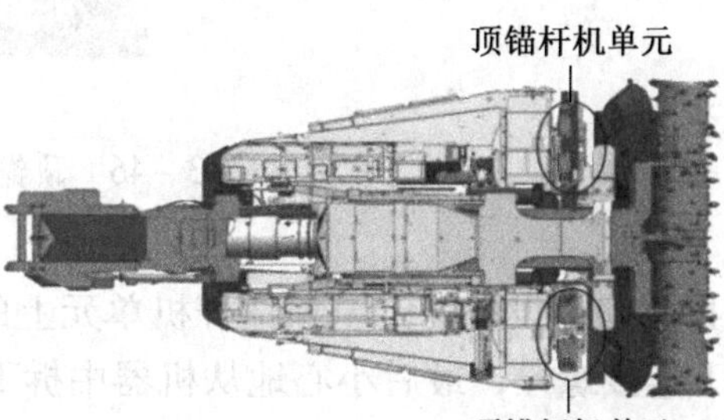

图 3－44　顶锚杆机单元的位置

2）拆卸步骤

顶锚杆机单元如图 3－45 所示。

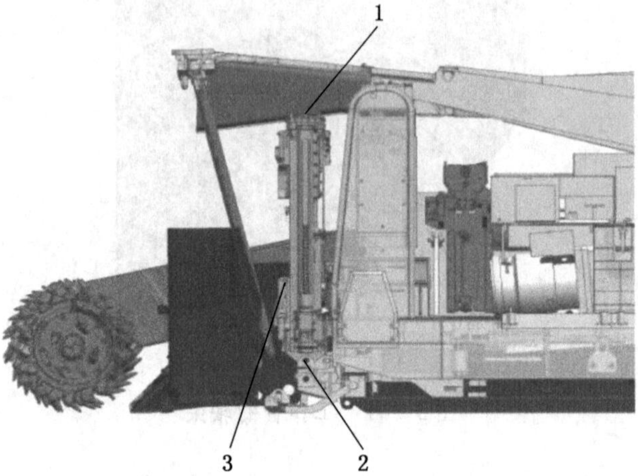

1—顶锚杆机吊耳；2—销钉；3—油缸销

图 3－45　顶锚杆机单元

（1）首先通过安装止动装置或降低高度将升高的部件放到机械安全位置，拆下并标记所有连接到顶锚杆机单元上的软管，将所有端口都要加盖和加塞，防止污染和损坏，再将提供的拧入式吊耳拧入顶锚杆机单元的螺纹孔中，如图 3－46 所示。

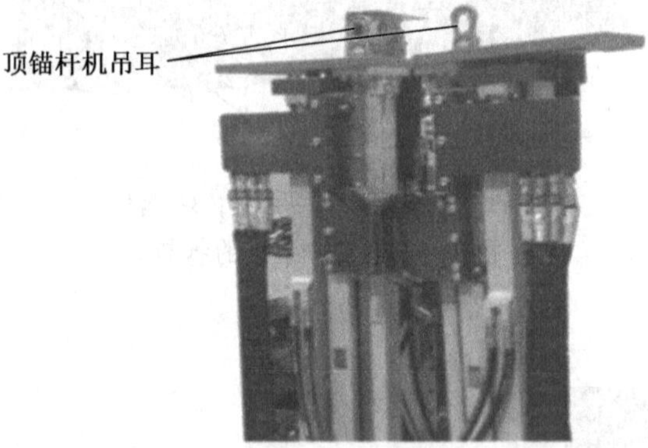

图 3－46　顶锚杆机吊耳

（2）再将起重设备固定至顶锚杆机单元上的吊耳，以确保锚杆机单元不会意外移动，拧松并拆下连接螺栓，最后小心地从机器中拆下顶锚杆机单元，并重新安装先前拆除的销钉和轴架，如图 3－47 和图 3－48 所示。

2. 顶锚杆机的装配

首先通过安装止动装置或降低高度将升高的部件放到机械安全位置，再按照与顶锚杆

图 3-47　销钉

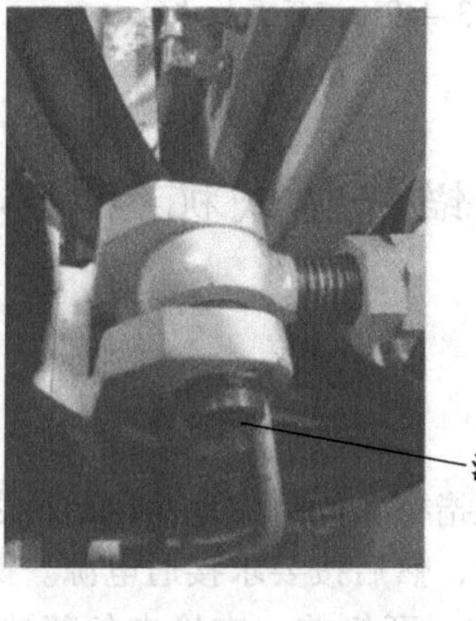

图 3-48　油缸销

机拆卸步骤的相反顺序安装顶锚杆机，最终装配完成后，检查所有相关的功能。

（九）机器的检查和调试工作

首先检查齿轮箱和增压泵的油位、液压油箱的油位、润滑泵的油脂量，将供水装置连接到机器，同时将电源连接到机器，并在电源电缆连接到机器上时，必须确保其可以在自由无任何负载状态下拖到机器后面，随后检查机器上的电压，保证额定电压的最大允许偏差为 ±5%，同时应确保满负荷时的电压降不会超过此限度，检查液压泵的旋转方向并适当调整压力和速度设定值，检查截割装置的旋转方向，并保证截割装置向错误方向旋转的时间不得超过 2 s，注意切勿在尚未将供水装置连接到截割齿轮箱时运行截割装置，最后润滑整台机器的润滑点，并将合适的截齿安装至截割装置上，同时对液压系统进行排气，检查是否安装了所有滤芯。

设备调试或每次必须断开电源时，需确保液压动力单元的电机沿正确方向旋转——向右旋转，以额定转速在错误方向运行液压泵，虽然可能只有数秒钟，却足以对泵造成严重损害甚至损坏，检查方向是否正确，“向右旋转”意即从传动轴侧来看，液压泵必须顺时针方向旋转。在系统运行时，可通过对旋转部件的观察，连接器检查孔、风扇等，来检查旋转方向是否正确，如图 3－49 所示。

图 3－49　液压泵的旋转方向

第二节　锚杆转载机拆卸和装配

一、锚杆转载机拆卸

（一）准备工作

在地面试运转时，必须设专人指挥。同时，地面试运转之前，先由专职电工检验电源电压是否与机器要求供电电压相同，然后按要求接通电源。操作司机必须由专门培训过的人员担任，其他人员不准随意操作。开机前，应检查各部油量是否适当，冷却水是否充足、清洁，同时要先点动电动机，看转向是否正确，照例要信号报警，待无关人员撤离后，方可开机。机器运转时，有关人员应密切注意各部位声音、温度是否正常，要求司机不准离开操作台，集中精力，认真操作。试运转完毕后，各手柄、按钮恢复原位，并将紧急停止按钮开关锁紧，切断电源。

（二）注意事项

从事解体的工作人员应根据技术文件熟悉锚杆转载机组的结构，详细了解各重要连接部位，准备起重运输设备，保证拆卸安全，同时为避免因解体过多而造成安装困难和使用中出现不必要的故障，设备下时应考虑按实际条件尽可能地少拆。解体时，各油管、接头等应用堵头封闭或用干净的布包扎，以防脏物进入，并且在下井前必须用润滑脂覆盖所有加工而未涂漆的零件表面，尤其是连接表面。保证电气设备必须用防潮材料覆盖，以防进水，在拆卸左、右行走机构时必须用专用的拆装套将行走部与主机架连接的螺纹保护好后方可进行，最后将拆卸下来的小件和各连接处的螺栓、垫圈等易丢失件要放在一个特定的容器里面，防止丢失。

（三）拆卸步骤

可根据使用单位的情况、矿井井口调整设备的大小，将机器解体为若干部分，主要解体部件如图 3－50 所示，解体部件外形尺寸及重量见表 3－2。解体顺序按表 3－2 从序号 1 开始至序号 14 结束，分解步骤如下：首先在支腿油缸作用下或在起重设备的帮助下，将整个设备抬起，使履带悬空，在本体架下垫上枕木以支承整个设备，在液压系统的作用下，收起支腿油缸，放下料斗，使料斗处于适当的位置，用木料垫好，随后将油箱中的油放入干净的容器里，并确定需要拆的部件，从而拆除必要的油管，最后将油管拆除后开始拆部件，拆部件时应按井下运输顺序表中的顺序进行。

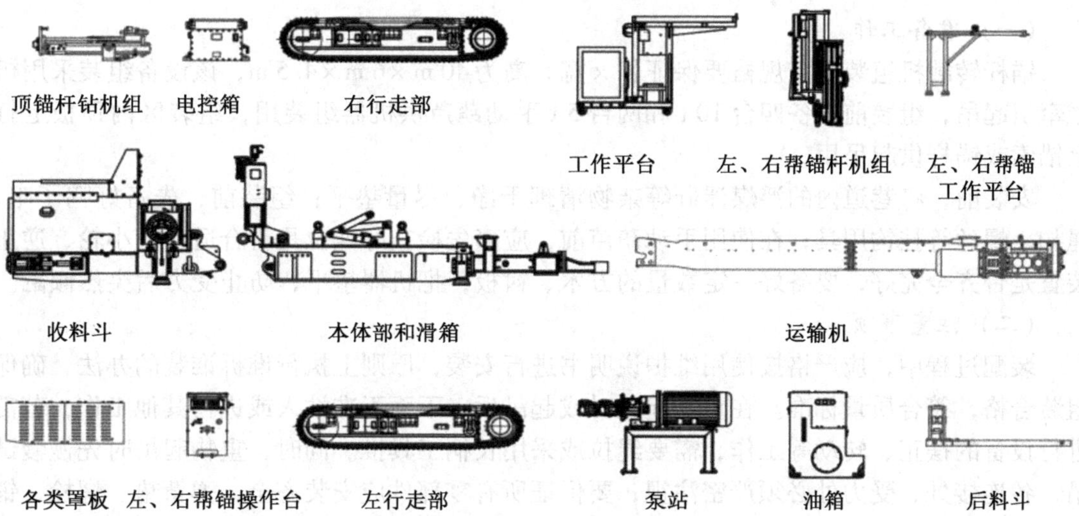

图 3－50　解体部件

表 3－2　锚杆转载机组主要部件外形尺寸、重量表

序号	部件名称		数量	单件重量/kg	外形尺寸（长×宽×高）/(mm×mm×mm)
1	左、右帮锚操作台		各 1	210	660×350×1100
2	左、右帮锚工作平台		各 1	300	1800×1200×1270
3	后料斗		1	270	2500×900×720
4	左、右帮锚杆机组		各 1	1300	2100×860×1000
5	各类罩板、护栏		1	1300	
6	工作平台		1	1500	2680×3200×1800
7	泵站		1	2500	2585×985×1485
8	油箱总成		1	1500	1300×850×1550
9	电控箱		1	480	1125×510×750
10	顶锚杆机组		3	810	1990×425×620
11	运输机	前溜槽	1	1700	2550×1080×526
		后溜槽（含电机、减速机）	1	5000	3690×1080×660

表3-2（续）

序号	部件名称		数量	单件重量/kg	外形尺寸(长×宽×高)/(mm×mm×mm)
12	收料斗		1	11700	3715×3150×2460
13	本体部和滑箱	本体部	1	16500	6175×3120×1100
		滑箱	1	2850	2600×355×1440
14	左、右行走部		各1	5900	3875×825×800

二、锚杆转载机装配

（一）准备工作

锚杆转载机组装硐室规格要保证长×宽×高为40 m×6 m×4.5 m，该设备组装采用机械牵引起吊，组装前准备四台10 t和两台5 t手动葫芦供机器组装用，组装区内顶板上打上锚索或锚杆供起吊用。

安装前，将巷道内的浮煤浮矸等杂物清理干净，尽量垫平；组装前，先备好鸭子咀、绳扣、螺丝等挂钩用具；在使用手动葫芦前，应事先检查好吨位是否合适，大小轮、逆止装置是否齐全完好，要备好一定数量的方木、衬板，把机器垫平，防止受力后突然倾翻。

（二）注意事项

装配过程中，应严格按使用维护说明书进行安装，原则上执行谁拆谁装的办法，确保组装合格，符合质量标准。在重物起吊时或起吊后，下面不准站人或进行其他工作，若需进行设备的摆正、转动等工作，需要绳拉或采用长柄工具推。同时，重物起吊时先慢慢试吊，各连接处、受力处必须严密注视，要保证所有零部件应安装齐全，弹簧垫、螺栓、销钉等都要安装齐全，未经总工程师批准不准随意甩掉任何机构和保护装置。在安装液压系统及水路系统各管接头时，必须擦拭干净后安装，在安装各连接螺栓及销轴时，螺栓和销轴上应涂少量油脂，防止锈蚀后无法拆卸，各连接螺栓应拧紧。在安装各连接销轴时，应注意销轴止动槽口的位置，绝对禁止用手检查销轴和相应连接件同轴度，以免发生危险。保证每班设安全组长一人，专门负责本班组安全监护工作，不准任何人违章作业蛮干，同时机器组装前设备不准接电进行试运转工作。

（三）主要部件装配

井下组装顺序见表3-3。

表3-3 井下组装顺序

顺序号	部件名称	顺序号	部件名称
1	本体部和滑箱	8	工作平台
2	左、右行走部	9	顶锚杆机组
3	收料斗	10	左、右帮锚杆机组
4	运输机	11	左、右帮锚工作平台
5	泵站	12	左、右帮锚操作台
6	油箱总成	13	后料斗
7	电控箱	14	各类罩板、护栏

机器井下组装时，可根据井下实际情况对表 3－3 中的顺序进行适当调整。为确保顺利安装，现以几个大的部件为例，简述其安装方法。

1. 本体部与行走部安装步骤

本体部的吊装与垫起如图 3－51 所示。

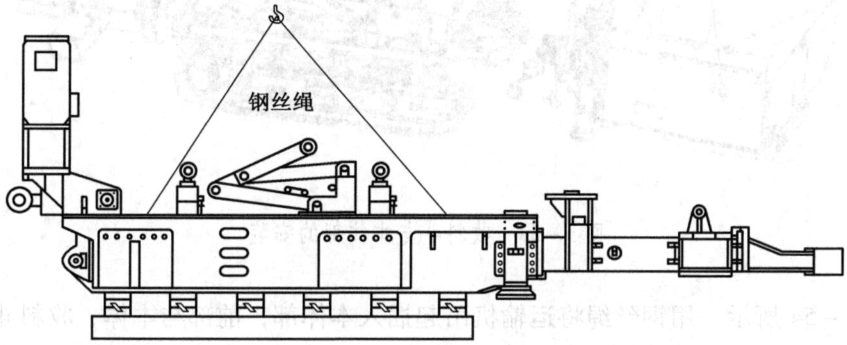

图 3－51　本体部的吊装与垫起

首先，利用图 3－52 中吊钩位置，用钢丝绳将本体部吊起，再用枕木将本体架垫起，应注意枕木垫起高度应大于 500 mm。同时，用钢丝绳件将行走部吊起，与本体部通过螺栓紧固，紧固力矩为 1700 N·m。其次，用枕木将履带下面垫好，以防偏倒，如图 3－52 所示。最后，用相同方法安装另一侧的行走部，两侧行走部连接好后将本体架与行走部一起吊起，抽出枕木。

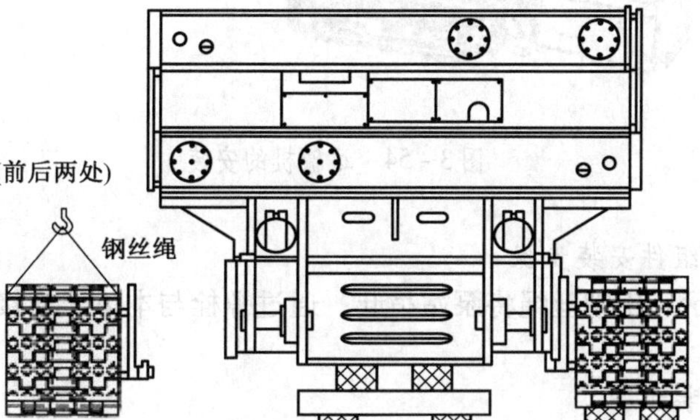

图 3－52　本体部与行走部的安装

2. 收料斗与本体部安装步骤

如图 3－53 所示，用钢丝绳将收料斗吊起，通过销轴与本体部连接，再安装料斗升降油缸，安装完毕后，使收料斗的前端与底板接地，或者垫上枕木。

3. 运输机安装步骤

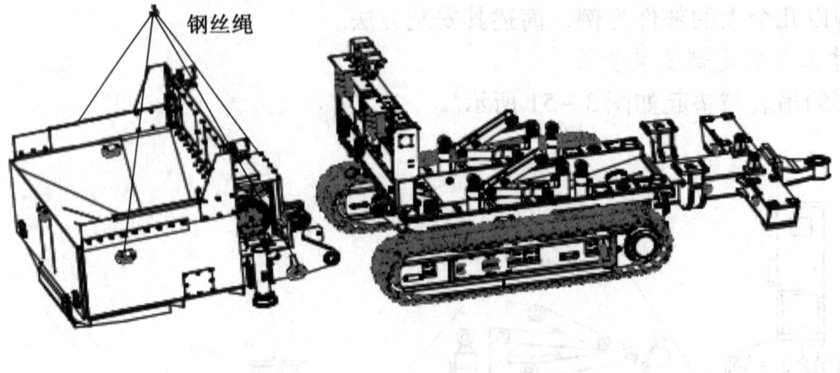

图 3－53　收料斗与本体部的安装

如图 3－54 所示，用钢丝绳将运输机吊起插入本体部，前部与本体、收料斗销轴相连接，后部与运输机支撑座铰接，在安装链条时应由运输机下部空挡向前引入，在从动轮处反向后接好链条，链条的张紧通过张紧装置来实现。

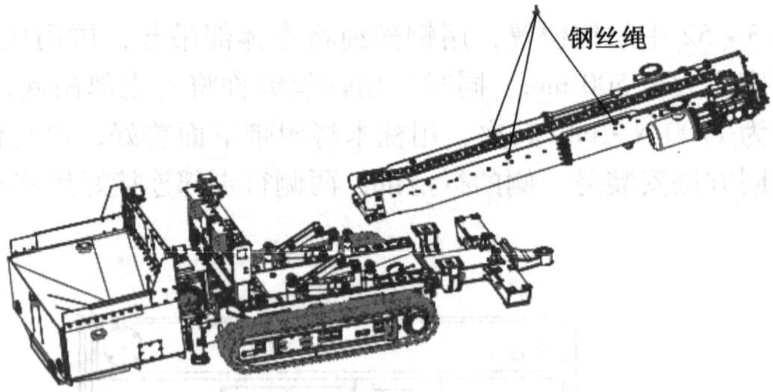

图 3－54　运输机的安装

4. 泵站与油箱组件安装步骤

如图 3－55 所示，用钢丝绳将泵站吊起，通过螺栓与本体架连接，用同样方法将油箱组件与本体架连接。

5. 工作平台安装步骤

首先用钢丝绳将工作平台吊起，通过销轴与升降油缸、连杆机构相连接，如图 3－56 所示。

注意：先通过销轴将工作平台与两个连杆机构连接，后将四根升降油缸与工作平台连接。

6. 顶锚杆机安装步骤

如图 3－57 所示，用钢丝绳将右部顶锚杆机吊起，通过定位键、螺栓与滑箱部连接销轴相连接，左部顶锚杆机、中部顶锚杆机安装方法相同。

7. 帮锚杆机组安装步骤

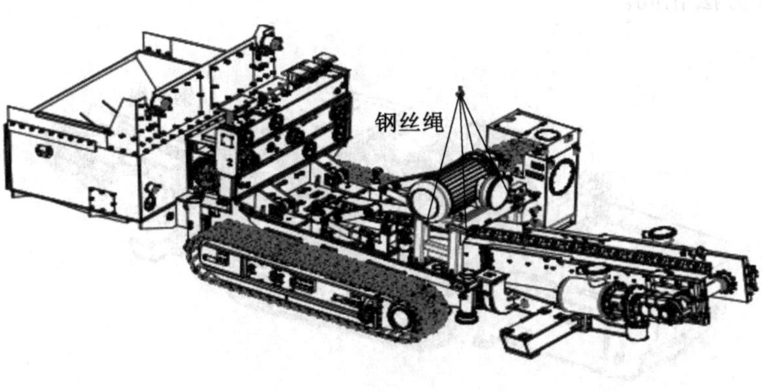

图 3－55　运输机的安装

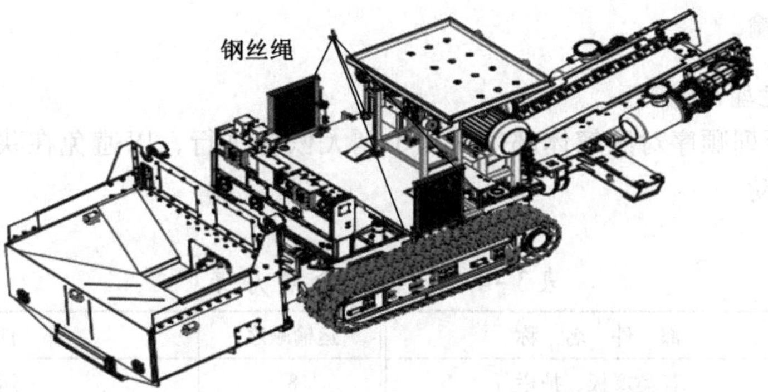

图 3－56　工作平台的安装

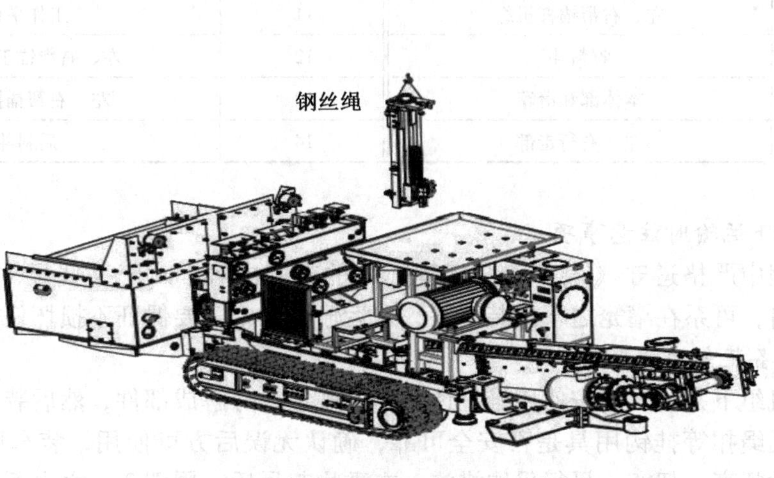

图 3－57　顶锚杆机的安装

如图 3－58 所示，用钢丝绳将左帮锚杆机组吊起，通过螺栓与帮锚连接座相连接，右帮锚杆机组安装方法相同。

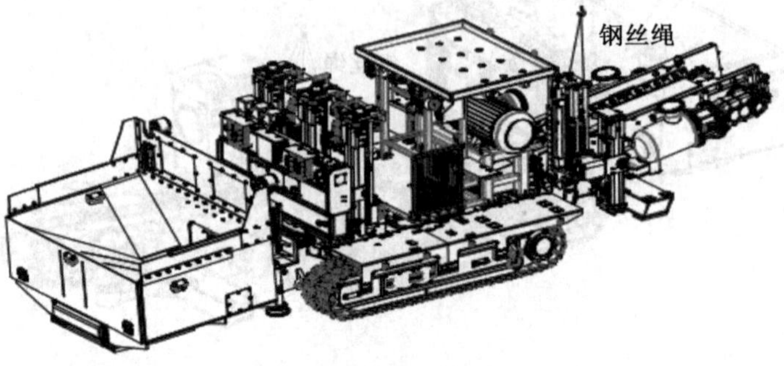

图 3－58　帮锚杆机组的安装

三、设备运输

（一）设备运输顺序

按表 3－4 所列顺序对照解体部件图从小到大依次进行，以避免在狭窄的巷道内进行不必要的部件调动。

表 3－4　井下运输顺序表

运输顺序	部件名称	运输顺序	部件名称
1	各类罩板、护栏	8	运输机
2	顶锚杆机组	9	泵站
3	电控箱	10	油箱总成
4	左、右帮锚杆机组	11	工作平台
5	收料斗	12	左、右帮锚工作平台
6	本体部和滑箱	13	左、右帮锚操作台
7	左、右行走部	14	后料斗

（二）井下运输时注意事项

运输过程中严格遵守《煤矿安全规程》中的有关内容，对于某些尺寸过大的部件，罐笼装不下时，可系在罐笼之下吊装下井，在运输过程中，要保证不损坏任何部件。

（三）设备装卸注意事项

在转载机组下井前，要按使用维护说明书的规定，分解成部件，然后装车转运，装车前先检查所用绳扣等挂钩用具是否安全可靠，确认无误后方可使用，装车后必须捆绑牢固，个别机件超高、超宽，另行采取措施，在重物起吊后，周围 3 m 之内不准人员进行其他工作，同时安排专人指挥吊车司机操作，其他人员不得乱发信号。设备车转运时，由专职人员挂钩，挂钩之前详细检查钩套、绳套是否安全、齐全，设备是否确实捆紧，确认无问题后发信号开车。水平大巷运输时，需要电机车运送，设备车上不准坐人，在运送设备时需专人护送，发现落道或其他情况，立即发停车信号。

（四）运输时各类绞车检查事项

首先检查绞车基础、基座、支腿是否安全可靠，再检查钢丝绳是否陈旧，有无断丝、断股、破损等现象，以及绞车部件是否安全。保证各按钮、手把是否灵活、可靠，经以上检查确认安全后，方可使用绞车，最后保证挂钩必须牢固可靠，司机专人，经考试合格持有操作证者方可担任。

同时，绞车司机必须注意以下几点：严格按信号开车，信号不清不准开车，严禁站在牵引侧开车，严禁放飞车，严禁边开车边板绳，开车时精力集中，随时观察钢丝绳的缠绕和绞车的运行情况，发现异常及时停车处理，发现绞车负荷突增，不可强拉，待停车检查处理完毕后，可恢复运行。最后运输之前，提前按安装程序排号转运，盘区运料巷内运送设备，必须设专人警戒，各巷口、风门、交通要道配专人警戒，保证行车不行人，保证卸车时仍可用机械牵引，使用时仍按上述要求进行，严格注意人身和设备的安全。

四、设备调整

设备组装完毕后，行走履带、刮板链条、液压系统及水系统需要进行调试后，整个设备才能够正常工作。

（一）行走履带调整

行走履带需要进行松紧调整，使行走部下边履带与履带梁的间隙符合 50 ~ 70 mm。该设备行走部的履带的松紧可由张紧装置调整，通过“履带张紧”操作阀控制油缸张紧履带，调节完毕后，装入垫片，如图 3 – 59 所示。

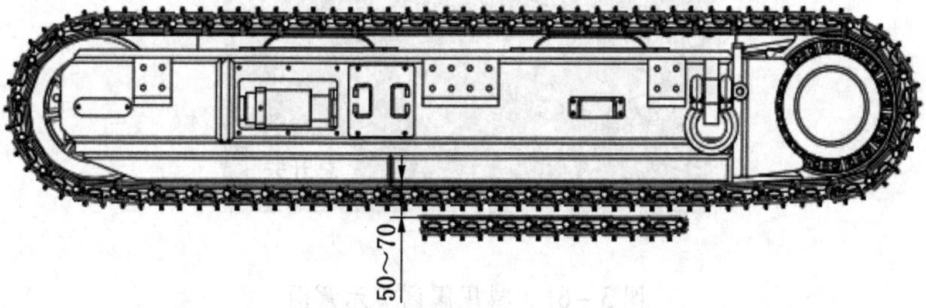

图 3 – 59　行走履带的调整

（二）运输机刮板链调整

刮板链条的松紧影响着整机的装载效率及各驱动部件的使用寿命，因此刮板链条的调整是设备在作业过程中必须要进行的操作。运输机的链条张紧要适当，张紧后要使运输机下面的链条具有约 70 mm 的下垂度，如果仍不能保证预想的效果时，则应去掉适当节数链条，再调至正常的张紧程度。通过“一运张紧”操作阀控制油缸张紧刮板链条，调节完毕后，装入垫片，如图 3 – 60 所示。

水路系统调整水路接通后，观察压力表压力值，若压力值高于 2.5 MPa，需调节减压阀，如图 3 – 61 所示。调节减压阀时，将减压阀下部保护螺帽拧开，之后调节里面的调压

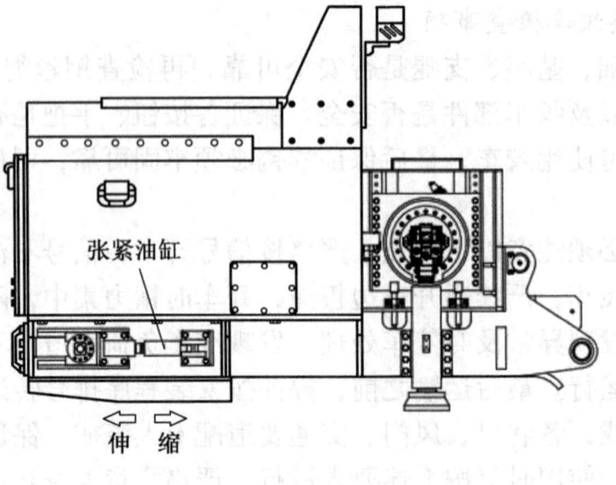

图 3-60　运输机刮板链的调整

螺钉，直到压力表压力值低于 2.5 MPa。

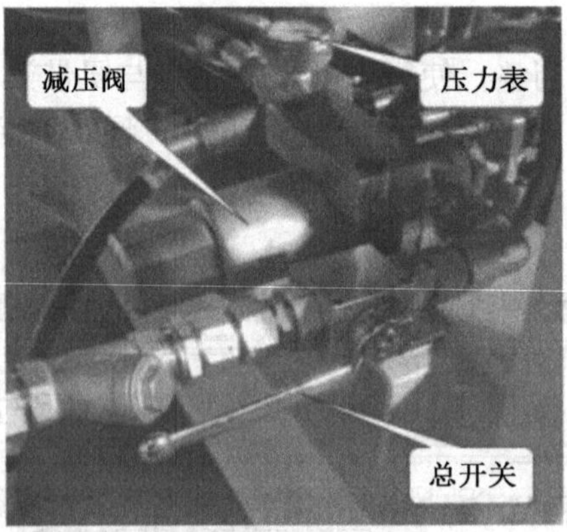

图 3-61　减压阀调节示意图

（三）安装后调试

设备组装完毕试运转时，必须对各部件的运行做必要的测试。

1. 检查电机

检查电机电缆端头连接的正确性：泵站电机工作后油泵应有压力，操作任一手柄，机器应有相应动作。

2. 检查液压系统

各管路、阀、油泵、油马达等连接处不应有漏油现象，同时对照操纵台的操作指示牌，操作每一个手柄，观察各执行组件的动作方向与指示牌所指示的方向是否一致，发现有错及时调整。

3. 检查水路系统

水路系统管路接头无泄漏，水压达到规定值，外喷雾应畅通，喷雾正常。

4. 正常操作

1）开机前检查

首先检查周围的安全情况，并且注意巷道内的环境温度、有害气体等是否符合规定，再检查各注油点油量是否合适，油质是否清洁，保证各电气结合面的螺栓齐全、牢固，确保各电缆无吊挂不良或绷得太紧，无外部损伤、漏电现象，更要充分注意不要被转载机组压住或卷入履带内，最后检查所有机械、电气系统裸露部分是否都有护罩、是否安全可靠，经过以上检查确认安全无误后，方可开机。

2）正式运行前准备工作

先按按钮使电机微动，以确定其运转方向是否正确，这一点极为重要。开机前先鸣响报警，将电机空载运行 3 min，观察各部位声响、温度是否正常，有无卡阻或异常现象。

3）正式运行

在操作手柄时，要缓慢平稳，不要用力过猛，司机要严格按照指示板操作，熟记操作方式，避免误操作而造成事故，确保非特殊情况下，尽量不要频繁点动电机。当运输机反转时，注意不要将运输机上面的块状物卷入收料斗下面，当启动泵站电机时，应首先报警，确认安全后再启动开车，保证锚杆机工作时水路畅通，以免堵塞钻杆，当机械设备和人身处于危险场合时，可直接按动紧急停止开关，此时全部电机停止运转，当油温升到 65 ℃以上时，应停止运行，检查液压系统和冷却系统，待油温下降后再开机，当冷却水温 40 ℃以上时，应停止运行，检查温升的原因。

第四章　快掘系统操作及注意事项

第一节　快掘系统设备操作

一、掘锚一体机

（一）截割滚筒

当操作员要实现截割滚筒伸出的操作时，需要同时按下 SELECT 和 DRUM EXT 键，滚筒将继续延伸，直至完全伸出或松开按键为止。在这个过程中需要注意的是，如果截割电机即将启动，滚筒将彻底展开。当操作员要实现截割滚筒缩回的操作时，需要同时按下 SELECT 和 DRUM RET 键，滚筒将继续缩回，直至完全缩回或松开按键为止。

（二）截割大臂支架

操作员在使用截割大臂执行任何移动操作前，应先轻按 BOOM ENABL 键，这样才能控制截割大臂摇杆向任何方向移动。通常，所有截割功能均能以预设的最大速率启用，但由于它们是"坡道"功能，所以在发生以下情况时控制系统会自动降低速率：①截割电机上的荷载超过最大预设值；②装载电机上的荷载超过最大预设值。

操作员按下 SHEAR UP 键会实现截割大臂支架向上切割的操作，截割大臂会移向顶板，直到达到已调整的截割上限、机械限位或者按键被释放，截割大臂会停止移动。操作员按下 SHEAR DOWN 键会实现截割大臂支架向下切割的操作，截割大臂会移向地面，直到达到已调整的截割下限、机械限位或者按键被释放，截割大臂会停止移动。同时，防碰撞系统也会阻止截割大臂继续向下移动，需要注意当向下切割功能已启动时，操作员不能使铲板向上移动。

（三）装载机构

若要提升装载台，操作员应按向上键，装载台向上功能会被激活，直到达到机械限位或者松开该按键。如果防碰撞系统阻止继续向上移动，该功能会停止，当激活了向下截割功能时，装载台向上功能将无法激活；若要降低装载台，操作员应按向下键，装载台向下功能会被激活，直到达到机械限位或直到松开该按键。若要伸出装载台，操作员应同时按下 2ND 键和旋转键，装载台将持续伸出，直至完全伸出或松开按键为止；若要缩回装载台，操作员应同时按下 2ND 键和旋转键，装载台将持续缩回，直至完全缩回或松开按键为止。

（四）输送机

按下发射器上的 SELECT 和 CONV. SYS. ON 键，可以启动输送系统，系统成功启动之后，输送机电机状态图标将变为绿色。如果在预启动期间松开其中一个或两个按钮，输送系统启动过程将被中止，并且操作员停止输送系统的信息将会被显示。需要注意的是，如需向前驱动输送系统，应先启动输送机电机，再启动装载机。

输送机反向运行时，装载电机将被锁止，并且不得同时操作装电机和输送机，要启动输送机后退功能，必须先满足一般条件和以下3个条件：①液压马达启动；②输送机后退反馈；③锚杆支护模式未激活。输送机后退功能是一项“切换与按住”功能，操作员必须同时按下发射器上的SELECT和CONV. REV. 键，才可以启动输送机反向运行，如果在预启动期间松开其中一个或两个按钮，输送机后退功能启动过程将被中止。

（五）电气系统

电气系统由主控制面板、截割电机、装载电机、液压马达、输送电机、瓦斯监测系统、声音或视觉警报器及照明系统组成。操作员启动电气系统需要有详细的程序。

1. 液压马达

1）液压马达的启动

要启动液压马达，除满足一般情况的条件外，还需满足其他一些条件，其中大多数与驱动装置有关，其他与操作要求有关。启动液压马达的条件见表4-1。

表4-1　液压马达启动条件表

序号	操作条件	序号	操作条件
1	液压马达短路未激活	6	液压油过热错误未激活
2	液压马达反馈	7	液压回路压力错误未激活
3	液压油位错误未激活	8	液压马达接地故障未激活
4	液压马达过载未激活	9	回流过滤器未堵塞
5	液压马达过热未激活	10	旁路过滤器未堵塞

同时按下发射器上的SELECT和PUMP ON键，可启动电机。如果在预启动期间松开其中一个或两个按钮，液压泵马达启动过程将被中止，并且操作员停止液压马达的信息将会被显示。在液压泵马达成功启动之后，液压泵状态图标将变为绿色。

2）液压马达的停止

按下发射器上的PUMP OFF键可停止液压马达，显示屏上将会显示操作员停止液压马达的信息。在一些情况下，液压泵也会停止，见表4-2。

表4-2　液压马达停止条件表

序号	操作条件	序号	操作条件
1	液压马达短路激活	6	液压油过热错误激活
2	液压马达无反馈	7	液压回路压力错误激活
3	液压油位错误激活	8	液压马达接地故障激活
4	液压马达过载激活	9	回流过滤器堵塞
5	液压马达过热激活	10	旁路过滤器堵塞

2. 截割电机

1）截割电机的启动

要启动截割电机，还需满足其他一些条件，其中大多数与驱动装置有关，其他则与操作要求有关，见表4-3。

表4-3 截割电机启动条件表

序号	操作条件	序号	操作条件
1	截割电机反馈	7	齿轮箱压力传感器无故障
2	截割电机短路未激活	8	截割电机断路器启动
3	齿轮箱温度传感器无故障	9	截割电机过载未激活
4	齿轮箱过热未激活	10	截割电机接地故障未激活
5	齿轮箱压力在公差范围内	11	瓦斯警报未激活
6	截割电机过热未激活		

同时按下发射器上的SELECT和CUTTER ON键，可启动电机。如果在预启动期间松开其中一个或两个按钮，截割电机启动过程将被中止，并且显示屏将会显示操作员停止截割电机的信息。截割电机成功启动之后，截割电机状态图标将变为绿色。

需要注意的是，要启动除尘器马达，需先启动液压泵马达，同时按下发射器上的SELECT和SCRUBBER ON键，可启动除尘器；按下SCRUBBER OFF键可停止除尘器电机。截割电机启动时，如果将Machine configuration菜单中的Scrubber automatic设置为Yes，除尘器马达将会自动启动。

2）截割电机的停止

按下发射器上CUTTER OFF键，可停止截割电机，并且显示屏将会显示操作员停止截割电机的信息。在一些情况下，截割电机也会停止，见表4-4。

表4-4 截割电机启动条件表

序号	操作条件	序号	操作条件
1	液压马达未启动	7	截割电机过热激活
2	截割电机无反馈	8	齿轮箱压力传感器故障
3	截割电机短路激活	9	截割电机断路器未激活
4	齿轮箱温度传感器故障	10	截割电机过载激活
5	齿轮箱过热激活	11	截割电机接地故障激活
6	齿轮箱压力未在公差范围内	12	瓦斯警报激活

需要注意，如果将Machine configuration菜单中的Scrubber automatic设置为Yes，除尘器将不会启动。

如果I＞IN的三倍持续1 s，截割电机停止，可重新启动。

如果I＞IN的三倍持续1 s，1 min内3次，截割电机停止，可在1 min延迟后重新启动。

3. 输送系统

机器上安装了以下输送机驱动装置：输送机电机、左侧装载电机和右侧装载电机。

1）输送机的启动

要启动输送机系统，除一般情况的条件外，还需满足其他一些条件，其中大多数与驱动装置有关，其他与操作要求有关，见表4－5。

表4－5 输送机启动条件表

序号	操作条件	序号	操作条件
1	液压马达启动	10	左侧装载电机短路未激活
2	输送机前进反馈	11	右侧装载电机短路未激活
3	输送机后退反馈	12	输送机电机过载未激活
4	装载电机反馈	13	左侧装载电机过载未激活
5	截割电机断路器启动	14	输送机电机短路未激活
6	输送系统断路器启动	15	右侧装载电机过载未激活
7	输送机电机接地故障未激活	16	输送机电机温度过高未激活
8	装载电机接地故障未激活	17	左侧装载电机温度过高未激活
9	右侧装载电机温度过高未激活	18	降噪未激活

同时按下发射器上的 SELECT 和 CONV. SYS. ON 键，可以启动输送系统。如果在预启动期间松开其中一个或两个按钮，输送系统启动过程将被中止，并且显示屏将会显示操作员停止输送系统的信息。输送系统成功启动之后，输送机电机状态图标将变为绿色。

需要注意，如需向前驱动输送系统，应先启动输送机电机，再启动装载机电机。输送机反向运行时，装载电机将被锁止，并且不得同时操作装载电机和输送机。要启动输送机后退功能，必须先满足一般条件和以下条件，见表4－6。

表4－6 输送机反向运行条件表

序号	操作条件	序号	操作条件
1	液压马达启动	3	锚杆支护模式未激活
2	输送机后退反馈		

输送机后退功能是一项“切换与按住”功能，操作员必须同时按下发射器上的 SELECT 和 CONV. REV. 键，才可以启动输送机反向运行，如果在预启动期间松开其中一个或两个按钮，输送机后退功能启动过程将被中止。

2）输送机的停止

操作员按下发射器上的 CONV. SYS. OFF 键，可停止输送系统，并且显示屏上将会显示操作员停止输送系统的信息。在一些情况下，输送系统也会停止，见表4－7。

表4－7 输送机停止条件表

序号	操作条件	序号	操作条件
1	液压马达未激活	10	装载电机无反馈
2	输送机前进无反馈	11	截割电机断路器未激活
3	输送机后退无反馈	12	输送系统断路器未激活
4	输送机电机接地故障激活	13	左侧装载电机短路激活
5	装载电机接地故障激活	14	右侧装载电机短路激活
6	输送机电机短路激活	15	输送机电机过载激活
7	左侧装载电机过载激活	16	左侧装载电机温度过高激活
8	右侧装载电机过载激活	17	右侧装载电机温度过高激活
9	输送机电机温度过高激活	18	降噪激活

如果 I＞IN 的三倍持续 1 s，输送系统停止，可重新启动。

如果 I＞IN 的三倍持续 1 s，1 min 内 3 次，输送系统停止，可在 1 min 延迟后重新启动。

4. 供水系统

机器上的供水系统包括高压水泵、冷却系统及水喷雾系统。

1）高压水泵

在下列情况下，高压水泵将启动：①液压马达启动；②接收到截割电机反馈；③喷水启动。

在下列情况下，高压水泵将停止：①压力过低；②流量过小；③截割电机停止。

2）冷却系统

在下列情况下，冷却系统将启动：①液压马达启动；②回流过滤器打开。如果增压泵被启动，所有电机的冷却通过 PST2 关闭，回流过滤器将通过 PST1 同时关闭。

3）水喷雾系统

水喷雾系统使用高压水来提供，包含截割滚筒后的喷水模块和左右铲板喷雾装置，喷水与截割电机同时启动。如果发生以下任意一种状况，喷水将被停止：①水流传感器故障；②水流量过小；③水压传感器故障；④水压过低。如果喷水被停止，截割电机和增压泵将立即被停止。

（六）液压系统

操作员要激活输送机向上功能时，必须同时按下 SELECT 和 CONVEYOR UP 键，可使输送机向上移动，直到达到机械限位或直到松开这两个按键。操作员要激活输送机向下功能时，必须同时按下 SELECT 和 CONVEYOR DOWN 键，可使输送机向下移动，直到达到机械限位或直到松开这两个按键。操作员要激活输送机向左功能时，必须同时按下

SELECT 和 CONVEYOR LEFT 键，可使输送机向左移动，直到达到机械限位或直到松开这两个按键。操作员要激活输送机向右功能时，必须同时按下 SELECT 和 CONVEYOR RIGHT 键，可使输送机向右移动，直到达到机械限位或直到松开这两个按键。需要注意的是，液压系统的所有操作功能只有在打开液压系统后，才能执行。

1. 铲板

当操作员按下 APRON UP 键时，铲板将向上移动，直到达到机械限位或直到松开该按键，如果防碰撞系统阻止继续向上移动，该功能会停止。同时，如果向下截割功能被启用，铲板向上功能将不能被激活。

操作员按下 APRON DOWN 键，铲板将向下移动，直到达到机械限位或直到松开该按键。操作员同时按下 SELECT 和 APRON EXT 键，铲板伸出功能将被激活，铲板将继续延伸，直至完全伸出或松开该按键为止。操作员同时按下 SELECT 和 APRON RET 键，铲板缩回功能将被激活，铲板将继续缩回，直至完全缩回或松开该按键为止。需要注意的是，在所有机器模式下，都可启动铲板功能。

2. 切割系统

在截割大臂执行任何移动操作前，应先轻按 BOOM ENABLE 键，操作员才能向任何方向移动截割大臂摇杆。

操作员按下 SHEAR UP 键，将实现截割大臂向上移动功能，截割大臂移向顶板，直到按键被释放或达到已调整的截割上限以及机械限位。操作员按下 SHEAR DOWN 键，将实现截割大臂向下移动功能，截割大臂移向地面，直到按键被释放或达到已调整的截割上限及机械限位，同时防碰撞系统也会阻止截割大臂继续向下移动，如果向下切割功能已启动，操作员不能将铲板向上移动。

3. 超控功能

若要启动超控功能，操作员必须同时按下发射器上的 SELECT 和 OVERRIDE 键。如果超控功能处于激活状态，可使截割滚筒超出其切割极限作业，并且喇叭会持续鸣响。若要停用超控功能，操作员必须同时按下发射器上的 SELECT 和 OVERRIDE 键。

4. 截割滚筒

若要实现伸出截割滚筒功能，操作员必须同时按下 SELECT 和 DRUM EXT 键，滚筒将继续延伸，直至完全伸出或松开该按键为止。需要注意的是，如果截割电机即将启动，滚筒将彻底展开。若要实现缩回截割滚筒功能，操作员必须同时按下 SELECT 和 DRUM RET 键。滚筒将继续缩回，直至完全缩回或松开该按键为止。

（七）供水系统

1. 检查供水软管

由于供水软管可能会被机器移动或岩石坠落夹住或损坏，因此持续监督对确保机器可靠运行是必不可少的，要检查供水软管，操作员应按如下方式执行操作：①检查供水软管是否无障碍物；②检查软管是否被任意机器部件夹住，务必确保机器移动时不会损坏软管。

2. 检查供水系统部件是否泄漏

操作员必须定期检查供水系统是否泄漏，以确保冷却和喷雾系统正常工作，并避免进一步损坏机器部件，要检查供水系统部件是否存在泄漏，应按如下方式执行操作：①检查供水系统所有外露软管和配件有无泄漏或损坏；②必要时维修或更换这些部件。

3. 检查供水系统的工作值

操作员必须定期检查这些工作值，以确保冷却和喷雾系统正常工作，并避免进一步损坏机器部件，要检查供水系统的工作值，应按如下方式执行操作：①启动机器；②启动截割电机，实现自动激活高压水泵；③检查压力和流量。

4. 检查除尘器供水系统的工作值

操作员必须定期检查工作值，以确保除尘系统正常工作，要检查除尘器供水系统的工作值，应按如下方式执行操作：①启动机器；②启动除尘器；③检查除尘器供水系统的压力和流量设置。

(八) 锚杆装置

在进行锚杆装置方面的工作时，操作员应该按照详细的步骤说明进行工作，具体锚杆操作如下。

1. 设置罩盖

当机器处于正确位置并开始新的切割操作时，顶棚升起时，护锚模式自动开启，液压设备会发出不同的声音，两位锚杆操作员同时通过这种方法设置顶棚或者遥控设置，从中心锚杆开始护锚，可能会要求中心锚杆的距离小于1200 mm。

2. 启动护锚操作

具体步骤如下：将护网固定到罩盖上，提升罩盖前，应确保降下架梁千斤顶，当钻机处于垂直状态时，提升罩盖将垫板插入顶板孔腔内，将架梁千斤顶升至顶板，稍微降低一台钻机的架梁千斤顶并插入钢钻杆，确定护网上的孔位，并将架梁千斤顶完全升起，启动钻机自动开始钻凿旋转，然后用水冲洗，如有必要，可稍微启动孔口钻凿掘进，启动掘进保持杆钻机将完成钻孔操作，复位开关会触发冲击锚杆，启动后会导致水冲洗停止，然后旋转停止，操纵杆回到中速进行向下掘进，以将钻头降至合适的工作高度。从卡盘中取出钎杆并将其插入台车，将树脂滤芯和锚杆插入钻孔，固定台车上的螺母，拉动快速掘进和钻凿手柄将锚杆向上推进钻孔，并按照推荐时间进行旋转钻进，按照推荐的设定时间等待，直到化学激活钻拧紧螺母，使用向下掘进降低钻头，退回钻杆导轨并倾斜钻机平台到垂直停驻位置，按照顶板锚杆所需的进尺，进行相同的操作，降低顶棚。

3. 缩回顶棚

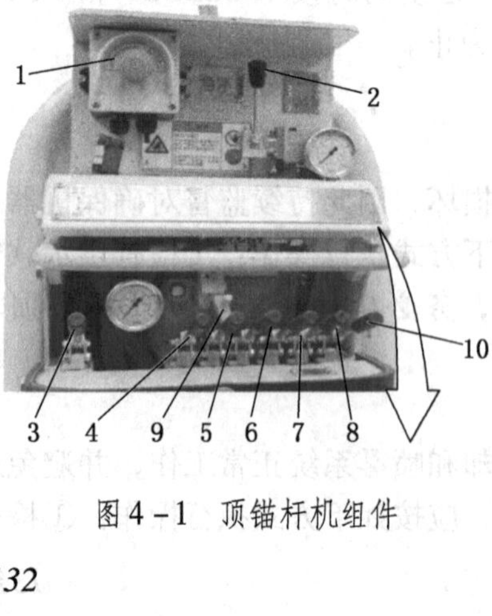

图 4－1　顶锚杆机组件

允许降下顶棚前，左右两侧的锚杆机操作员必须按下 BOLTING COMPLETE 护锚结束按钮，一旦按下两侧的 BOLTING COMPLETE 按钮，操作员便可通过上述步骤或远程控制降下顶棚，顶棚下降至少 2 s 后，机器自动切换至空挡模式，此时可正常启用行走，可激活遥控器上的行走启用按键。

在罩盖上方固定另一个锚网支撑架，确保将该护网置于托架中部，需要注意的是，操纵杆按至中间位置时，会立即停止所有自动功能，液压系统无压时，所有操纵杆就会返回并停留到中间位置，这样可避免机器意外启动。顶锚杆机组件如图 4－1 所示。

操作员在进行顶锚杆机的操作时，要严格按照操作说明，不同的按钮会引起顶锚杆机不同的操作。顶锚杆机的控制与功能说明见表4－8。

表4－8　顶锚杆机的控制与功能

操纵杆	功　能
1	一旦发生危险，请按下 EMERGENCY－STOP 按钮
2	使用此操纵杆可激活锚杆机控制箱，如果在数秒后没有使用锚杆机阀的任何功能，该阀会再次进入无压状态，否则将会执行锚杆机的全部功能，接通阀旁的压力表可指示锚杆机控制箱是否启用
3	使用此操纵杆控制钻机马达左右旋转 使用定位凹槽功能可以将钻机马达固定在一个特定位置上
4	使用此操纵杆可收缩或伸展钻机马达 使用定位凹槽功能可以将钻机马达固定在一个特定位置上
5	使用此操纵杆可收缩或伸展锚杆进给
6	使用此操纵杆可收缩或伸展中心伸展部
7	使用此操纵杆可向左或向右倾斜顶锚杆机
8	使用此操纵杆可向前或向后倾斜顶锚杆机
9	使用此操纵杆可防止意外冲击钻杆，如果将操纵杆置于图4－6所示位置，则不会再冲击钻杆，钻机马达运行过程中会自动冲击
10	使用此操纵杆可激活夹锚器

帮锚杆机的控制分为左侧与右侧控制，左侧帮锚杆支护组件如图4－2所示。

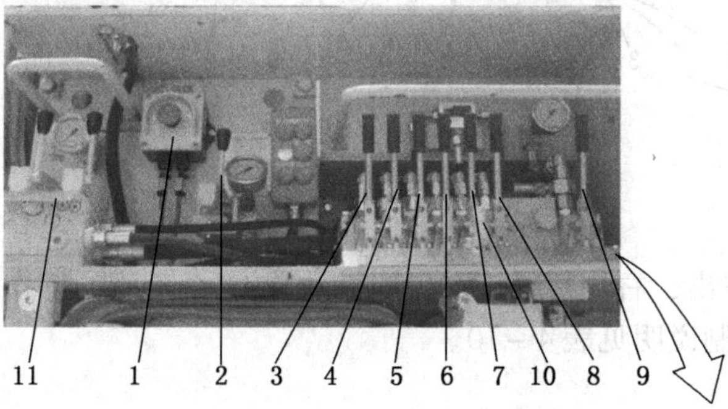

图4－2　左侧帮锚杆支护组件

根据图4－2可看出，左侧帮锚杆支护共有11个不同的操作杆，每个操作杆对应不同的功能，具体控制说明见表4－9。

表4-9　左侧帮锚杆支护控制说明表

操纵杆	功　能
1	一旦发生危险，请按下 EMERGENCY - STOP 按钮
2	使用此操纵杆可激活锚杆机控制箱，如果在数秒后没有使用锚杆机阀的任何功能，该阀会再次进入无压状态，否则将会执行锚杆机的全部功能，接通阀旁的压力表可指示锚杆机控制箱是否启用
3	使用此操纵杆可收缩伸展左侧工作平台
4	使用此操纵杆可向上和向下移动左侧帮锚杆机
5	使用此操纵杆可向上和向下倾斜左侧帮锚杆机
6	使用此操纵杆可收缩伸展中心伸展部
7	使用此操纵杆可收缩或伸展锚杆进给
8	使用此操纵杆可收缩或伸展钻机马达 使用定位凹槽功能可以将钻机马达固定在一个特定位置上
9	使用此操纵杆控制钻机马达左右旋转 使用定位凹槽功能可以将钻机马达固定在一个特定位置上
10	使用此操纵杆可防止意外冲击钻杆，如果将操纵杆置于图4-7所示位置，则不会再冲击钻杆，钻机马达运行过程中会自动冲击
11	附属控件

右侧帮锚杆支护组件如图4-3所示。

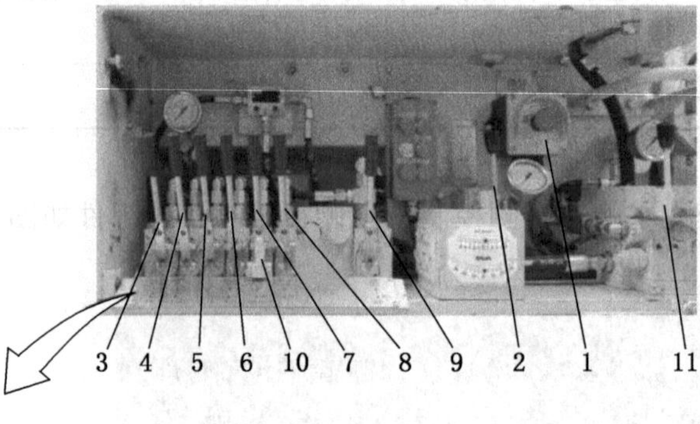

图4-3　右侧帮锚杆支护组件

根据图4-3可看出，右侧帮锚杆支护同样共有11个不同的操作杆，每个操作杆对应不同的功能，具体控制说明见表4-10。

表4-10　右侧帮锚杆支护控制说明表

操纵杆	功　能
1	一旦发生危险，请按下 EMERGENCY - STOP 按钮
2	使用此操纵杆可激活锚杆机控制箱，如果在数秒后没有使用锚杆机阀的任何功能，该阀会再次进入无压状态，否则将会执行锚杆机的全部功能，接通阀旁的压力表可指示锚杆机控制箱是否启用

表4-10（续）

操纵杆	功　能
3	使用此操纵杆可缩回或伸展右平台
4	使用此操纵杆可向上和向下移动帮锚杆机
5	使用此操纵杆可向上和向下倾斜帮锚杆机
6	使用此操纵杆可收缩或伸展中心伸展部
7	使用此操纵杆可收缩或伸展锚杆进给
8	使用此操纵杆可收缩或伸展钻机马达 使用定位凹槽功能可以将钻机马达固定在一个特定位置上
9	使用此操纵杆控制钻机马达左右旋转 使用定位凹槽功能可以将钻机马达固定在一个特定位置上
10	使用此操纵杆可防止意外冲击钻杆 如果将操纵杆置于图4-3所示位置，则不会再冲击钻杆，钻机马达运行过程中会自动冲击
11	附属控件

二、锚杆转载机

（一）电气元件基本操作

1. 启动和停止油泵电机、运输机电机

1）启停

电机启动有近控和远控两种模式：近控为电控箱上的按钮启动，远控为本安操作箱启动。

（1）油泵电机的启停：近控通过电控箱控制电机启停，启动前，必须打信号，按“警铃”按钮，电铃鸣响，最长持续打铃10 s，电铃鸣响6~10 s后，允许启动油泵电机。按下“油泵启动”按钮，油泵电机启动，电铃停止鸣响；按下“油泵停止”按钮，油泵电机停止。如电铃鸣响10 s后，需重新打信号，重复上面流程才能启动油泵电机。远控通过操作箱控制电机启停，启动前，必须打信号，按“警铃”按钮，电铃鸣响，最长持续打铃10 s，电铃鸣响6~10 s后，允许启动油泵电机。按下“油泵启动”按钮，油泵电机启动，电铃停止鸣响；按下“油泵停止”按钮，油泵电机停止。如电铃鸣响10 s后，需重新打信号，重复上面流程才能启动油泵电机。

（2）运输电机的启停：油泵电机启动后，才能启动运输电机，油泵电机停止时，输运电机也停止。近控通过电控箱控制电机启停，按下“运输正转”运输电机正转方向启动，按下“运输反转”运输电机反转方向启动，按下“运输停止”运输电机停止。远控通过操作箱控制电机启停，按下“运输正转”运输电机正转方向启动，按下“运输反转”运输电机反转方向启动，按下“运输停止”运输电机停止。

2）急停

按下急停按钮，油泵电机和运输电机同时停止，急停按钮为自锁型，按下后自锁，若要解锁必须按照急停按钮提示的方向旋转按钮头部进行解锁。急停按钮解锁后，按下电控箱或操作箱的复位键，才可重新启动油泵和运输电机。需要注意的是，启动前需检查泵站电机及运输机电机旋向，在锚杆转载机组工作时，如遇紧急事件，立即按下就近的急停按钮，停止油泵电机和运输电机，并酌情切断整车电源，待故障排除后再启动电机。

2. 灯光

电控箱送电后，照明灯的状态为前灯、后灯及平台照明均为白光，倒车时，前灯呈红光，后灯呈白光；向前行车时，前灯呈白光，后灯呈红光。需要注意的是，白光为照明，红光为警示。

倒车报警装置为隔爆兼本安型声光语音报警器，发光二极管信号显示电路为本质安全型电路。设备倒车前，按操作箱或电控箱的“倒车预警”按钮，语音报警器播放语音“倒车请注意”三遍进行预警。按一下按钮，语音播放三遍，设备实际倒车时，压力传感器一直检测倒车回路压力，倒车动作播放语音“倒车请注意”。

向前行车和平台升降与倒车类似，向前行走时按“前进预警”按钮，播放语音“车辆行进请注意”，平台升降时按“平台升降预警”按钮，播放语音“平台升降请注意”。

（二）各工作机构及液压元件的基本操作

1. 整车操作模式

根据切换阀切换位置的不同，整车操作可分为三种模式，即行走模式、锚钻模式和维修模式。整车切换阀共有四处，中部操作台“主阀 1”处的“行走或锚钻切换阀”如图 4 -4 所示。

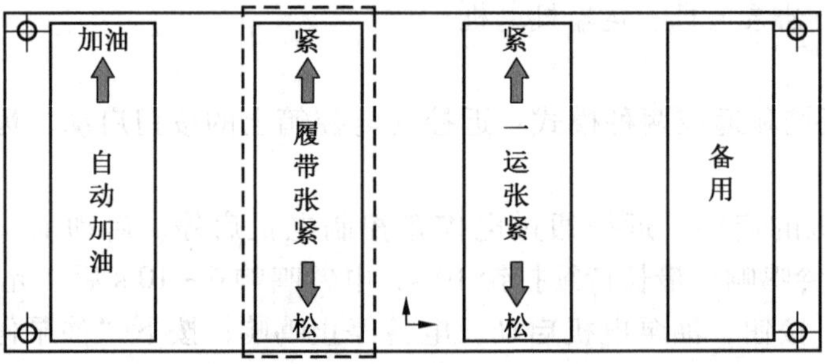

图 4 -4　中部操作台“主阀 1”处的“行走或锚钻切换阀”

中部操作台的“支腿或工作切换阀”如图 4 -5 所示。

帮锚杆钻机操作台处的两组“行走或锚钻切换阀”如图 4 -6 所示。

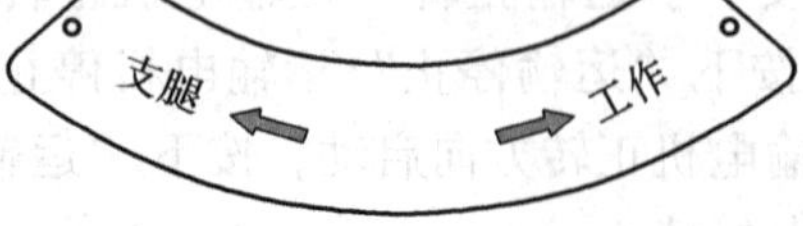

图 4 -5　中部操作台的“支腿或工作切换阀”

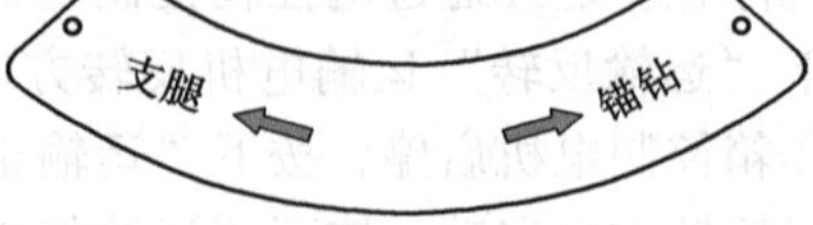

图 4 -6　帮锚杆钻机操作台处的“行走或锚钻切换阀”

现以切换阀所处不同切换位置介绍3种操作模式。

1）行走模式

将中部操作台“行走或锚钻切换阀”扳至“行走”位置，“支腿或工作切换阀”扳至“工作”位置，帮锚杆钻机操作台两组“行走或锚钻切换阀”均扳至“行走”位置，行走模式切换成功。在行走模式下，中部操作台“主阀1”处的“右行走部”“左行走部”两片阀动作有效，辅助操作台处阀组动作有效，除此之外，其他阀组动作均失效。

2）锚钻模式

将中部操作台“行走或锚钻切换阀”扳至“锚钻”位置，“支腿或工作切换阀”扳至“工作”位置，帮锚杆钻机操作台两组“行走或锚钻切换阀”均扳至锚钻位置，锚钻模式切换成功。在锚钻模式下，中部操作台“主阀1”处的“右行走部”“左行走部”两片阀动作失效；“主阀3”处的“前支腿”“后支腿”两片阀动作失效。除此之外，其他阀组动作均有效。

3）维修模式

将中部操作台“支腿或工作切换阀”扳至“支腿”位置，维修模式切换成功，在维修模式下，中部操作台“主阀3”处的“前支腿”“后支腿”两片阀动作有效，除此之外，其他阀组动作均失效。

2. 整车操作顺序

启动油泵电机，与其相连接的柱塞泵随之启动，供给液压油，切换至“行走模式”，此时，可根据掘锚机作业位置将锚杆转载机组行走至指定位置。另外，可根据巷道高度，切换至“锚钻模式”，调整升降平台，使升降平台的位置满足操作人员的作业需要，在工作平台调整完毕后，须将平台两侧的伸缩平台展开，以方便操作人员的作业。需要注意的是，升降平台调整好后，不可随意进行平台升降操作，以防发生事故。

上述动作操作完成后，先开启破碎机，再启动运输电机，之后可通知掘锚机开始工作。需要注意的是，破碎机、运输电机启动顺序不可颠倒，以防大块物料卡住；停机时要先关闭运输电机，再关闭破碎机。锚杆转载机组转运物料的同时，即可开始顶锚杆锚索、帮锚杆钻孔及支护作业，两侧帮及顶部作业可根据各自的完成速度及掘锚机作业情况，通过移动整机变换作业位置。锚杆转载机组每班完成全部作业后，各机构要收回原位。需要注意的是控制钻孔进给速度非常重要，速度过快易使钻杆折断。

3. 行走机构操作

在“行走模式”下，锚杆转载机组的行走由中部操作台“主阀1”处“右行走部”“左行走部”两片先导阀，如图4－7所示。

第一联阀控制右侧行走，第二联阀控制左侧行走，将两联阀先导手柄同时向上推动，即实现锚杆转载机组前行，将两联阀先导手柄同时向下推动，整机向后退。当操作设备进行转弯时，要根据弯道的转向及角度，将一联阀先导手柄向上推的同时向下推另一联阀先导手柄。

需要注意的是，非特殊情况，尽量不要操作一片换向阀来实现机器转弯。

1）行走速度控制

当设备进行行走操作时，可根据实际情况进行高速、低速切换，通过操作“中部操作台”上的“高或低速切换阀”来实现，如图4－8所示。

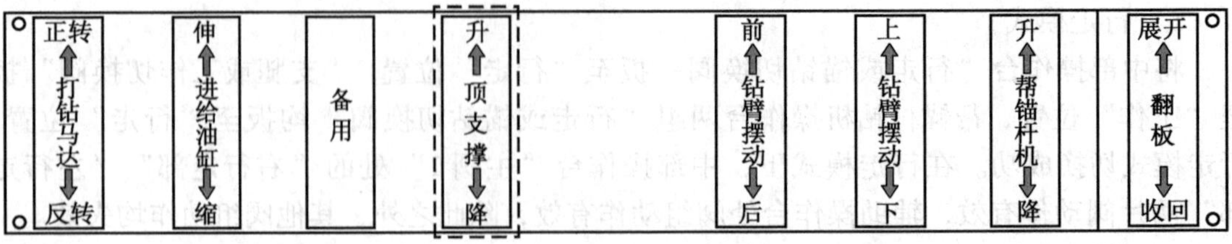

图 4－7　中部操作台“主阀 1”处“右行走部”“左行走部”

图 4－8　中部操作台上的高或低速切换阀

2）履带张紧操作

履带张紧由“辅助操作台”主阀处一片阀片来控制，如图 4－9 所示。

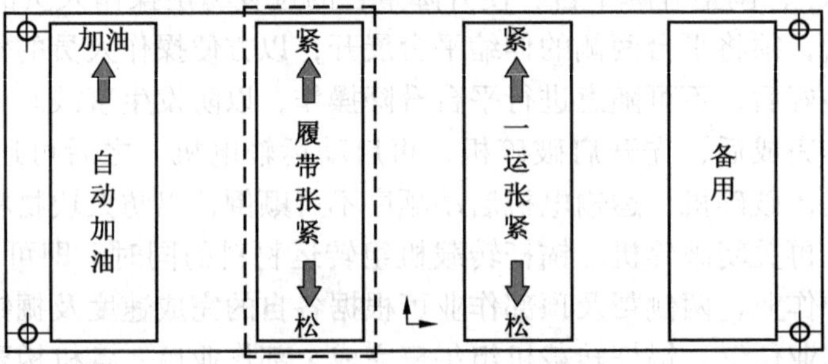

图 4－9　辅助操作台

将控制履带张紧油缸的操作阀手柄向上推，履带张紧，操作阀手柄向下推，履带放松，中间位置，履带张紧油缸不进行操作。需要注意的是，在此项操作过程中，左右履带不应在过渡张紧情况下使用，在张紧履带后一定要垫入厚度合适的垫块，以保证张紧油缸泄压后履带处于合理的张紧度，操作阀手柄向前推、向后拉时应间断进行，切不可压住不放。

4. 打钻机构控制操作

锚杆转载机组共有 5 台打钻机构，其位置调整及推进机构的动作分别由换向阀组来控制，具体动作如下。

帮锚杆钻机：钻机前后摆动、钻机升降、钻机上下摆动。

顶锚杆钻机：钻机横向移动、钻机前后摆动、钻机左右摆动。

1）帮锚杆钻机操作

将控制钻机摆动油缸的操作阀手柄向上推，可实现钻机前后摆动操作，钻机在油缸作用下向前摆动，操作阀手柄向下推，则向后摆动，操作阀手柄回中间位置，钻机停止动作。

将控制钻机升降油缸的操作阀手柄向上推，可实现钻机升降操作，钻机在油缸作用下向上升起，操作阀手柄向下推，则向下降落，操作阀手柄回中间位置，钻机停止动作。

将控制钻机回转油缸的操作阀手柄向上推，可实现钻机上下摆动操作，整个钻机在油缸作用下向上摆动，操作阀手柄向下推，则向下摆动，操作阀手柄回中间位置，钻机停止动作。以上动作通过操作“帮锚杆钻机操作台”主阀来实现，如图 4－10 所示。

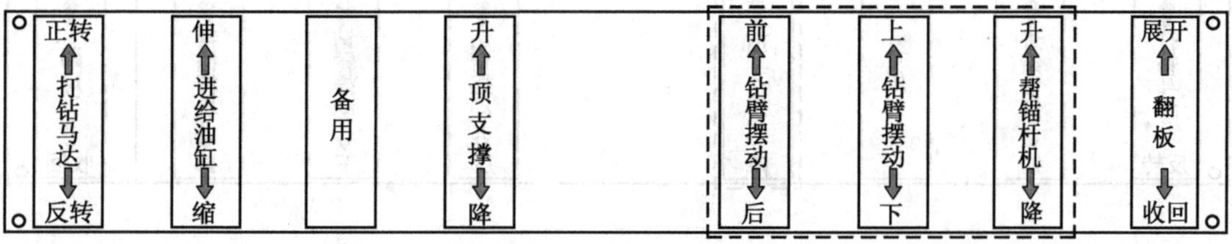

图 4－10　帮锚杆钻机操作台

2）顶锚杆钻机操作

将控制顶锚杆钻机伸缩油缸的操作阀手柄向上推，顶锚杆钻机在伸缩油缸作用下向外伸出，操作阀手柄向下推，则向内缩回，操作阀手柄回中间位置，伸缩动作停止。

将控制前后摆动油缸的操作阀手柄向上推，通过油缸动作，带动钻机向前倾斜，操作阀手柄向下推，钻机向后返回垂直位置，操作阀手柄回中间位置，推进机构停止动作，向前摆动角度约 6°。

将控制前后左右油缸的操作阀手柄向上推，通过油缸动作，带动钻机向左倾斜，操作阀手柄向下推，钻机向右倾斜，操作阀手柄回中间位置，推进机构停止动作，左右摆动角度各为 15°。以上动作通过操作“顶锚杆钻机操作台”下部阀组来实现，如图 4－11 所示。

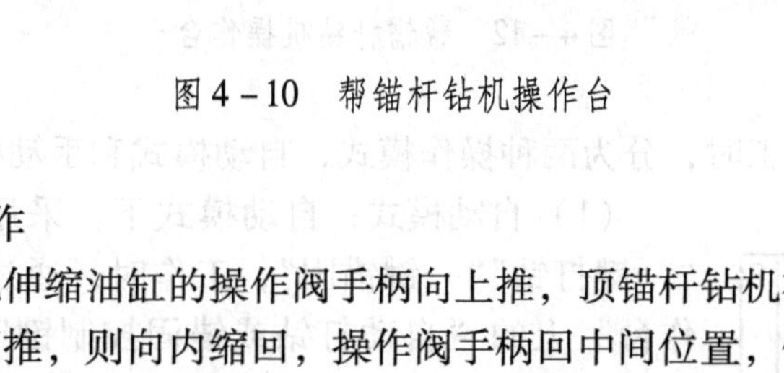

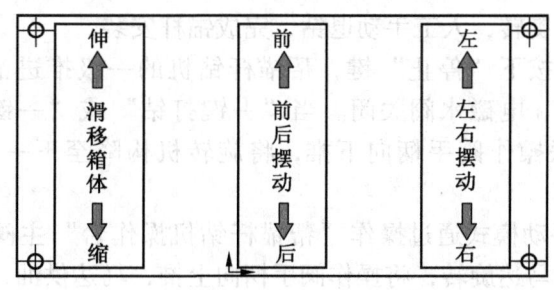

图 4－11　顶锚杆钻机操作台

钻机收放时，操作员要确认钻臂位置无人且无杂物，并缓慢旋转，确保钻臂不触地。

5. 打钻机构作业操作

1）帮锚杆钻机

在进行帮锚钻机施工之前，需要先将帮锚杆钻机操作台上的水球阀打开，使旋转机构通水，帮锚钻进施工结束，且钻杆均已退出钻孔之后再关闭水球阀。在钻孔作业前，应首先操纵顶支撑机构，将支撑板压紧侧帮后再开始钻孔作业，支撑油缸的控制通过手柄操作，将控制支撑油缸的操作阀手柄向上推，支撑油缸工作，带动支撑机构前顶，操作阀手柄向下推，支撑机构收回，操作阀手柄回到中间位置则停止动作。

以上动作通过操作“帮锚杆钻机操作台”主阀来实现，如图 4－12 所示。

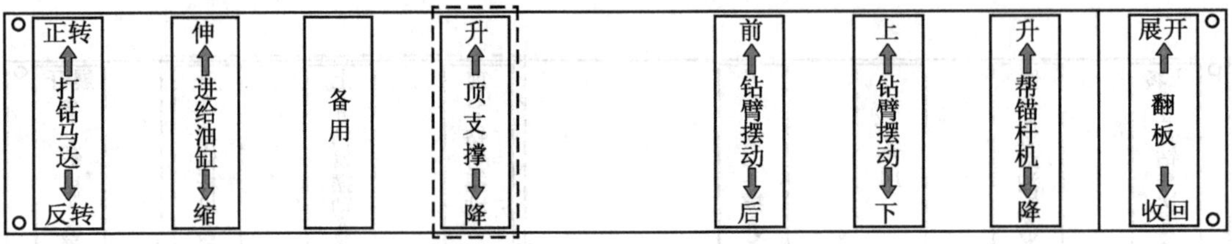

图 4－12　帮锚杆钻机操作台

帮锚杆钻机钻孔施工时，分为两种操作模式，自动模式和手动模式。

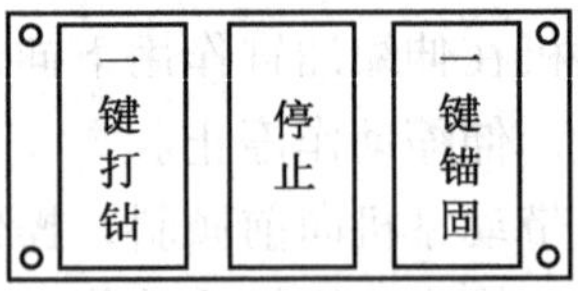

图 4－13　自动打钻或锚固控制键

（1）自动模式：自动模式下，采用电液控制，轻松实现“一键打钻”“一键锚固”，工作时，通过操作“帮锚杆钻机操作台”上的“自动打钻或锚固控制键”来实现，如图 4－13 所示。

当操作员进行一键打钻的工作时，按下“一键打钻”键，电磁水阀打开通水，帮锚杆钻机的一级推进油缸、二级推进油缸、钻孔马达同时动作，进行钻孔施工。当行至终点时，行程开关与顶支撑处的限位块相碰撞，帮锚杆钻机的一级推进油缸、二级推进油缸、钻孔马达同时停止动作，电磁水阀关闭。

一键锚固需要人工装药，上锚杆，人工快速推进至自动搅拌位置，按下“一键锚固”键同时人工低速推进，马达先快速旋转，后延时几秒，再低速旋转时间可调，当扭矩达到设定值以后，马达停止旋转，人工手动退钻，完成锚杆安装。

当遇到突发情况，按下“停止”键，帮锚杆钻机的一级推进油缸、二级推进油缸、钻孔马达同时停止动作，电磁水阀关闭。当“一键打钻”或“一键锚固”工作停止后，将主阀“进给油缸”联操作阀手柄向下推，将旋转机构降至下一步工作所需位置，如图 4－14 所示。

（2）手动模式：手动模式通过操作“帮锚杆钻机操作台”主阀来实现，如图 4－15 所示。第一联控制打钻马达旋转，将操作阀手柄向上推，马达供油，钻杆按顺时针方向旋转，操作阀手柄向下推，则按逆时针方向旋转，中间位置则停止动作。

第二联控制一级油缸和二级油缸的进给，将操作阀手柄向上推，一级油缸、二级油缸

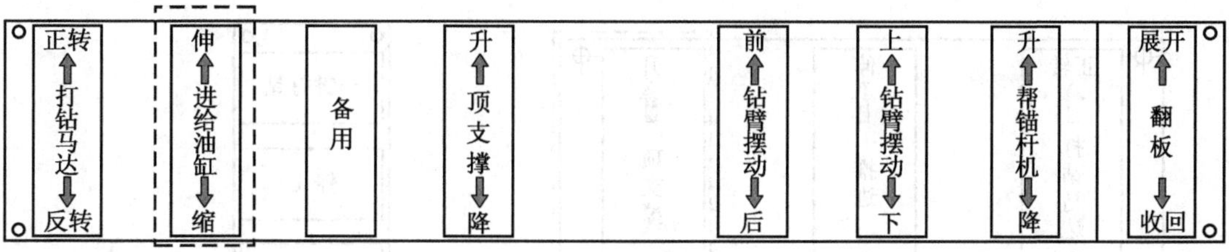

图 4-14　进给油缸操作

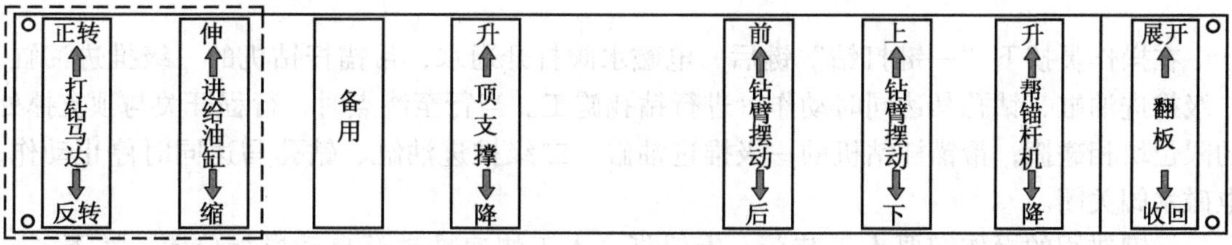

图 4-15　切换手动模式

工作，带动旋转机构沿推进机构滑道向上升起，操作阀手柄向下推，油缸回落，并带动旋转机构沿滑道下降，操作阀手柄回到中间位置则停止动作。

值得注意的是，操作钻臂伸缩一定要缓慢，要随时观察，确保钻臂不与其他碰撞，在收缩钻臂时，一定要将钻机伸出的部分全部收回，避免在行进过程中发生剐蹭。

2）顶锚杆钻机

在进行顶锚钻进施工之前，需要先将顶锚杆钻机操作台上的水球阀打开，使旋转机构通水，顶锚钻进施工结束，且钻杆均已退出钻孔之后再关闭水球阀。另外，还要根据工作平台的高度调节“顶锚杆钻机操作台”位置，通过操作“顶锚杆钻机操作台”上的操作台升降阀来实现，如图 4-16 所示。

图 4-16　操作台升降

在钻孔作业前，应首先操纵顶支撑机构，将支撑板压紧顶板后再开始钻孔作业，支撑油缸的控制通过手柄操作，将控制支撑油缸的操作阀手柄向上推，支撑油缸工作，带动支撑机构前顶，操作阀手柄向下推，支撑机构收回，操作阀手柄回到中间位置则停止动作。

以上动作通过操作“顶锚杆钻机操作台”中部阀组来实现，如图 4-17 所示。

顶锚杆钻机钻孔施工时，分为两种操作模式：自动模式和手动模式。

（1）自动模式：自动模式下，采用电液控制，轻松实现“一键打钻”“一键锚固”，工作时，通过操作“顶锚杆钻机操作台”上的“自动打钻或锚固控制键”来实现，如图 4-18 所示。

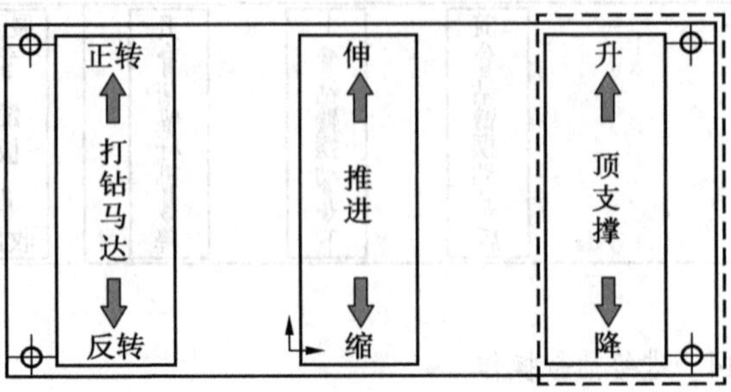

图 4－17　中部阀组

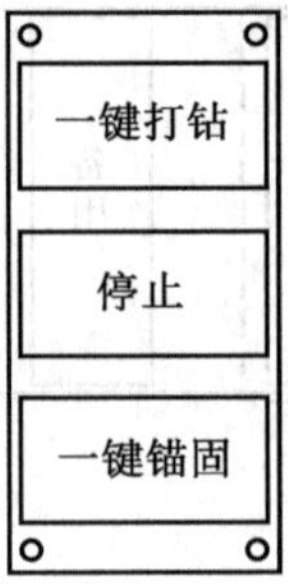

图 4－18　自动打钻或锚固控制键

在操作员按下“一键打钻”键后，电磁水阀打开通水，帮锚杆钻机的一级推进油缸、二级推进油缸、钻孔马达同时动作，进行钻孔施工。当行至终点时，行程开关与顶支撑处的限位块相碰撞，帮锚杆钻机的一级推进油缸、二级推进油缸、钻孔马达同时停止动作，电磁水阀关闭。

一键锚固的操作需要人工装药，上锚杆，人工快速推进至自动搅拌位置，按下“一键锚固”键，马达先快速旋转，后延时几秒，再低速旋转，当扭矩达到设定值以后，马达停止旋转，人工手动退钻，完成锚杆安装。

当遇到突发情况，按下“停止”键，帮锚杆钻机的一级推进油缸、二级推进油缸、钻孔马达同时停止动作，电磁水阀关闭。在“一键打钻”或“一键锚固”工作停止后，将中部阀组“推进”联操作阀手柄向下推，将旋转机构降至下一步工作所需位置，如图 4－19 所示。

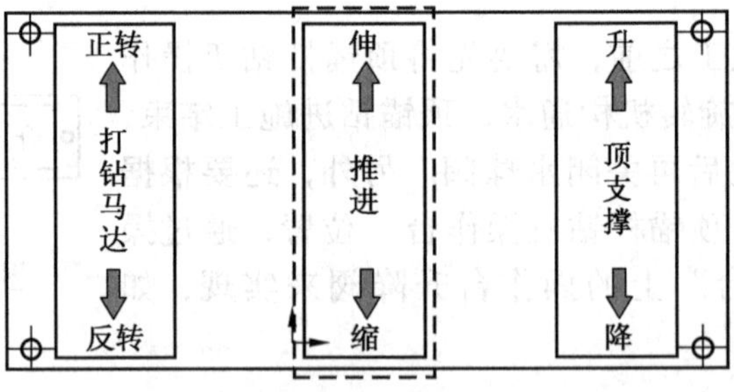

图 4－19　中部阀组“推进”

（2）手动模式：手动模式通过操作“顶锚杆钻机操作台”中部阀组中来实现，如图 4－20 所示。

第一联控制打钻马达旋转，将操作阀手柄向上推，马达供油，钻杆按顺时针方向旋转，操作阀手柄向下推，则按逆时针方向旋转，中间位置则停止动作。第二联控制一级油缸和二级油缸的进给，将操作阀手柄向上推，一级油缸、二级油缸工作，带动旋转机构沿推进机构滑道向上升起；操作阀手柄向下推，油缸回落，并带动旋转机构沿滑道下降，操

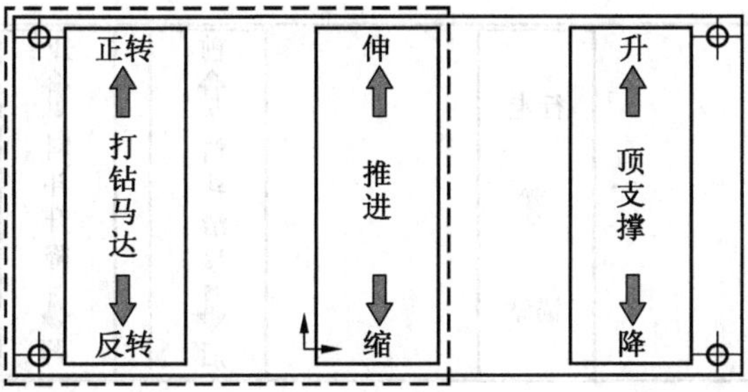

图 4-20　切换手动模式

作阀手柄回到中间位置则停止动作。

6. 破碎机操作

将破碎机先导阀手柄向上推，碎机沿运输机方向向后旋转；将破碎机先导阀手柄复位，碎机则停止动作。以上动作通过操作“中部操作台”的“主阀 3”来实现，如图 4-21 所示。

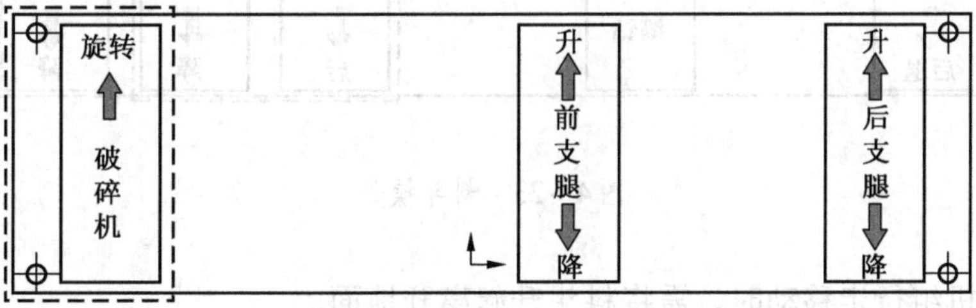

图 4-21　中部操作台的主阀 3

7. 辅助操作

1）平台升降操作

将工作平台升降油缸的两个先导阀手柄同时向上推，平台向上升起，先导阀手柄同时向后推，平台落下，先导阀手柄回到中间位置则停止动作，以上动作通过操作“中部操作台”的“主阀 1”来实现，如图 4-22 所示。

需要注意的是，因平台上下升降是由两个操作阀手柄控制，所以在操作两操作阀手柄时一定要观察平台升降是否前后一致，如果不一致，可通过两操作阀手柄的配合实现匀速、同时、平稳运动。

2）料斗操作

将料斗滑移先导阀手柄向上推，料斗伸缩斗伸出，先导阀手柄向下推，伸缩斗收回，先导阀手柄回到中间位置则停止动作。将料斗升降先导阀手柄向上推，料斗升起；先导阀手柄向下推，料斗下降，先导阀手柄回到中间位置则停止动作，以上动作通过操作“中部操作台”的“主阀 1”来实现，如图 4-23 所示。

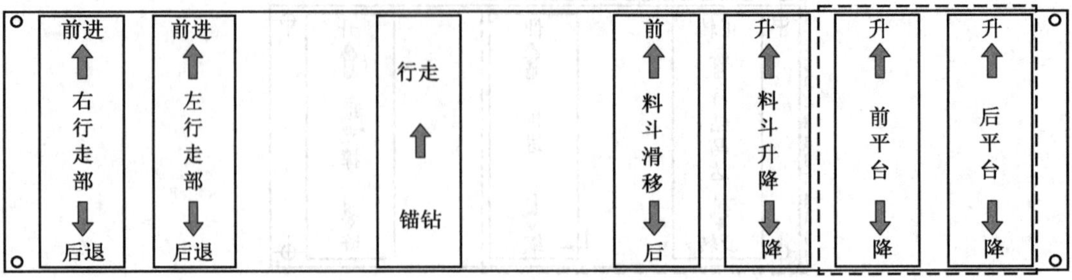

图 4-22　平台升降操作

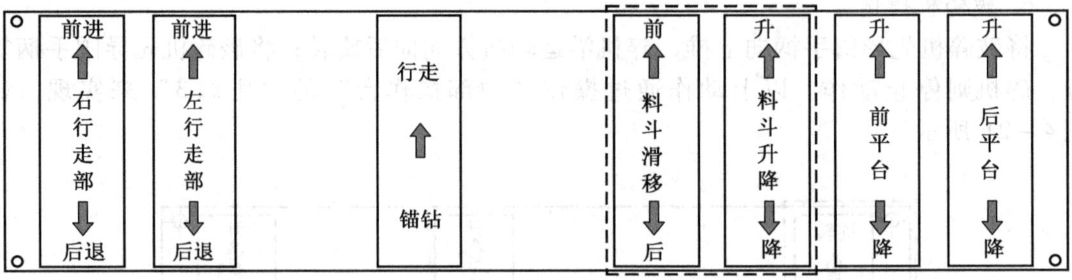

图 4-23　料斗操作

锚杆转载机组行走移动时，需将料斗升起离开地面。

3）支腿伸缩操作

此处操作需在“维修模式”下进行，将支腿油缸的两个先导阀手柄同时向上推，支腿伸出，先导阀手柄同时向下推，支腿收回，先导阀手柄回到中间位置则停止动作，以上动作通过操作“中部操作台”的“主阀 3”来实现，如图 4-24 所示。

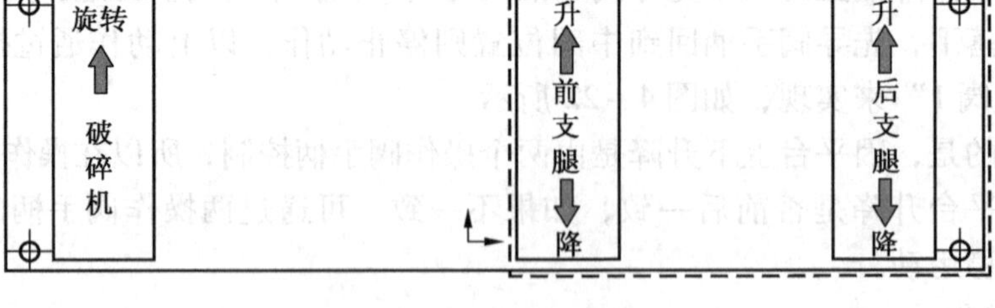

图 4-24　支腿伸缩操作

需要注意的是，因支腿油缸是由两个操作阀手柄控制的，所以在操作两操作阀手柄时一定要观察机身升降是否前后一致，如果不一致，可通过两操作阀手柄的配合实现机身平稳抬升。

4）翻板操作

将右翻板的先导阀手柄向上推，平台右侧翻板展开，先导手柄向下推，翻板收回，先导手柄回到中间位置则停止动作。将左翻板的先导阀手柄向上推，平台左侧翻板展开，先导手柄向下推，翻板收回，先导手柄回到中间位置则停止动作。以上动作通过操作“中部操作台”的“主阀2”来实现，如图4－25所示。

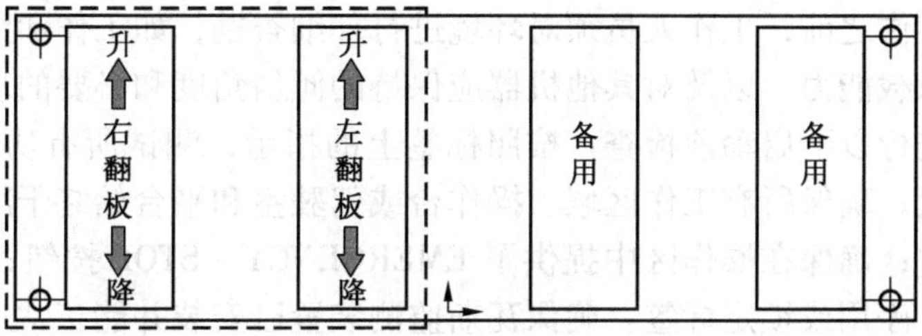

图4－25　翻板操作

需要注意的是，在操作翻板的先导手柄时，一定要确定翻板上方无人与杂物，以防发生事故。

5）其他操作阀与按钮

料斗后两侧各1个急停按钮；每个顶锚杆钻机操作台各1个急停按钮；每个帮锚杆钻机操作台各1个急停按钮；中部操作台1个急停按钮；辅助操作台设有自动加油阀组。

第二节　快掘系统安全注意事项

一、掘锚一体机安全注意事项

（一）运输过程中的安全注意事项

在将机器运输到矿井或在矿井内运输时，需要将机器拆卸成若干运输单元。机器投入使用前，运输时应遵照如下安全规定。

部件必须与起重设备牢固连接；可使用适当的、技术完善且有足够承载能力的起重设备；必须由受过培训且经验丰富的人员进行运输和交付；使用必要的个人防护装备；需提前仔细安排运输时间，以便能安全地运送机器；务必选择最安全的运输方式；记住要检查机器尺寸，以避免潜在的危险；安排运输线路前，务必测量运输装箱的高度和宽度；仅使用具有所需运输能力的车辆；当将机器运到运输平台或车辆上时借助适当的辅助设施（如斜坡等）；确保机器在运输平台或车辆上处于平衡状态，不得超过限定的倾角；确保机器处于运输状态；为避免安全危险，使用拉带或锁链将机器固定在平台或车辆上，使其在运输过程中不能移位；如果需要吊装机器，请按吊装说明执行；运输前确保已获得所有的所需的许可证、通行证和各种放行文件；始终遵守相应的国家及地方关于重型机器运输的相关规定；如果使用起吊点，切勿手动运输通风管道部件。使用适当的起吊设备。

（二）操作中的安全事项

1. 启动前检查

在启动机器前，在开始和班次轮换时，必须检测机器是否能正确操作，操作员须按照有关矿井管理法规履行上述检查，确保机器安全运行。最重要的是，只在安全和良好的运行状态操作机器，除非所有的保护和安全装置已配备且工作正常，否则不得将机器投入运行。在启动机器前，操作人员必须向站在危险区域内的所有人员发出警告，机器启动之前，确保无人进入危险区域。

在开始任何工作之前，工作人员须对环境进行仔细查勘，如工作和穿越区域中的任何障碍物、地层的承载能力，以及对其他机器应保持的倾斜角度和必要的现场保护措施。启动机器前，必须进行以下启动前检查：按照标签上的指示，测试所有功能是否正常运行；检查所有速度设置；确保所有工作区域、操作台或驾驶室和平台始终干净整洁；确保良好的通风和采光条件；确保在操作区中提供了 EMERGENCY - STOP 按钮；检查主控制面板是否有任何危险、停用或锁定标签。确保瓦斯监测装置已安装并能正常运行；确保喷雾系统已打开并能正常运行。确保液压泵的旋转方向正确；确保高压水泵的旋转方向正确。检查机器部件或防护罩是否松动、损坏或缺失；检查机械部件是否损坏及可见紧固件是否牢固；目视检查所有软管和接头是否泄漏，运行机器前，需确保更换所有已损坏的部件；目视检查所有照明设备是否损坏，运行机器前，需确保更换所有已损坏的部件。检查液压油油位；检查外壳、滤网、按钮和控制开关是否损坏及功能是否正常；检查所有控制杆、按钮和其他操作元件是否均位于空挡位置、可顺畅移动并且释放后可返回空挡位置；确保所有安全防护装置、护盖和设备均已正确定位；检查紧固件并确保紧固件未松动或丢失，并且安装牢固；目视检查链总成是否损坏，以及是否包含可能阻止或限制部件移动的松动石块；如果采用湿式钻凿，应确保供水系统已启用且水压充足；需要目视检查链总成是否损坏，以及是否有可能阻止或限制部件移动的松动石块或煤。

2. 启动机器

在启动机器前，操作员必须向站在工作区域内的所有人员发出警告，机器启动之前，确保无人进入工作区域，接通电源时，切勿进入危险区域。

3. 机器操作

1）挤压危险情况

移动或旋转的机器部件会造成挤压，导致人员严重受伤甚至死亡，在机器操作过程中，请务必保持在危险区以外。如果由于某些原因要进入危险区域，一定要把连接机器的电源断开和关闭并且装上机械安全止动装置，务必穿戴高可见度背心。

2）常规危险情况

如果限制、忽视或无视机器任意一个安全功能或安全装置，可能导致严重人身伤害甚至死亡，绝不要限制、忽视或无视任何机器的安全特性或安全设施。

3）沟通不畅的危险情况

声音太大的环境或在每个平台上有太多的操作员可以导致沟通不畅，这可能导致死亡或严重伤害；每个平台上最多允许 2 名机器操作员；操作人员之间应保持良好沟通；不要冒险或执行危险程序，本机器仅允许在其适用范围内使用；如果发现机器有外观、动作或性能方面可能会降低安全性的变化，应立即停止机器并通知主管；如果在工作区域内还有其他机器或设备或辅助设施在平行作业，要通报那些机器操作员掘锚机的危险区域，也包括那些废物料运输车辆的驾驶员。

4. 停放机器

机器意外移动可能会导致人员严重受伤甚至死亡；停放机器后，确保机器不会意外启动；检查所选的锁止措施的有效性；确保只将机器停放在坚实和适当的地面上；如果机器要进入无人看管状态，应将液压提升部件降至坚实支撑或地面上，机器必须处于本机电气关断状态；截割大臂下降，截割头落至干燥坚硬地面或降至高于浸水地面一定距离，不要将机器停放在水中，因为这可能导致机器的严重受损；停放机器后，必须确保它不会意外移动，必须关闭机器并且切断电源供应；将液压提升的部件降至地面；将凿岩台车恢复到垂直缩回的位置，如果冲水阀打开，将其闭合。

5. 锚杆支护装置操作

1）挤压危险情况

移动或旋转的机器部件会造成挤压，导致人员严重受伤甚至死亡，在机器操作过程中，请务必保持在危险区以外。如果必须进入危险区，务必将机器电源断电和封锁，并安装机械安全止动装置，操作员务必随时可以看到自己的助手，助手只有在确保锚杆支护装置不会发生意外移动的情况下，方可进入危险区域。

2）缠绕危险情况

工作人员要始终穿紧身工作服，因为宽松的衣服或首饰可能会被缠绕而卷入移动和转动的机器部件中，导致死亡或严重伤害。由于长发可能会被缠绕，会导致人员严重受伤甚至死亡，所以工作时要将长发扎起来。

被旋转中的钻杆缠绕可能会导致人员严重受伤甚至死亡，因此必须始终保持手远离旋转中的钻杆。钻杆弯曲或非对齐状态会导致人员严重受伤甚至死亡，所以必须丢弃损坏的钻杆。

3）旋转零件危险情况

旋转的机器零件可能会导致人员严重受伤甚至死亡，因此在处理物料或执行可能会对双手造成伤害的工作时，请务必佩戴防护手套。需要注意的是，当出现手套会被钩住而造成更大危险的情况时，则不应该佩戴手套。不要靠近机器的夹缝位置工作和站立，一旦部件滑动可能会有将手挤伤或压断的危险，不要将手放在危险的区域。

4）挤压或撞击危险情况

使用已弯曲或失准的钻杆可能会导致钻杆滑脱，这可能导致死亡或严重伤害，切勿使用已弯曲或失准的钻杆，切勿使用或弃置已损坏的钻杆。

如果钻杆或锚杆的转速超出其失效阈值，可能会造成钻杆或锚杆滑脱，这可能导致死亡或严重伤害；不要使钻杆或锚杆的转速超出其失效阈值；仅使用与所用设备完全兼容且额定值相符的耗材；如果使用耦合钻杆，应等待直到其耦合到钻孔内后才能以最高速度运行；进给压力过高可能会损坏钻杆或锚杆，可能导致死亡或严重伤害；不要使用过高的进给压力；仅使用与所用设备完全兼容且额定值相符的耗材；未固定的钻杆或锚杆可能会造成钻杆或锚杆滑脱，这可能导致死亡或严重伤害，切勿运行较长且无限制的钻杆或锚杆；使用已变形或断裂的钻杆可能会导致钻杆滑脱，这可能导致死亡或严重伤害，钻凿时如果发现钻杆偏斜过度，需立即停止操作；抽取正在运行的钻杆可能会造成意外滑脱，这可能导致死亡或严重伤害，切勿在钻杆运行时进行抽取，在退出钻孔至少 300 mm 之前停止旋转，抽取耦合钻杆时，需在耦合部退出钻孔前停止旋转。

未牢靠固定的钻杆或锚杆在高速旋转时可能会造成钻杆或锚杆滑脱，这可能导致死亡或严重伤害，切勿运行较长且无限制的钻杆或锚杆，锚杆末端的突出部位存在危险，可能会导致严重伤害，要遵循相关的矿区标准，采取适当措施以修整所有突出的锚杆末端。

6. 维护时的安全注意事项

1）带电零件危险情况

触摸带电零件会导致人员严重受伤甚至死亡，要按照指定的维护保养说明，将机器锁定到最低要求级别。

2）挤压危险情况

机器意外移动可能会导致人员严重受伤甚至死亡，要按照指定的维护保养说明，将机器锁定到最低要求级别。

尽管内置有安全防护功能，下降的机器部件也可能会导致人员严重受伤甚至死亡，在进行任何操作之前，应尽量降低这些部件，在没有装配机械安全止动装置或支撑装置的情况下，禁止在提升部件下方进行任何作业。

维护工作开始前，确认所需的原厂备件或材料已备好，或已订购并能及时供货以满足工作计划。只能使用山特维克公司推荐的零部件，否则可能会导致死亡或人身伤害或设备损坏，注意将所有整机维护工作记入维护记录或维护计划，总体安全指南如下：确保所有零件都处于良好的工作状态，确保自己是适合工作的，疲惫时不要进行任何操作，要保持警觉，确保规律的作息时间，务必使用符合要求的个人防护装备。使用机器前，检查所有防护设施是否到位，所有人员和部件是否明确知悉，确保自己知道在紧急情况下如何停止机器，不要冒险，如果不懂，请停止操作并询问主管或者经理。保持双手和身体部位远离运动着的零件，立即纠正和报告危险状况，不管受伤程度多么轻微，都要报告所有损伤情况并获得及时救护。开始任何维修工作前，应确保已经进行了全部必要的机械隔离，机器非常安全，并可通过液压、机械和电动方式切断动力源，必须尽可能降低升起的组件或用机械安全止动装置支撑。设备必须始终处于有支撑顶板的下方安全区域。机器必须放置在平稳的水平地面上，必须防止意外移动或屈曲。确保良好的通风和采光条件，在执行维修任务期间，机器的操作范围必须进行安全防护，并通过闪烁的灯光进行警戒和提醒。指定的维修间隔是被视为不得超过的最大时间间隔，在机器运行期间一旦发现异常，特别是没有充分发挥作用的安全装置，必须立即停机，必要时拆下安全装置，待工作完成后再立即重新安装，再进行功能检查。禁止用没有足够承载能力的起重设备拆除大型或重型部件。仅可使用适当的、技术完善且有足够承载能力的起重设备，禁止在起吊物下停留或工作。在进行特殊的维护、重设等工作前，务必通知操作人员，进行此类工作时，有必要指定一位监督人员。

7. 为维护或维修做准备

1）滑倒、绊倒、跌倒危险情况

如果踩在光滑表面或不安全的地方，可能会滑倒、绊倒或跌倒，这可能导致拉伤、扭伤、撞伤、骨折、骨裂、刺伤或脑震荡。要保持梯子、台阶、栏杆、把手和工作平台清洁、无油、无污物、无冰且没有被工具占用等，必须始终穿安全鞋。

2）挤压点危险情况

护罩意外移动可能造成严重伤害，进行任何维护或维修工作前，应完全打开护盖，如果可能，将它们锁定到开启状态。进行任何维护或维修工作前，必须按照如下所述做好准备工作：准备好应对特殊任务时所需的专用工具，确认在开始维修前备好这些工具且工具应处于良好状态。由于开放部件会因水、蒸汽或溶剂而导致功能故障及安全问题，所以在用水或高压水枪清洁前，必须将其盖住或密封。电机、分线器、仪表盘及操作开关尤为危险，清洁完毕后，必须及时移除这些盖板和密封件。清洁设备污渍、油渍及润滑油，特别是扶手、踏板、轨道、基座、平台、螺栓连接、接头和连接器。清洗结束后，必须检查燃料、电机油及液压管道是否有漏油点、连接松动、磨损和损坏等现象。必须立即排除所有问题。在机器上作业时，如果需要，必须使用合适的攀爬辅助设备。机器部件不可用于攀爬，也不得作为工作平台使用。

8. 在电气系统作业

在维护或维修机器、机械部件或电气部件前或在进入危险区域前，必须确保机器的机械和电气部件均安全。

识别所有危险，然后制订并遵循安全计划以执行工作，从而确保所有工作相关人员的安全。进行电气测量以测试有无多余的电源，特别是在潮湿或泥泞区域。

1）带电零件危险情况

触摸带电零件会导致人员严重受伤甚至死亡，只有合格的电工或在一名合格电工监督下并经过适当培训的人员方能在电气设备上工作，并严格遵守国家的安全法规；电气系统的维护或维修工作需要最低为 1 级的锁定级别；在主控制面板内侧或在主控制面板正面工作始终需要 0 级锁定级别；了解电力危险，并且在人员确保任何未接地的电气部件已断电之前切勿触摸；始终应处理断电电缆而不是通电电缆，或在处理通电电缆时佩戴合适且完好的电气绝缘手套；对所有电气设备进行全面透彻的检查，包括断电电缆的交接检查。

2）爆炸危险情况

在带电情况下打开电气元件时，在存在爆燃性气体时，可能导致人员严重受伤甚至死亡；在带电情况下打开电气元件前，请务必检查周围空气；确保机器处于停机状态，切断电源并防止意外启动。

3）储存的能量危险情况

如果机器未停在水平位置，当打开主控制面板门时，储存的能量会被突然释放，门会立即打开，这可能导致死亡或严重伤害；在开始对主控制面板执行维护或维修之前，打开车门时请格外小心谨慎，机器应负极接地，使用正极接地的程序将不能保证机器维护与维修时的安全，维护或维修电气系统前需要接地时，应始终通过接地线将拖曳电缆和短路电容接地。

在对电气系统进行维护及维修时，应始终使用绝缘工具，开始工作前，建议在打开的机箱中检查各相位电源的“相位接地”情况。对于电池维护方面，一些配有电子管理系统的机器，其主控制面板内有一节镍镉电池，只有经过培训的合格人员才能更换这节电池，根据当地环保法规弃置该电池，维护蓄电池时请务必穿戴正确的个人防护装备。

4）故障排除

对电气系统进行故障排除时，务必遵循以下操作。

对带电电路进行故障排除或检测时，需佩戴合适且完好的电气绝缘手套；切记故障排除或检测是为了查找电气故障并确认是否已妥当维修；确定电气故障位置后，并且在执行任何电气作业前，应断开主断路器并对其进行上锁挂牌；开展电气作业前，应使用合适功率值的电表和非接触式电压测试仪进行测试，确保电路未接通；切记电气作业是安装或维护电气设备或导体时必须进行的工作；请自行上锁挂牌，不准擅自将自己的工作交给他人；在断路器的线路端子处贴上警告标签，说明即使断路器开路，终端接线片仍然通电；执行电气设备故障排除和维修作业前，应制定、传达并施行一项书面形式的操作规范，以最大限度地确保参与项目的所有矿工人员的安全。

9. 液压或润滑系统

1）高压危险情况

液压元件可能处于高压状态。对有压力的系统进行操作或维护作业，可能会导致人员严重伤害甚至死亡。对系统进行任何作业之前必须释放压力，必须通过某种方式释放油缸，通过释放油缸两侧的负载，降低制动阀或泄压阀的设定压力，进行最终减压操作。在维护或维修工作期间，压力蓄能器的热油可能会溢出，并导致人员严重受伤甚至死亡，在压力蓄能器上工作前对系统进行泄压，同时不要使用氧气填充蓄能器气囊。

2）高温元件的危险情况

高温的液体与材料，如灯的表面、电机、泵、液压设备和液压油会严重灼伤皮肤，不要直接用手触摸高温的表面，要等高温的零件降温后再开始维护或维修工作，始终佩戴防护手套和其他个人防护装备。

3）流体喷射的危险

加压的液压油可能会刺穿皮肤，可能导致死亡或严重伤害，因此在维护或维修时，请务必使用个人防护装备。请勿直接用手进行减压操作或检查泄漏情况，务必使用一块纸板检查泄漏，如果液体注入皮肤，必须立即就医，通过手术清除。

4）挤压危险

机器意外移动可能会导致人员严重受伤甚至死亡，维护或维修期间，切勿激活任何液压功能和操作手柄，在更换或拆卸行走回路上的一条软管前，请务必执行履带驱动装置制动器测试，然后锁定机器，在液压或润滑系统作业时，需严格遵循以下说明：只允许经授权的液压维修技师对液压系统进行维护；定期检查液压系统是否泄漏和功能是否正常；请勿更改默认出厂值；泄压时可能导致机器或零件突然意外地移动；对于刚停机的机器，在去除注油盖、防毒面具、堵头时要小心操作以防灼伤；不要弯曲或敲击高压管线，不要安装弯曲变形或损伤的管线、硬管或软管；油路、软管或硬管如有松脱或损坏立即修复；确保正确安装所有管夹、防护装置或隔热罩，以防振动、与其他零件碰擦或操作时导致其他零件过热；液压软管及硬管必须按规定和适当的周期进行更换，即便没有可见的操作相关缺陷；更换软管时必须使用相同标准、规格、直径和接头的软管；对液压零件的拆卸与安装，必须使用合适的工具并且在清洁的场所进行，当拆下液压缸时，必须将接口用塞子堵上以防止后续操作中进入灰尘与空气；所有安全规定也适用于压力控制回路的工作，在进行任何工作前，请先通过先导阀将压力释放。

10. 与齿轮箱相关的工作

1）高压危险情况

由于齿轮箱内部温度非常高，齿轮箱内可能会存在很高的压力，对有压力的系统进行操作或维护作业，可能会导致人员严重伤害甚至死亡。在拆卸螺塞或油位检查螺钉被打开之前，必须打开注油螺钉让压力慢慢释放。

2）高温元件的危险情况

齿轮箱温度过高可能会导致人员严重受伤，所以不要直接用手触摸高温的表面，要等高温的零件降温后再开始维护或维修工作，始终佩戴防护手套和其他个人防护装备。需要注意的是齿轮箱内部的污染可能会造成齿轮箱损坏，维修齿轮箱时请确保清洁。需要检查取油点是否可用，必要时使用工作平台。

拆卸齿轮箱或储存备用零件时，必须放置在尽可能干燥的位置，必须定期提取齿轮箱油样做适用性评估，这将有利于机器的无故障运行。油样必须在机器正常运行时或是在停机后 30 min 内提取，这就确保了油是温暖的并且真实代表了油箱内的工作状况。机油加注时高压危险情况为齿轮箱内部可能由于加油泵带有高压，由于高温高压，操作压力系统可能导致人员受到严重伤害甚至死亡，所以在加油前，应打开油位螺丝避免内部积压。

11. 在机械部件作业

1）爆炸危险情况

在气体区域焊接、燃烧或钻凿会引发爆炸，这会导致人员严重受伤甚至死亡，焊接、燃烧或钻凿工作只能在安全批准的区域进行。

2）挤压点危险情况

不要靠近机器的夹缝位置工作和站立，一旦部件滑动可能会有将手挤伤或压断的危险。不要将手放在危险的区域。

12. 与链条相关的工作

1）高压危险情况

张紧缸和连接管路由于链条张力均处于高压状态，对有压力的系统进行操作或维护作业，可能会导致人员严重伤害甚至死亡。开始维护或维修张紧链条前，必须打开球阀释放储存的压力，润滑张紧系统中的压力，对系统进行任何作业之前必须释放压力。

2）储存的能量危险情况

如果链条尚在张紧状态就取出链条的连接销，链条内部储存的压力会被突然释放，这可能导致死亡或严重伤害。开始维护或维修链条前，必须打开球阀释放储存的压力，对系统进行任何作业之前必须释放压力。

3）缠绕危险情况

在链条尚在移动时检查链条下垂度，检查人员可能会被运转的链条缠住，这可能导致死亡或严重伤害。在测量链条下垂度前，若链条前后转动，维修人员必须保持安全距离。

4）挤压危险情况

切勿逗留在输送机上、装载星形机构或装载机臂区域中，否则此部件可能会意外移动而导致人员严重受伤甚至死亡。在机器操作过程中，请务必保持在危险区以外。在进入输送机或装载台之前，请执行 1 级锁定，发生堵塞时，请格外小心。

13. 在供水系统作业

1）高压危险情况

供水系统的组件处于负压状态，维护时，水可能会喷出而导致人员严重受伤甚至死亡。在存有压力的组件上作业前要对系统泄压，工作开始之前如果存在压力，必须关闭机器并释放压力。

2）热水危险情况

机器工作时，供水系统水温可能很高，检查供水系统组件时，热水可能会烫伤操作员的皮肤或眼睛，因此检查供水系统组件时，应始终佩戴防护手套和防护眼镜。

3）挤压危险情况

机器意外移动可能会导致人员严重受伤甚至死亡，因此维护期间，切勿激活任何液压功能和摇杆。

14. 在截割或破碎系统上作业

1）挤压危险情况

机器意外移动可能会导致人员严重受伤甚至死亡；检查或更换截齿前，应断开机器液压系统、机械系统和电气系统。

2）飞出部件可能导致危险情况

小件物体可能由于运动的零件致使隔空飞出，这样会导致操作员的眼睛受伤；不要使用淬硬的钢锤，这可能会破坏截齿尖，仅使用铜锤更换截齿；务必戴上眼睛保护用品。

3）受伤危险情况

在操作过程中，截齿和截齿套会变得很热，触摸它们可能会导致严重烫伤；更换截齿和截齿套时，应始终佩戴防护手套和防护眼镜；更换截齿前，务必使截割装置空转运行约更换截齿的前 1 min。

4）旋转和移动零件危险情况

机器意外移动可能会导致人员严重受伤甚至死亡，切勿通过启动截割电机来转动截割滚筒或截割头，应通过使用机械链式起重机安全地旋转截割装置。

15. 更换部件

1）挤压危险情况

吊物坠落可能导致死亡或严重伤害；起吊时不得超过吊环的额定负载，谨记吊环可能在机器工作过程中会被磨穿，由于磨损而断裂的吊环不得再用；禁止在起吊物下停留或工作，分总成的吊环不能用于吊起连接它们的组件。

2）使用未经许可的零件可能会导致危险情况

使用未经许可的零件会带来不可控的危险，可能导致人员严重受伤甚至死亡，严禁使用未经许可的零件，使用未经许可的零件也将导致质保失效。仅使用零部件手册列出的指定零部件，拆卸或装配大件零件或总成件时，这些部件必须安全、正确地固定在起重设备上。务必使用适当的、技术完善且有足够承载能力的起重设备和承载设备。维护或维修工作开始前，确认所需的原厂备件或材料已备好，或已订购并能及时供货以满足工作计划。注意，应将所有整机维护或维修工作记入维修记录或维修计划。需要注意的是，请勿徒手提举超过 20 kg 的组件。

16. 停用处理

机器停用或需要长期闲置时，务必妥善存放，正确的储备和存放条件对保持机器的工作状态和能否达到预期使用寿命至关重要，适当停用程序也便于再次启用机器，存放机器前，确保执行了以下操作：清洁机器；完全降下液压提升的部件；排干净水路并放空压力蓄能器；更换使用过程中可能已经变质的液压油；用适当的防护装置保护机器部件；在冷却系统中加注防冻剂；所有准备工作完成后，将机器存放到避免雨水和阳光直射的场所。

二、锚杆转载机安全注意事项

（一）启动前的注意事项

非本锚杆转载机组的专业操作者不得操作；作业前必须认真检查各液压阀的操作手柄，必须处于中间位置；启动本锚杆转载机组前须事先观察油箱的油量和油液质量，行走时必须检查履带张紧度是否合适；每天工作前必须认真检查锚杆转载机组电缆有无损坏、破裂，电气元件是否正常；启动设备前要通过轻微点动确认油泵转向；启动设备前要确认所有控制开关能自由操作且均处于断开或中位；启动设备前一定要将外部水源接入设备，并保证钻车的水路通畅，并及时通水给油箱油液降温；充分观察并注意周围人员情况，收料斗内、运输机后部、滑动箱体侧帮等位置不得有人员。

（二）操作中的注意事项

设备出现异常应立即停车并断电检查，处理好后再启动；操纵液压操作阀手柄要缓慢，要经过中间位置；锚杆转载机组各机构在动作时要充分观察并注意周围人员情况，切记不要让设备在行走或机构动作时压断电源线；进行钻孔作业时，必须使水路通畅，保证油温冷却；要注意观察油箱上的液位、液温计，当液位低于工作油位或油温超过 65 ℃时，应停车加油或降温；液压系统的压力不准随意调整，如确需调整时应请示有关专职人员，并由专职人员进行调定。本锚杆转载机组停止工作前，要将各部件收回原位。

三、桥式转载机安全注意事项

（一）一般规定

未经专门培训、未持合格证的人员，不准上岗操作；转载机所配置各电器、机械、液力保护装置，以及闭锁、连锁装置必须使用，动作安全可靠，严禁甩掉不用；严禁用转载机运送超重、超长、超宽、超高的设备物料，用转载机运送一般物料时，沿途要设专人看闭锁。转载机、带式输送机道安设有发出停止开动的信号装置，信号点设置距离不超过 12 m；采煤工作面输送机启动顺序为：带式输送机、破碎机、转载机、工作面运输机，即确认上台设备启动后，方可启动下一台，停机顺序与此相反。

（二）开车前的准备

检查转载机的信号装置是否灵敏可靠，否则禁止开车。检查转载机传动装置、电动机、减速机、液力联轴器、机头各部的螺栓是否齐全、完整、紧固，减速器、液力联轴器是否有渗油、漏油现象，油量是否适当。启动电动机，仔细监听各部件的运转声音是否正常，认真察看输送机刮板链及连接环、刮板的磨损和使用情况，是否有扭挠、跳勾、拧麻花、刮板过度弯曲变形、连接螺栓松脱、刮板丢缺等现象，如发现上述问题时，要及时进行处理，否则严禁工作。检查输送机头和转载机尾的搭接情况，搭接高度不得小于 450 mm，不得喝循环煤。检查转载机桥身部分，侧板和底托板的固定螺栓有无松动、断损、短缺。检查破碎机三角带是否完好，否则及时处理。检查转载机、破碎机头处防尘设施是否完善，否则及时处理。检查转载机侧、运输机头，电缆、液管、水管要吊挂整齐，无脱落和被矸石砸坏的危险。

(三) 负载运转

在完成上述重载运转以前的所有准备工作后，控制台电工在得到转载机司机允许后，发出启动预警信号，按先破碎机、转载机，最后输送机的顺序启动三机。转载破碎机运转后，司机要注意观察运行状态，监听运行声音是否正常。运转一段时间后，检查各部轴承的温度是否超过 75 ℃，检查电动机温度是否超过规定的 130 ℃，检查液力联轴器温度不得超过 110 ℃。转载机前移时，必须清理机道上的浮煤、矸石、杂物，使机道畅通，并注意保养好电缆、油管，防止在转载机前移时挤破电缆等。转载机前移后，保持“平”“正”“稳”“直”，并将移位千斤顶的活柱缩回至缸体内。转载机头要派专人看守，严禁大块矸石强行通过破碎机，防止喝循环煤，防止埋压带式输送机，发现问题及时按动闭锁。转载机司机在工作过程中，要与支架工、采煤机司机、联网工、面上清理工、控制台电工协同合作，遇到打闭锁临时停机时，要迅速查明原因。转载机司机要注意机头、机尾行人，发现情况异常迅速停机，及时清理机头、机尾、减速箱卫生，不得压埋。

第五章　快掘系统维护保养

第一节　掘锚一体机检查

一、截割电机每工作 5 h 检查项目

（一）机器

1. 检查 EMERGENCY – STOP 按钮

EMERGENCY – STOP 按钮是机器安全概念不可或缺的一部分，它们可在紧急情况下关闭机器。要检查 EMERGENCY – STOP 按钮的功能，请按如下方式执行操作：检查所有 EMERGENCY – STOP 按钮是否均已到位且未损坏，启动机器并打开液压泵驱动电机，按下 EMERGENCY – STOP 按钮，如图 5 – 1 所示。

确认液压泵驱动电机已停止，释放刚刚测试 EMERGENCY – STOP 按钮，如图 5 – 2 所示。

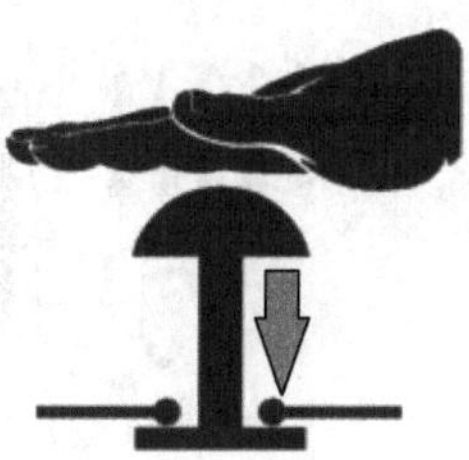

图 5 – 1　按下按钮

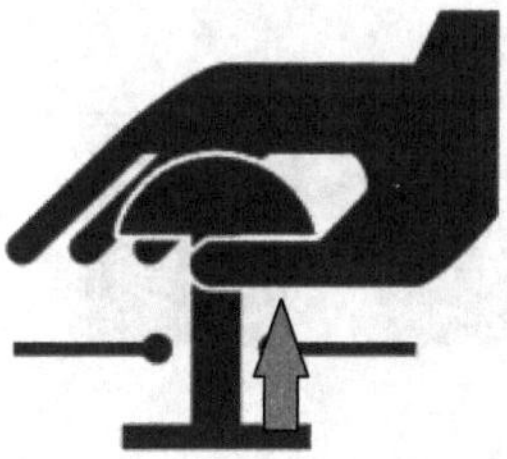

图 5 – 2　释放按钮

重复上述步骤，单独测试机器上每个 EMERGENCY – STOP 按钮的功能。

2. 检查瓦斯监测系统

瓦斯监测系统是机器安全概念不可或缺的一部分，它可在瓦斯浓度超过临界值时关闭上游电源。要检查瓦斯监测系统，请按如下方式执行操作：检查瓦斯监测系统是否损坏及功能是否正常；检查显示屏上是否显示瓦斯浓度。

3. 检查防护设备

安全相关防护装置、护盖和设备是机器安全概念不可或缺的一部分，必须立即更换或重新安装损坏或丢失的防护装置。

要检查防护设备，请按如下方式执行操作：目视检查机器上的所有防护装置、聚酯和橡胶罩盖是否磨损和损坏，以及是否安装到位并正确固定；检查所有防护设备和机械安全止动装置是否安装到位和稳固。

4. 检查所有操纵杆、操作按钮和遥控器

操纵杆和操作按钮能正常工作对于确保机器安全、高效地运行十分重要。要检查所有操纵杆、操作按钮和遥控器，请按如下方式执行操作：清洁所有操纵杆，检查所有操纵杆是否有机械损坏；检查所有操纵杆的机械性运行是否正确；检查操纵杆是否自动回到空挡位置。清洁所有操作按钮，检查所有操作按钮是否有机械损坏；检查所有操作按钮的机械性运行是否正确；检查操作按钮是否自动回到空挡位置。清洁遥控器。

（二）切割系统

1. 检查截齿和衬套

1）检查截齿

截齿的消耗主要由所切割的材料成分决定。如果连续切割时间较长，应在完成切割后检查截齿以确认其磨损程度和完整性；如果要切割的是高磨损性的岩石，则需对截齿进行更频繁地检查。

要检查截齿和衬套，请按如下方式执行操作：

在启动喷雾功能的情况下，让截割滚筒空转运行 1 min，以冷却截齿；将截割滚筒定位于便利的高度处，用安全止动装置卡住截割大臂；使用装载台的吊环安装棘轮型绞车；将尼龙带缠绕在截割滚筒周围，并将其固定到截齿箱中，如图 5－3 所示。

将截割滚筒安全地旋至所需位置以检查截齿是否磨损和损坏。在截齿的齿尖长度减少大约 15 mm 时更换截齿，如果没有磨损量规的话，通常建议为 15 mm，这适用于大多数情况。最大磨损长度取决于截齿齿尖的直径和长度，如图 5－4 所示。

图 5－3　棘轮型绞车附件和尼龙带

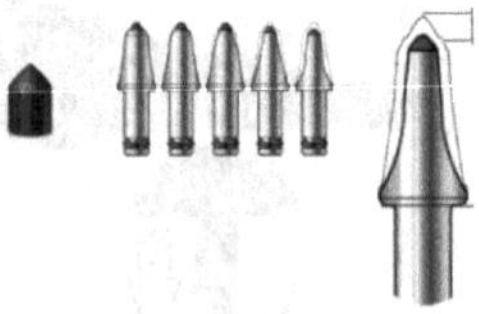

图 5－4　截齿磨损过度的示例

用专用工具拆下截割滚筒上已磨损或损坏的截齿，包括固定环在内的整个截齿必须予以更换。如截齿尖仍然完好，用专用的拆卸叉杆和锤子将截齿从衬套中拆下，如图 5－5 所示。

可使用冲头和锤子拆卸已损坏的截齿，用冲头无法拆卸截齿时，可将断轴与衬套一起压出，如图 5－6 所示。

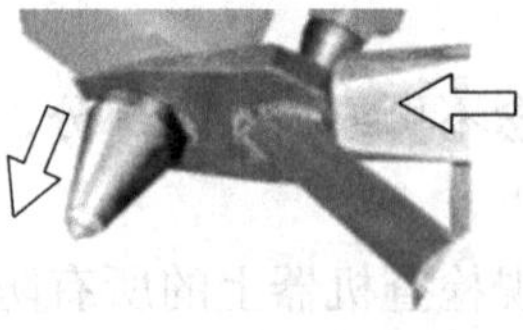

图 5－5　截齿拆卸

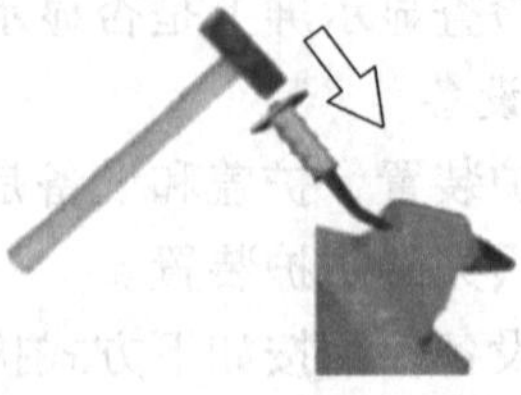

图 5－6　损坏截齿的截齿拆卸

2）检查衬套

检查衬套并在必要时更换。无论何时必须更换截齿，请检查相应的衬套是否磨损和损坏，如图5－7所示。

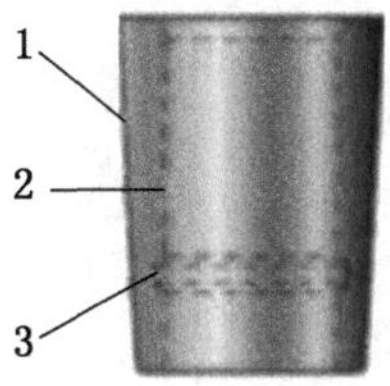

1—衬套；2—内直径；3—截齿轴

图5－7 截齿座中的衬套

切割过程中会造成衬套的磨损，由于磨蚀和内直径磨损，衬套长度将会缩短，因此衬套检查应侧重于衬套的尺寸。如果衬套内径大于截齿轴直径1.6 mm以上，则更换衬套，并定期使用专用磨损量规进行检查。

更换已磨损或损坏的衬套：

（1）锥形套筒拔出器，如图5－8所示。穿过衬套插入主轴，拧紧主轴上的特型螺母，安装冲击冲头，拧紧平头螺钉以将冲头固定到位。装配其余组件，将六角螺母拧紧。

（2）锥形衬套拔出器，如图5－9所示。穿过衬套插入主轴，拧紧主轴上的特型螺母。将定心套套在螺柱螺钉上，将隔套套在定心套上。将空心活塞－液压缸套在螺柱螺钉上。将垫圈和六角螺母套在螺柱螺钉上。

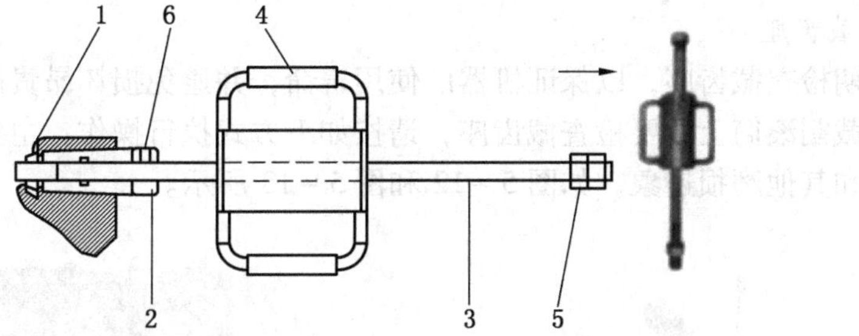

1—D30螺母；2—D30冲击冲头；3—主轴；4—冲击部件；5—六角螺母；6—平头螺钉

图5－8 锥形套筒拔出器

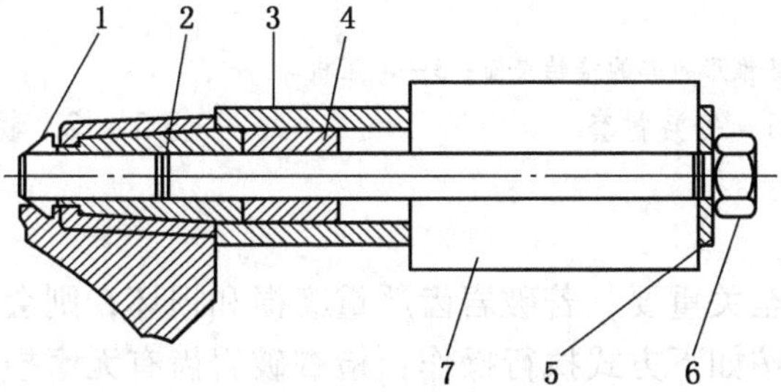

1—螺母；2—螺柱螺钉；3—隔套；4—定心套；5—垫圈；6—六角螺母；7—液压缸

图5－9 锥形衬套拔出器

（3）拆卸油泵衬套，如图5－10所示。装配油压泵，使用齿轮油；将油压泵连接至泵连接件；将安全护罩穿过截齿座，启动泵，衬套弹出。

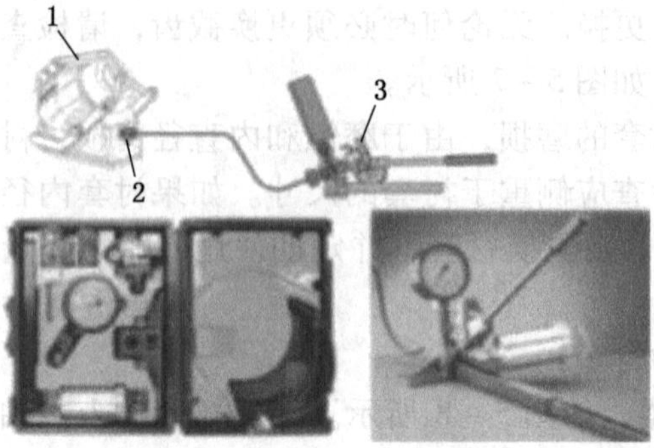

1—安全装置；2—泵连接件；3—油压泵

图 5－10　油泵和组装件

(4) 更换衬套，如图 5－11 所示。用铜锤安装新截齿，检查截齿是否被正确安装至截齿座中，并确保能用手转动。

2. 检查截齿座

必须定期检查截齿座，以保证机器的使用寿命，并避免损坏昂贵的机器部件。截齿座直接焊接到截割滚筒上，要检查截齿座，请按如下方式执行操作：主要检查截齿座和焊缝是否有裂纹和其他磨损迹象，如图 5－12 和图 5－13 所示。

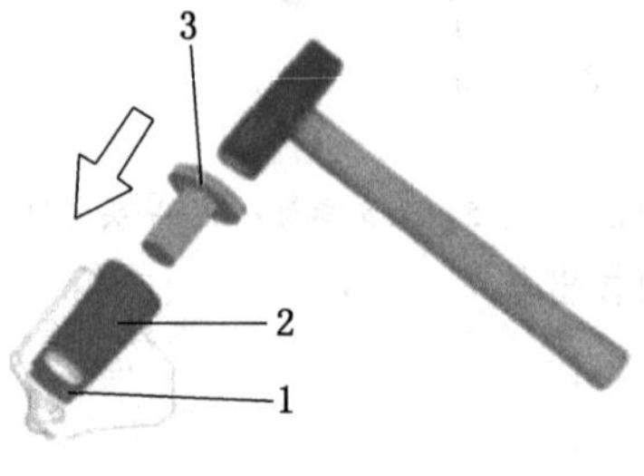

1—截齿座的接触表面；2—圆锥形衬套的接触表面；3—冲压机

图 5－11　安装衬套

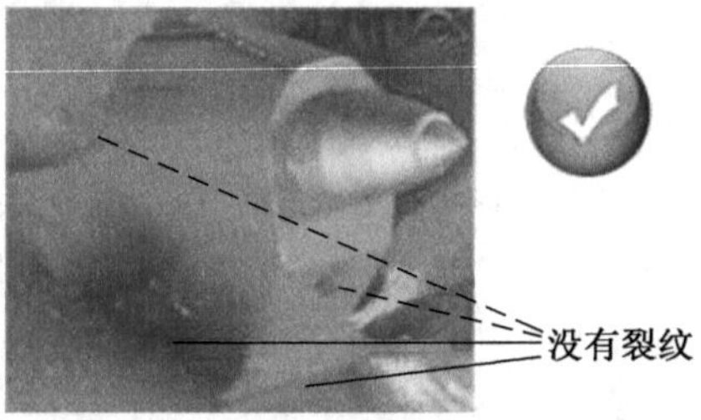

图 5－12　截齿座和焊缝没有裂纹

3. 检查破岩齿

破岩齿对切割工艺至关重要，若破岩齿严重磨损和损坏，则会显著降低机器的切割能力，要检查破岩齿，请按如下方式执行操作：检查破岩齿有无磨损和损坏，修复或更换损坏的破岩齿，如图 5－14 所示。

(三) 冷却和供水系统

1. 检查供水软管

供水软管可能被机器移动、岩石坠落夹住或损坏，持续监督对确保机器可靠运行是必不可少的。要检查供水软管，请按如下方式执行操作：检查供水软管是否无障碍物；检查软管是否被任意机器部件夹住，务必确保机器移动时不会损坏软管。

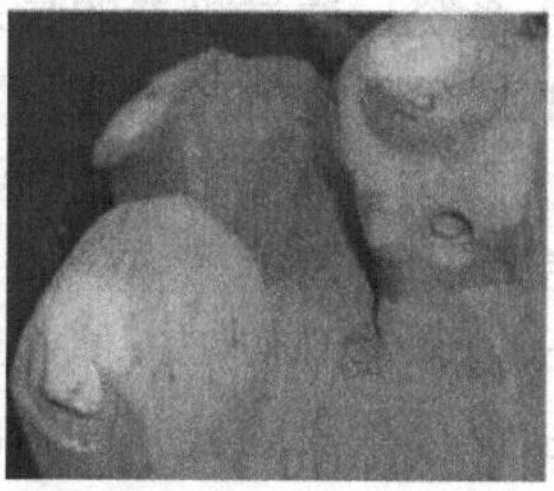

图 5－13　截齿座其他磨损

图 5－14　截割滚筒上的破岩齿

2. 检查供水系统的工作值

必须定期检查这些工作值，以确保冷却和喷雾系统正常工作，并避免进一步损坏机器部件，要检查供水系统的工作值，请按如下方式执行操作：启动机器和截割电机，这会自动激活高压水泵，检查压力和流量。

（四）电气系统

照明系统可根据国家和矿山特定法律法规的具体要求进行调整，它包括安全照明、区域照明和箱内照明。要检查照明设备，请按如下方式执行操作：检查照明设备的功能是否正常及有无机械损坏，必要时清洁灯，维修或更换已损坏的灯。

（五）液压系统

1. 检查液压油位

必须定期检查液压油位，以确保液压系统的正常使用寿命，并确保机器的功能。要检查液压油位，请按如下方式执行操作：检查液压油的油位时，需降低截割大臂然后缩回后稳定器，防止液压油箱的油溢出。在油位指示器上检查液压油油位，必要时注满液压油，确保使用正确的液压油，仅通过注油抽吸软管加油，使用充油泵或借助手动泵注油，如图 5－15 所示。

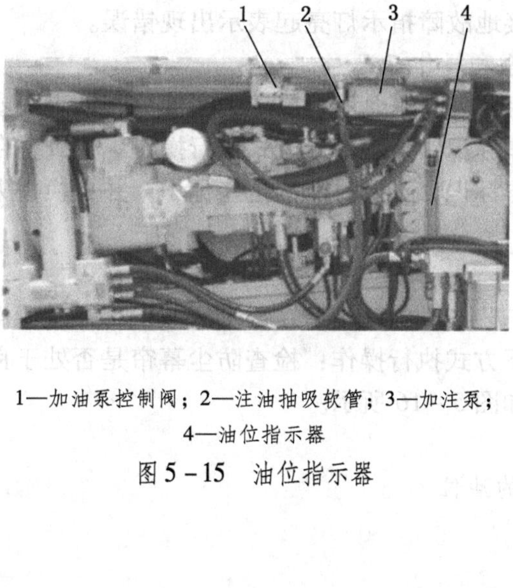

1—加油泵控制阀；2—注油抽吸软管；3—加注泵；
4—油位指示器

图 5－15　油位指示器

2. 检查液压工作压力

必须定期检查工作压力，以确保液压系统正常工作，并确保机器安全、有效地运行。要检查液压工作压力，请按如下方式执行操作：启动液压系统，通过机器的量表或可视装置检查工作压力值是否正确。当泵在没有操作任何功能的情况下运行时，变量泵的压力计显示预设待机压力。要检查履带驱动器和锚杆机泵的最大压力，请操作稳定器缩回功能，并在压力检查期间保持此功能运行。所有压力必须在可接受的公差范围内，如果压力值不正确，请重新调整压力设置。要检查液压油缸泵的最大压力，请操作铲板伸展装置的缩回功能，并在压力检查期间保持此功能运行，所有压力必须在可接受的公差范围内。如果压力值不正确，请重新调整压力设置。

3. 检查液压油温度

为保证机器运行，必须定期检查液压油温度，以确保液压系统的正常使用寿命。要检查液压油温度，请按如下方式执行操作：通过安装在液压油箱上的温度计检查液压油温度，油温升高后，机器屏幕上将出现一条消息，以发出预警，如果油温达到 75 ℃，液压电机将自动停止，油温升高后，机器屏幕上将出现一条消息，以发出预警。

二、截割电机每工作 10 h 检查项目

（一）机器

1. 读取工作小时

机器上安装了一个显示屏，显示屏的用途是可视化、便于设置及维护，并可用于观察实际的机器数据。要检查工作小时，请按如下方式执行操作：导航到正确的机器可视化画面，读取显示屏上显示的工作小时并把实际数值填入相应的表格。

2. 检查基本安全装置

信号灯、指示 LED 和信号喇叭是机器安全概念不可或缺的一部分，指示机器的各种状态。要检查基本安全装置，请按如下方式执行操作：检查信号灯有无机械损坏及功能是否正常；检查信号喇叭有无机械损坏及功能是否正常；检查机器操作过程中 LED 指示灯的功能是否正常。3 个 LED 位于主控制面板上：电源指示灯、EMERGENCY - STOP 安全检查指示灯、接地故障指示灯。电源指示灯和 EMERGENCY - STOP 安全指示灯必须亮起绿色才能让机器启动，接地故障指示灯亮起表示出现错误。

3. 检查机器上的安全和操作标识

安全和操作标识是机器安全概念不可或缺的一部分，如丢失或损坏，则需要更换。要检查机器上的安全和操作标识，请按如下方式执行操作：检查整台机器上有无丢失、松脱或难以辨认的安全和操作标识，必要时清洁这些标识，并更换丢失、松脱或难以辨认的安全和操作标识。

4. 检查防尘幕帘

防尘幕帘可将切割工艺产生的粉尘留在截割区域中，并减少操作员位置的粉尘量。要检查防尘幕帘，请按如下方式执行操作：检查防尘幕帘是否处于良好状态。检查机器两侧防尘幕帘的紧固情况，如图 5 - 16 所示。

（二）切割系统

1. 检查截割齿轮箱的油位

图 5－16　尘幕帘的紧固情况

截割齿轮箱上配有两个油位塞，检查油位时，截割齿轮箱必须处于水平位置或与油位塞相当的位置，截割滚筒必须位于与履带底部相当的位置。要检查截割齿轮箱油位，请按如下方式执行操作：水平放置截割大臂或将其放置在与履带底部相当的位置；清洁油位塞周围的区域，以确保污染物无法进入齿轮箱中，如图 5－17 所示。

缓慢地卸下油位塞，齿轮油温度过高可能导致压力升高，油应该从油位塞溢出；如果没有油溢出，则清洁注油塞周围的区域，并确保污染物无法进入齿轮箱中。取下截割齿轮箱顶部的注油塞，将油加注到所需油位。重新安装油位塞。重新安装并拧紧注油塞。确保密封件已安装且无污垢。

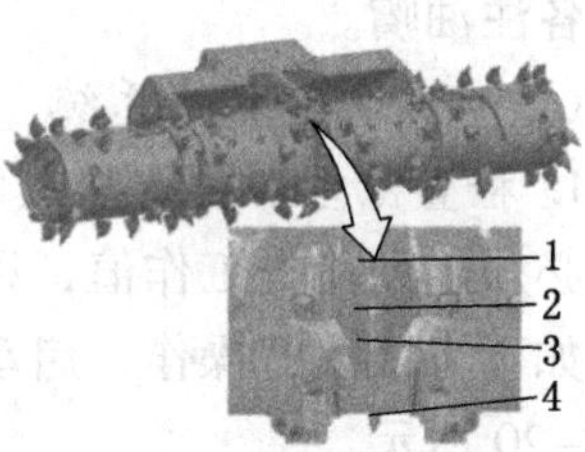

1—注油塞；2—油位塞；3—与齿轮上边缘水平对齐的油位塞；4—放油塞

图 5－17　检查截割齿轮箱前部的区域

2. 检查截割齿轮箱是否漏油

必须定期检查是否漏油，以确保齿轮箱的正常使用寿命，并避免对环境造成损害。要检查截割齿轮箱是否漏油，请按如下方式执行操作：使截割滚筒位于便利的高度处；安装截割大臂安全止动装置；检查截割滚筒底部的密封部位是否漏油，如图 5－18 所示。

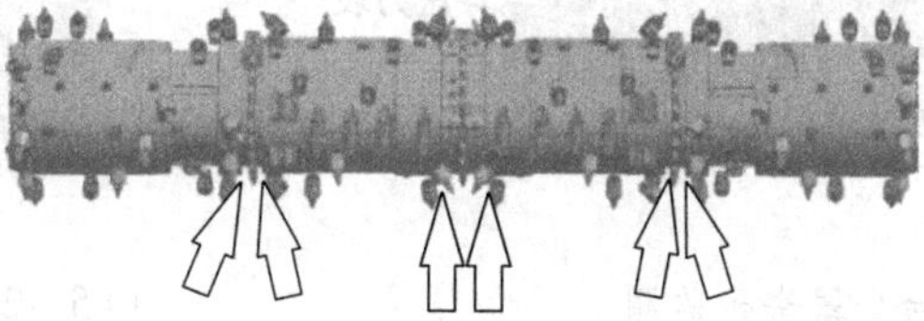

图 5－18　目视检查截割齿轮箱是否漏油

3. 检查截割齿轮油温度

必须定期检查齿轮油油温，以确保齿轮箱的正常使用寿命。要检查截割齿轮油油温，请按如下方式执行操作：导航到正确的机器可视化画面，读取截割齿轮油油温，截割齿轮油油温必须低于 90 ℃。

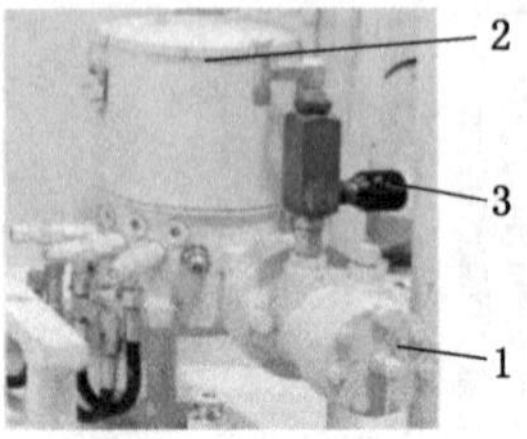

1—液压马达；2—储油罐；
3—用于转速设置的调节旋钮

图 5－19　润滑泵

（三）润滑系统

1. 检查油脂量

必须定期检查润滑泵中的油脂量，以确保机器主要部件的正常使用寿命。要检查油脂量，请按如下方式执行操作：清洁润滑泵周围区域以避免污染物进入储油罐；用螺丝刀按住按钮并同时打开钩扣，打开储油罐盖；检查油位，如有必要则需重新加注润滑脂或者替换储油罐；关闭储油罐盖，如图 5－19 所示。

2. 润滑各润滑点

须使用油枪直接润滑各注油嘴。要润滑各润滑点，请按如下方式执行操作：清洁注油嘴和注油嘴周围的区域，以确保污染物无法进入润滑系统中；检查注油嘴是否正确安装并且未受损坏；用手动油枪润滑各注油嘴。

（四）冷却和供水系统

1. 检查除尘器供水系统的工作值

必须定期检查工作值，以确保除尘系统正常工作。要检查除尘器供水系统的工作值，请按如下方式执行操作：启动机器和除尘器，检查除尘器供水系统的压力和流量设置，如图 5－20 所示。

2. 检查 ITP 喷雾系统的运行情况

ITP 喷雾系统是机器安全概念不可或缺的一部分，对于确保机器正常工作十分重要。要检查 ITP 喷雾系统的运行情况，请按如下方式执行操作：启动机器和高压水泵；检查截割滚筒的喷杆上是否存在丢失、损坏或完全堵塞的喷嘴；检查装载台的喷杆上是否存在丢失、损坏或完全堵塞的喷嘴；更换缺失和损坏的喷嘴，并且清理完全阻塞的喷嘴，如图 5－21 和图 5－22 所示。

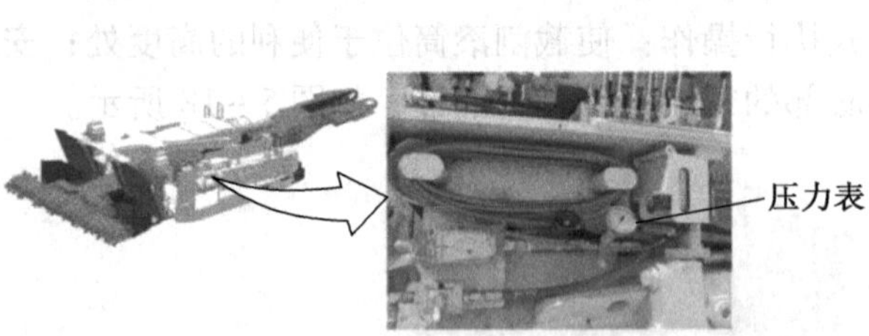

图 5－20　除尘器进水监测

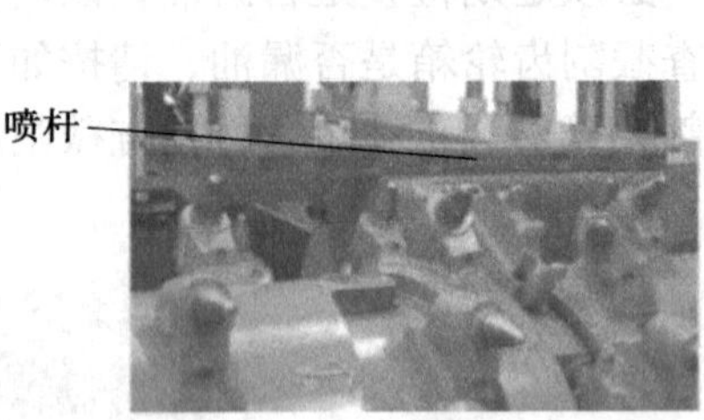

图 5－21　截割滚筒上的喷杆

3. 检查反冲洗过滤器是否堵塞

必须定期检查反冲洗过滤器是否堵塞，以确保冷却和喷雾系统正常工作。要检查反冲洗过滤器是否堵塞，请按如下方式执行操作：启动机器和高压水泵，检查过滤器的进口和出口压力。如果进水压力与出水压力之间有压差，旋转手柄到 500000 Pa 以上压力再次冲洗过滤器，如图 5－23 所示。

图 5-22　装载台上的喷杆

图 5-23　反冲洗过滤器

（五）电气系统

1. 检查控制系统的故障日志

机器上安装了一个显示屏，显示屏的用途是可视化、便于设置及维护，并可用于观察实际的机器数据。要检查控制系统中的故障日志，请按如下方式执行操作：导航到正确的机器可视化画面，检查严重故障消息。

2. 用接地故障测试开关检查接地故障继电器

接地故障测试开关可模拟接地故障继电器和电阻器之间的接地故障。要使用接地故障测试开关检查接地故障继电器，请按如下方式执行操作：清洁主控制面板上的观察镜，检查截割电机中的接地故障继电器，如图 5-24 所示。

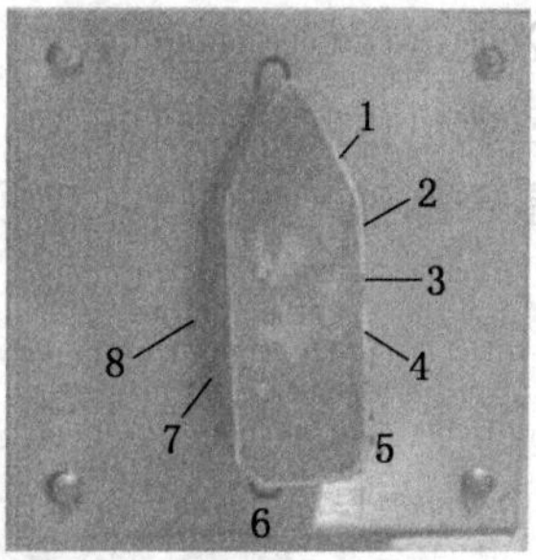

1—测试位置；2—测试位置；3—测试位置；4—测试位置；5—未定义；6—测试位置；7—测试位置；8—测试位置

图 5-24　接地故障测试开关区

旋转测试开关到位置 1，检查错误消息的显示。检查液压系统、输送机和装载台电机的接地故障继电器。检查所有控制电压，在位置 8，各电压关闭，LED 指示灯上的 LED 会亮起红色，如图 5-25 所示。如果接地故障继电器正常，则将测试开关旋回零位置。

图 5-25　LED 指示灯板和 LED 指示灯

3. 检查截割大臂定位线性传感器

导航至模拟输入页面。按下遥控器上的 SUMP IN 或 SUMP OUT 键，如果截割滚筒实际水平位置的数值发生改变，则表明线性传感器工作正常。按下遥控器上的 SHEAR UP

或 SHEAR DWN 键，如果截割滚筒实际垂直位置的数值发生改变，则表明线性传感器工作正常。

4. 检查遥控器的状况

遥控器能正常工作对于确保机器安全、高效地运行十分重要。要检查遥控器的状况，请按如下方式执行操作：检查所有发射器外壳和切换开关是否损坏，必要时用清洁刷清洁发射器；检查 LED 指示无线电遥控已启用的功能。

（六）齿轮箱

必须定期检查齿轮箱，以确保机器的正常使用寿命，并避免损坏昂贵的机器部件。要全面检查齿轮箱，请按如下方式执行操作：检查齿轮箱是否发出异常噪声，如图 5－26 所示。

（七）装载系统

1. 检查装载机齿轮箱是否漏油

必须定期检查是否漏油，以确保齿轮箱的正常使用寿命，并避免对环境造成损害。要检查装载机齿轮箱是否漏油，请按如下方式执行操作：清洁检查区域，检查机器两侧的齿轮箱是否漏油，如图 5－27 所示。

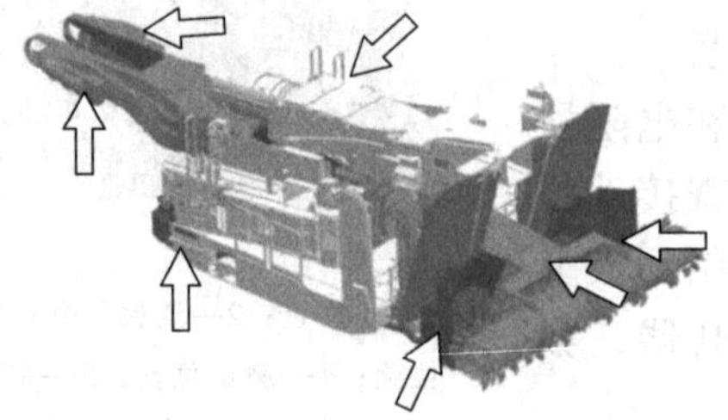

图 5－26　齿轮箱的检查位置

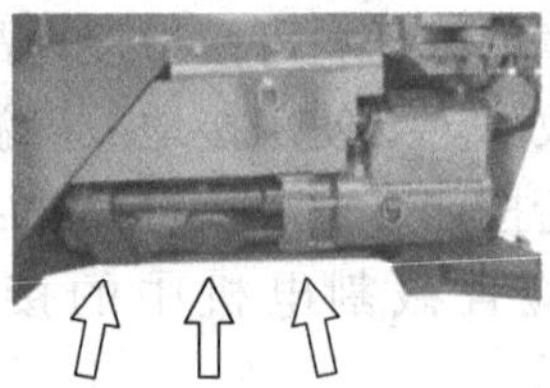

图 5－27　装载机右侧齿轮箱检查区域

2. 检查机器两侧的装载机齿轮油位

必须定期检查油位，以确保齿轮箱的正常使用寿命。为了能够检查两个装载机齿轮箱中的油位，装载台结构后部配备了观察镜。要检查装载机齿轮油位，请按如下方式执行操作：将装载台降至地面，清洁检查区域；检查观察镜油位指示器上的油位，如图 5－28 所示。如果油低于最低油位，请清洁该区域并打开注油塞；加满油，直到油位达到观察镜最高油位；关闭注油塞。

（八）输送系统

1. 清洁旋转区域中链式输送机与主机架之间的区域

物料可能会在输送机和主机架之间的区域中堆积，必须定期清洁此区域，以免损坏输送机。要清洁旋转区域中链式输送机与主机架之间的区域，请按如下方式执行操作：通过安装安全止动装置，使输送机位于机械安全位置；清洁链式输送机与主机架之间的区域，如图 5－29 所示。

2. 检查输送机齿轮箱是否漏油

必须定期检查是否漏油，以确保齿轮箱的正常使用寿命，并避免对环境造成损害。要

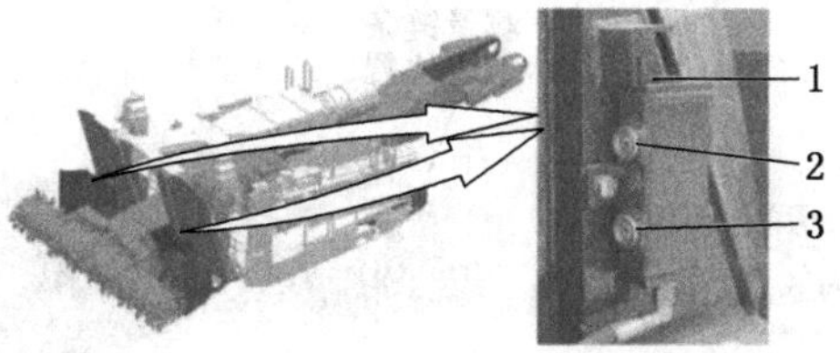

1—注油塞；2—观察镜最高油位；3—观察镜最低油位

图 5-28　载机齿轮箱油位的检查区域

检查输送机齿轮箱是否漏油，请按如下方式执行操作：将输送机降到最低位置；检查输送机齿轮箱是否漏油；检查联轴器壳体是否漏油；检查端面密封件区域是否漏油；检查输送机齿轮箱的油位。

必须定期检查油位，以确保齿轮箱的正常使用寿命。要检查输送机齿轮箱油位，请按如下方式执行操作：降低输送机；清洗检查区域，确保污染物无法进入齿轮箱中；缓慢取下油位塞，检查机油油位；油位塞上必须有油，如果没有油，应取下注油塞，然后加油至所需油位；重新安装并拧紧注油塞和油位塞，确保密封件已安装且无污垢，如图 5-30 所示。齿轮油温度过高可能导致齿轮箱内的压力升高。

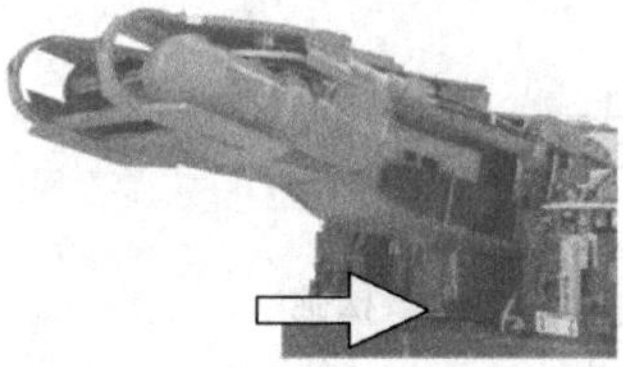

图 5-29　清洁链式输送机主机架的区域

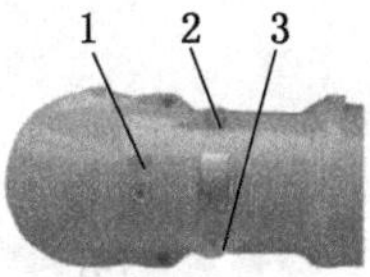

1—油位塞；2—注油塞；3—放油塞

图 5-30　输送机齿轮检查区域

3. 检查单链输送机履带张力是否正确

正确地张紧输送机链条不仅可保证链式输送机的正常运转，还能延长其使用寿命，必须在空载的情况下张紧或分别松开输送机链条。要检查单链输送机的链条张力是否正确，请按如下方式执行操作：

（1）卸载输送机并使其空转。降低输送机，并将旋转部分移到平直位置。

（2）将装载台降至地面。通过后底板中的观察窗检查底部运行的链条有无下垂，在底部运行的输送机链条的下垂度必须介于 40～60 mm，如图 5-31 所示。如果下垂度不在规定的范围内，则必须张紧或释放输送机链条。张紧时可用油枪供给润滑脂，张紧油缸用作张紧元件。张紧连接件包含一个润滑油嘴、一个两位断流球阀、一个球阀和连接管道。张紧输送机链条，如图 5-32 所示，技术示意图如图 5-33 所示。

（3）将油枪连接到油嘴。设定两位断流球阀的位置，以使油嘴与张紧油缸相连。打开球阀以连通张紧油缸。压入润滑脂并将链条调整到所需张紧度。在输送机链条张紧度正

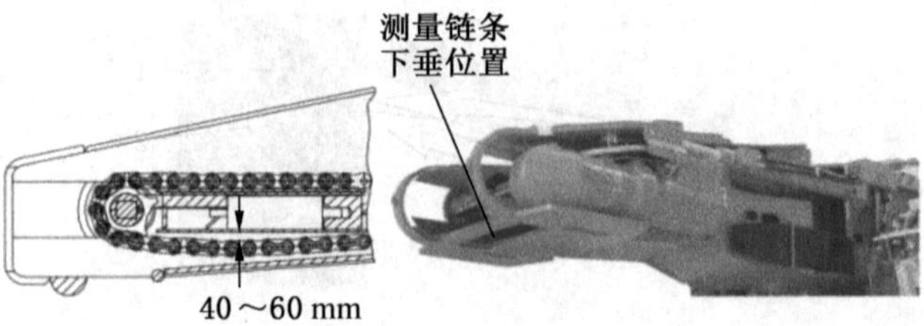

图 5－31　测量链条下垂

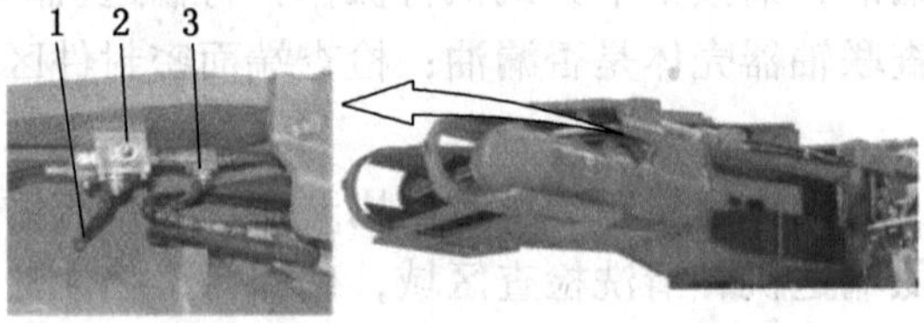

1—断流球阀；2—润滑油嘴；3—球阀

图 5－32　输送机链条

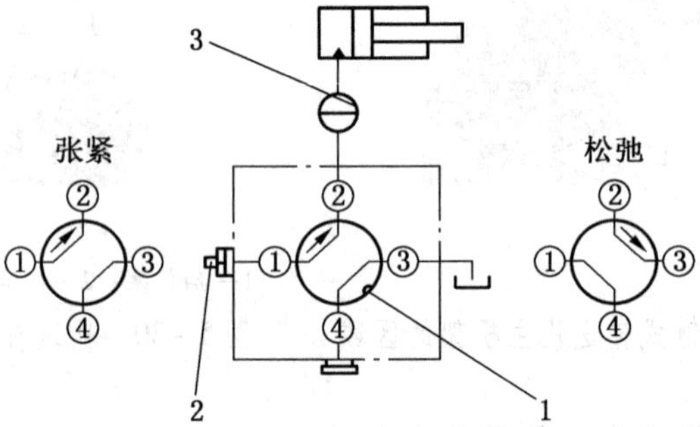

1—两位断流球阀；2—润滑油嘴；3—球阀

图 5－33　输送机链条技术示意图

确时，关闭球阀。断开油枪与润滑油嘴之间的连接。启动机器，测量下垂度前应运行输送机。重新检查链条张紧度，如果链条无法再张紧，并且下垂度仍旧大于 60 mm，应该使链条缩短一个链节，张紧链条时应留有进一步张紧的余地。

（4）释放输送机链条。设定两位断流球阀的位置，以使润滑管路与出口相连。小心地打开球阀以释放润滑脂，链条的重量会使张紧滑块移位并挤出多余的润滑脂。关闭球阀，启动机器。测量下垂度前应运行输送机。重新检查链条张紧度，维修张紧装置和更换部件时，确保没有空气渗入张紧油缸中，混入空气会造成油缸持续振荡，安装之前新软管必须完全注满润滑脂。

三、截割电机每工作 50 h 检查项目

（一）机器

1. 清洁机器

始终确保对机器及其周围进行正常的环境整理。要清洁机器，请按如下方式执行操作：拆除所有障碍物；清洁所有走道、梯子、脚蹬和工作平台。如果允许，使用高压水或压缩空气清洁整台机器。小心整机的电气和电子部件，在清洗时防止水渗入。

2. 检查 EMERGENCY－SWITCHING－OFF 按钮

EMERGENCY－SWITCHING－OFF 按钮是机器安全概念不可或缺的一部分，按下 EMERGENCY－SWITCHING－OFF 按钮会导致上游电源关闭。要检查 EMERGENCY－SWITCHING－OFF 按钮的功能，请按如下方式执行操作：按下 EMERGENCY－SWITCHING－OFF 按钮，确保上游电源已关闭。

3. 检查截割电机锁定开关

截割电机锁定开关是机器安全概念不可或缺的一部分，用于在执行各种维护活动时防止截割电机启动。需要注意的是，如果其中任何一个安全装置无法正常运行、出现损坏或丢失，切勿试图启动机器。要检查截割电机锁定开关的功能，请按如下方式执行操作：启动液压泵驱动电机；关闭并锁定截割电机锁定开关；尝试启动截割电机。

4. 检查所有销钉、衬套和轴架

必须定期检查主要部件的连接件，以确保机器的正常使用寿命，并避免损坏昂贵的机器部件。要检查所有销钉、衬套和轴架，请按如下方式执行操作：目视检查主要部件的销钉、衬套和轴架是否有磨损和损坏；检查销钉、衬套和轴架是否处于正确的位置；检查连接是否有过大的游隙。

5. 目视检查机器结构、所有外露紧固件和吊耳有无腐蚀、裂缝及磨损

恶劣的环境状况会使机器结构承受附加风险，因为可能会出现腐蚀状况。要检查机器结构、所有外露紧固件和吊耳有无腐蚀、裂纹及磨损，请按如下方式执行操作：目视检查整机上的外露机器结构有无腐蚀、裂纹及磨损；目视检查整机上的所有外露紧固件有无腐蚀、裂纹及磨损；目视检查整机上的所有外露吊耳有无腐蚀、裂纹及磨损。

6. 检查输送机尾部和旋转部分之间的连接

必须定期检查主部件之间的连接，以确保机器的正常使用寿命，并避免损坏昂贵的机器部件。要目视检查连接，请按如下方式执行操作：清洁相关区域；检查输送机连接部分是否磨损和损坏；检查输送机尾部和输送机旋转部分之间的对齐状况；检查链条导向弹簧板是否磨损或损坏。输送机连接检查区域如图 5－34 所示。

7. 检查装载台和输送机前部之间的连接

必须定期检查主部件之间的连接，以确保机器的正常使用寿命。要检查装载台和输送机前部之间的连接，请按如下方式执行操作：检查机器两侧装载台和输送机之间的连接是否磨损和损坏；检查配合面之间是否有异常间隙。左侧连接区域检查，如图 5－35 所示。

8. 检查截割齿轮箱与截割大臂之间的连接

必须定期检查主部件之间的连接，以确保机器的正常使用寿命，并避免损坏昂贵的机

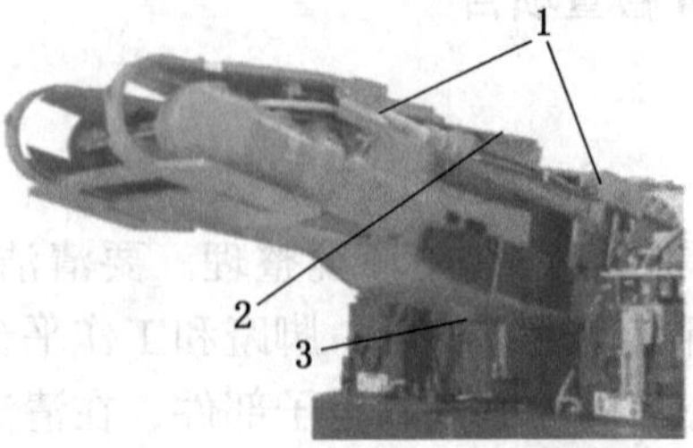

1—油缸连接；2—顶面连接销钉；3—底面连接销钉

图 5－34　输送机连接检查区域

图 5－35　左侧连接检查区域

器部件。要目视检查连接，请按如下方式执行操作：目视检查截割齿轮箱与截割大臂之间的连接是否有异常损坏；检查配合面之间是否有异常间隙。连接检查区域，如图 5－36 所示。

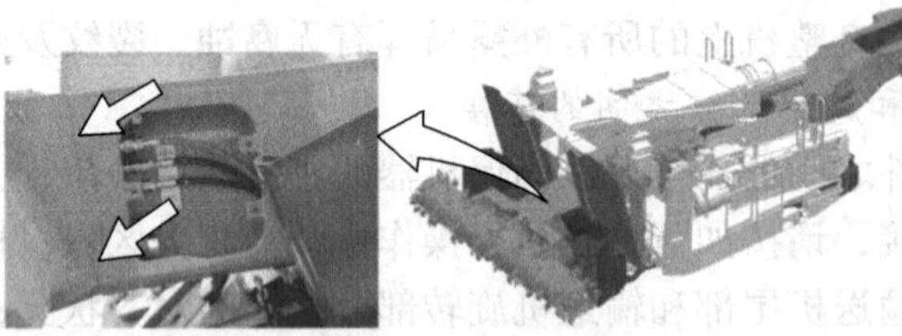

图 5－36　连接检查区域

9. 检查截割滚筒的安装

必须定期检查主部件之间的连接，以确保机器的正常使用寿命，并避免损坏昂贵的机器部件。要目视检查连接，请按如下方式执行操作：

（1）检查内截割滚筒和截割齿轮箱之间的连接；

（2）检查截割滚筒两部分之间的连接是否磨损和损坏；

（3）检查螺栓是否牢固，如有必要，拧紧螺栓；
（4）检查配合面是否有异常间隙；
（5）检查外侧截割滚筒的安装状况和螺栓的拧紧度；
（6）检查接头有无磨损和损坏；
（7）检查螺栓是否牢固，如有必要，拧紧螺栓。

10. 检查伸缩式滚筒的结构

截割条件可能更改，并且在最坏情况下，甚至可能会危害滚筒的结果。这种情况必须进行监测，以防止出现严重损坏。要目视检查滚筒，请按如下方式执行操作：检查构件的安装有无松动，是否有物理损伤；检查焊缝有无裂纹和其他磨损迹象，如图 5－37 所示。

图 5－37　伸缩式滚筒

（二）切割系统

检查联轴器壳体和截割大臂是否存在泄漏。截割齿轮箱漏油表示密封件出现了严重损坏，要执行这种漏油检查，请按如下方式执行操作：用安全止动装置卡住截割大臂；水平定位截割大臂（图 5－38）；清洁检查孔周围区域；拆下检查塞，检查检查孔中是否有油水滴落（漏油或者漏水表示密封件、软管或接头损坏）。

（三）润滑系统

1. 检查润滑泵的转速设置是否正确

必须定期检查润滑泵的转速设置，以确保机器主要部件的正常使用寿命。可使用润滑泵外侧的转数计数器或通过检查钢刷来检查转速是否正确。要检查润滑泵的转速设置是否正确，请按如下方式执行操作：启动液压系统；检查转数计数器，转数计数器一个完整的行程相当于泵旋转一圈；如果没有安装转数计数器，请打开油箱盖，检查钢刷的转速；关闭油箱盖。必要时使用流量控制阀，依照润滑图调整到正确转速。转数计数器与钢刷，如图 5－39 所示。

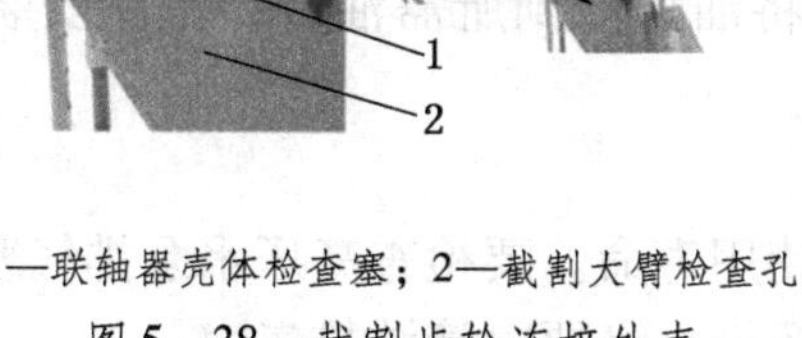

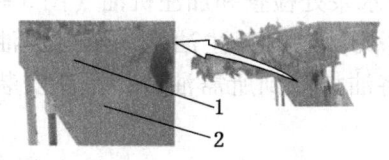

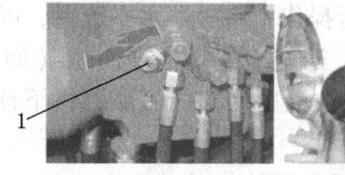

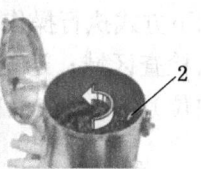

1—联轴器壳体检查塞；2—截割大臂检查孔

图 5－38　截割齿轮连接外壳

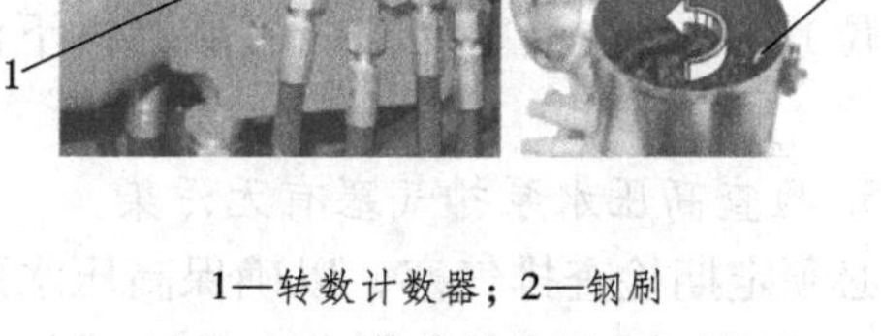

1—转数计数器；2—钢刷

图 5－39　转数计数器与钢刷

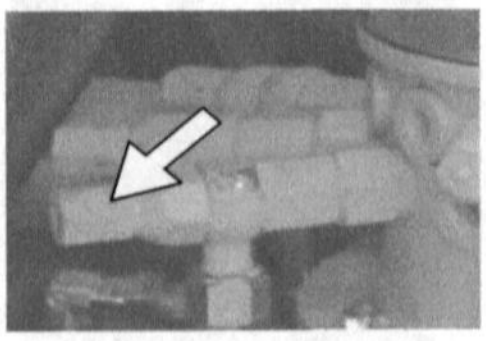

图 5-40 泄压阀检查区域

2. 检查润滑泵上的泄压阀

每个泵元件都装有用于限制最大压力的限压阀。在管道阻塞的情况下，润滑油会出现在受影响连接件的限压阀处。如果限压阀上出现油脂，则表明相关的润滑管道或润滑点被阻塞，必须检查所有元件。要检查泄压阀，请按如下方式执行操作：检查泄压阀有无油脂泄漏，如图 5-40 所示。

3. 检查软管和连接是否有泄漏和物理损伤

必须定期检查润滑脂软管和接头是否泄漏和损坏，以确保机器的正常使用寿命，并避免对环境造成损害。要检查软管和接头是否存在泄漏和物理损坏，请按如下方式执行操作：检查润滑系统的所有外露软管和接头有无磨损和损坏；确保所有连接的润滑点都能获得润滑脂；必要时修理或更换这些零件。

4. 润滑各润滑点

须使用油枪直接润滑各注油嘴。要润滑各润滑点，请按如下方式执行操作：清洁注油嘴和注油嘴周围的区域，以确保污染物无法进入润滑系统中；检查注油嘴是否正确安装并且未受损坏；用手动油枪润滑各注油嘴。

（四）冷却和供水系统

1. 检查供水系统部件是否泄漏

必须定期检查供水系统是否泄漏，以确保冷却和喷雾系统正常工作，并避免进一步损坏机器部件。要检查供水系统部件是否存在泄漏，请按如下方式执行操作：检查供水系统所有外露软管和配件有无泄漏或损坏，必要时维修或更换这些部件。

2. 检查输送机喷雾系统的工作情况

必须定期检查输送机喷雾系统，以确保主控制面板冷却装置、输送机电机冷却装置和输送机系统的除尘装置均正常工作。要检查喷雾系统的工作情况，请按如下方式执行操作：启动机器；操作后部稳定器缩回功能以激活喷雾系统；目视检查输送机喷雾系统的功能；维修或更换缺失或损坏的喷嘴，并且清理完全堵塞的喷嘴。

3. 检查液压热交换器

必须定期检查液压热交换器，以确保液压油冷却功能正常工作。液压油中含水或油温过高可能是液压热交换器损坏的迹象，要检查和维护液压热交换器，请按如下方式执行操作：检查热交换器是否清洁；检查热交换器是否有机械损坏；检查热交换器是否泄漏；如有必要，请维修或更换热交换器。

4. 检查高压水泵油位

必须定期检查电机油位，以确保高压水泵的正常使用寿命。要检查高压水泵油位，请按如下方式执行操作：将机器水平放置，以便在高压水泵处检查和加注机油（图 5-41）；清洁检查区域；通过检查镜检查油位（如果油位过低，请拆下注油塞，然后加油至所需油位）；清洁注油塞周围的区域；拆下注油塞，将油加注到所需油位；重新安装注油塞。

5. 检查高压水泵排气塞有无污染

必须定期检查排气塞，以确保高压水泵的正常使用寿命。要检查高压水泵排气塞有无污染，请按如下方式执行操作：检查排气塞是否有污染，必要时清洁排气塞。

（五）电气系统

1. 检查主电源

机器上安装了一个显示屏，显示屏的用途是可视化、便于设置及维护，并可用于观察实际的机器数据。要检查主电源，请按如下方式执行操作：导航到正确的机器可视化画面；在显示屏上检查机器是否连接了正确的主电源（用于持续运行的电源必须在规定限值内，规定限值在最大值的10%上下）。

2. 检查所有电气盒是否有机械损伤

要确保电气盒符合适用的防爆法规，必须目视检查是否有任何损坏。要检查所有电气盒是否存在机械损坏，请按如下方式执行操作：检查机器上的所有电气盒是否有机械损坏；检查是否有松动的安装件；检查电气盒是否腐蚀。

3. 检查所有观察镜的状况

观察镜将电子元件和可视化屏幕与潜在的爆燃性气体分隔开来。要检查所有观察镜的状况，请按如下方式执行操作：清洁观察镜，检查电气箱的观察镜是否有机械损坏，如图5－42所示。

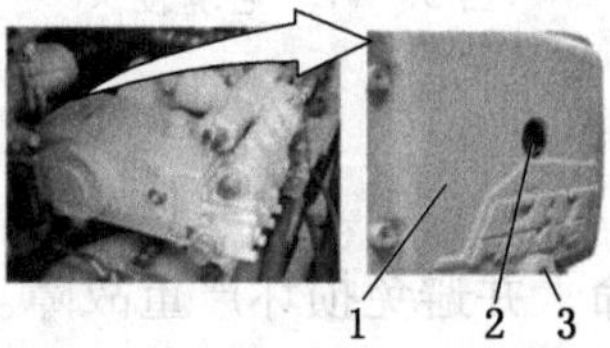

1—高压水泵后端；2—油位观察镜；3—放油塞

图5－41　高压水泵油位检查及加注机油

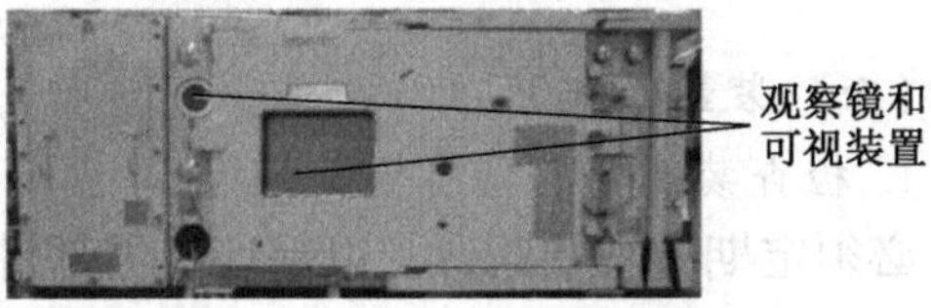

图5－42　观察镜和可视装置

4. 检查电气主控制面板中的硅胶

主控制面板中的硅胶可吸收湿气。要检查电气主控制面板中的硅胶，请按如下方式执行操作：打开主控制面板；检查硅胶指示器（如果硅胶的颜色从黄色变成绿色，则必须予以更换）。

5. 检查防护设备的设置和工作情况

防护设备是机器安全概念不可或缺的一部分，需要定期进行检查。要检查防护设备的设置和工作情况，请按如下方式执行操作：打开主控制面板；检查电源断路器的设置；检查所有过载继电器的设置和工作情况；检查后，关闭主控制面板。

6. 检查传感器

必须定期检查传感器，以确保电气系统正常工作，并确保机器安全、有效地运行。要检查传感器，请按如下方式执行操作：检查机器上所有外露的传感器是否有机械损坏；检查所有外露的传感器是否已正确安装；检查所有外露的传感器和电缆接头是否防水；检查传感器是否正常工作。

7. 检查所有电缆

必须定期检查电缆，以确保电气系统正常工作，并确保机器安全、有效地运行。要检查所有电缆，请按如下方式执行操作：检查机器上的所有外露电缆是否有机械损坏；检查所有外露电缆是否已妥善铺设；检测到电缆受到损坏时，应立即通知合格的电工以避免潜在的危险状况，如图 5－43 所示。

8. 检查电缆接头是否存在机械损伤并检查其气密性

电缆接头将电缆连接到电气设备，还将带电导体与潜在的爆燃性气体分隔开来，为确保电气系统的正确运行，需要定期对其进行检查。为保证电缆接头免受机械损伤并确保其气密性，请按如下方式执行操作：检查机器上的电缆接头是否损坏及是否牢固，如图 5－44 所示。如果电缆接头松动，则打开接线盒并检查是否有灰尘和水分。如果电缆接头已损坏，则应进行更换。

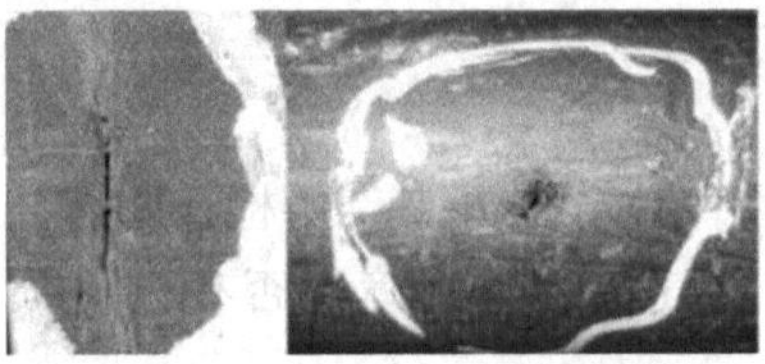

图 5－43　已损坏电缆的示例图

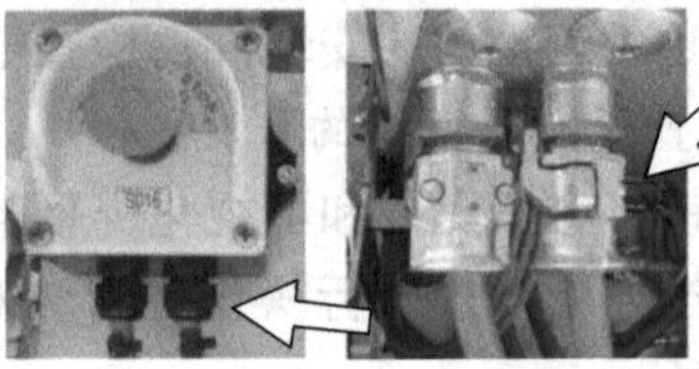

图 5－44　电缆接头

（六）装载系统

1. 检查装载台有无磨损及损坏

必须定期检查装载台，以保证机器部件的使用寿命，并避免损坏严重故障。要检查装载台是否磨损和损坏，请按如下方式执行操作：卸载并清除装载台上的截割材料；检查构件的安装有无松动，是否有物理损伤；检查耐磨板的磨损和损坏情况；检查焊缝有无裂纹和其他磨损迹象。

2. 检查装载拨盘是否磨损、损坏，并检查其安装状况

必须定期检查装载拨盘，以确保将截割材料高效装载到输送机上。要检查装载拨盘，请按如下方式执行操作：水平定位截割大臂；安装截割大臂安全止动装置；清洁检查区域；检查装载拨盘是否有磨损和损坏（图 5－45）；检查固定销钉是否有磨损和损坏；检查是否所有六角螺栓和六角螺母均拧紧。

3. 检查装载机齿轮储油器上的排气过滤器

排气过滤器使装载机齿轮储油器能够换气，确保排气过滤器清洁且正常运行。要检查装载机齿轮油储油器上的排气过滤器，请按如下方式执行操作：检查机器两侧排气过滤器是否污染和损坏；重新安装清洁过的或新的排气过滤器。

（七）输送系统

1. 检查输送机链条和驱动链轮有无磨损和损坏

输送机履带和刮板磨损主要是由于连接部位之间的磨损与破裂。要检查输送机链条是否磨损和损坏，请按如下方式执行操作：卸载输送机并使其空转；检查刮板是否缺失；检查刮板和链节是否磨损或损坏，并随机检查刮板之间的距离（刮板之间的距离必须在 457.2～480 mm）；检查输送机驱动链轮有无磨损和损坏。

2. 检查合成型柔性保护装置

必须定期检查柔性保护装置，以确保输送机系统的效力。要检查合成型柔性保护装

置，请按如下方式执行操作：降低输送机；卸载输送机并使其空转；将旋转输送机移至笔直位置；检查机器两侧的合成型输送机柔性保护装置是否存在磨损、损坏和固定件松动的情况。

3. 检查输送机回转滚轮

必须定期检查输送机回转滚轮，以确保输送机系统的功能。要检查输送机回转滚轮，请按如下方式执行操作：卸载输送机并使其空转；清洁检查区域；检查输送机回转滚轮是否磨损和损坏；检查端面密封件区域是否泄漏；检查是否有松动的安装件。如有必要，请将螺栓拧紧至正确扭矩，如图5-46所示。

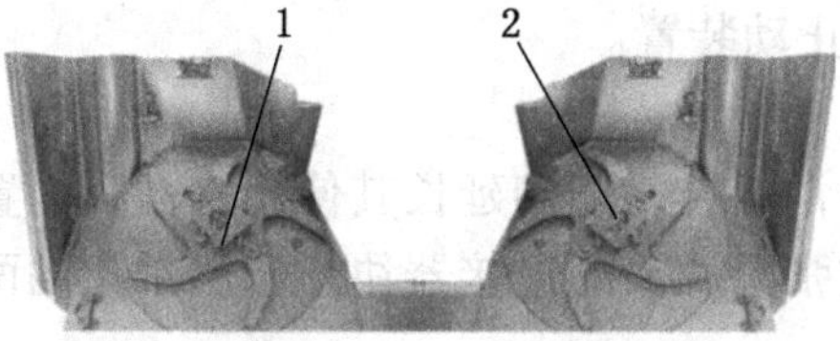

1—装载星形机构右侧；2—装载星形机构左侧

图5-45　装载拨盘

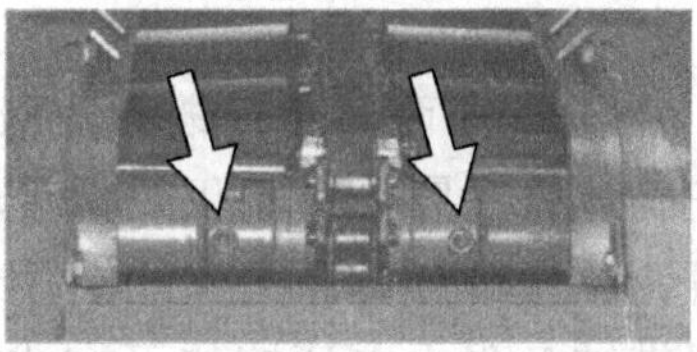

图5-46　回转滚轮油缸螺栓

（八）履带行走系统

1. 检查两个牵引履带齿轮箱上的油位

必须定期检查油位，以确保齿轮箱的正常使用寿命。要检查牵引履带齿轮箱的油位，请按如下方式执行操作：将机器移至水平位置；清洗检查区域，确保污染物无法进入齿轮箱中。牵引履带齿轮箱的油位塞位于机器后部转角处，如图5-47所示。

拆下油位塞，从油位塞上应该能看见油。如果无油，则将油加注到所需油位。注油塞位于机器后部输送机旋转点附近。使输送机位于顶部位置，在输送机油缸上安装安全止动装置。清洁注油塞周围的区域，并确保污染物无法进入齿轮箱中。取下注油塞，将油加注到所需油位。重新安装注油塞，确保密封件已安装且无污垢，如图5-48所示。

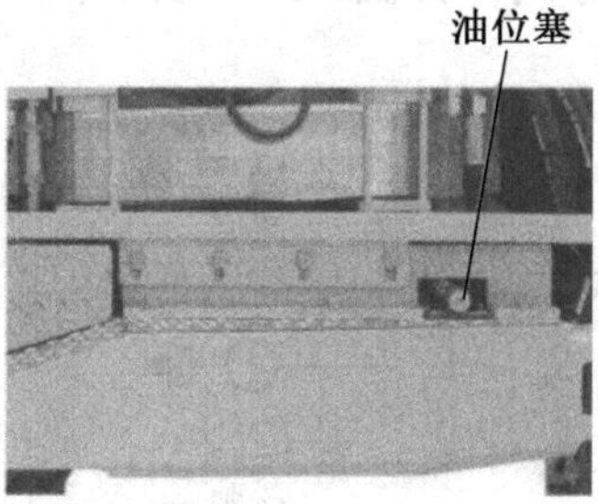

图5-47　左侧检查区

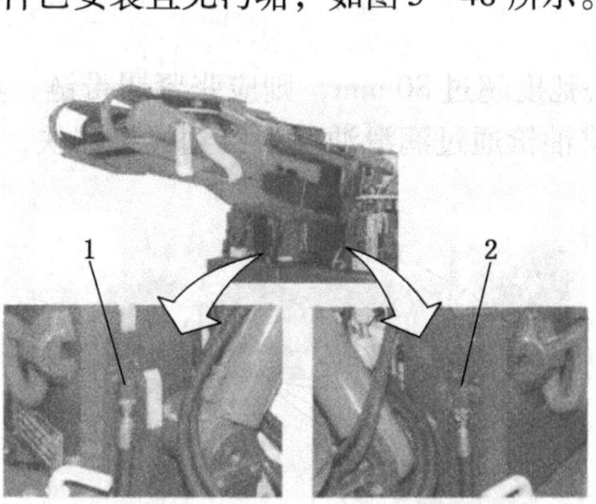

1—左侧履带齿轮箱注油塞；2—右侧履带齿轮箱注油塞

图5-48　履带齿轮箱的注油点

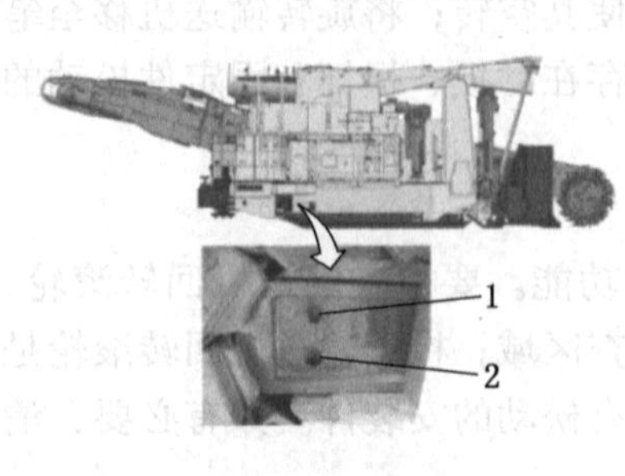

1—上部油位塞；2—下部油位塞

图 5-49　右侧检查区

2. 检查履带驱动链轮上的油位

必须定期检查油位，以确保驱动链轮的正常使用寿命，并避免损坏昂贵的机器部件。要检查履带驱动链轮的油位，请按如下方式执行操作：将机器移到水平位置；清洁油位塞周围的区域，并确保污染物无法进入驱动链轮中。油位塞位于履带架后端，如图 5-49 所示。

拆下油位塞，从油位塞上应该能看见油。如果无油，则将油加注到所需油位。注油塞位于机器后部输送机旋转点附近。使输送机位于顶部位置，在输送机油缸上安装安全止动装置。

3. 检查机器两侧履带链条的张力和状况

正确地张紧履带链不仅可保证输送机的正常运转，还能延长其使用寿命，内置式润滑油缸可调整履带链的张力大小。用于润滑油缸张紧调节的连接器块位于履带架的两侧，要检查履带链条张力，请按如下方式执行操作。

（1）激活维护模式。通过使用装载台、截割大臂和后稳定器将两条履带提离地面。执行此操作时，务必保持安全距离，在测量松弛度前，履带链必须前后运行数次，以清除链节和链轮之间的淤泥。关闭机器。

（2）检查履带链是否磨损、损坏及松动。检查下部履带链的松弛度，松弛度必须约为 80 mm，如图 5-50 所示。

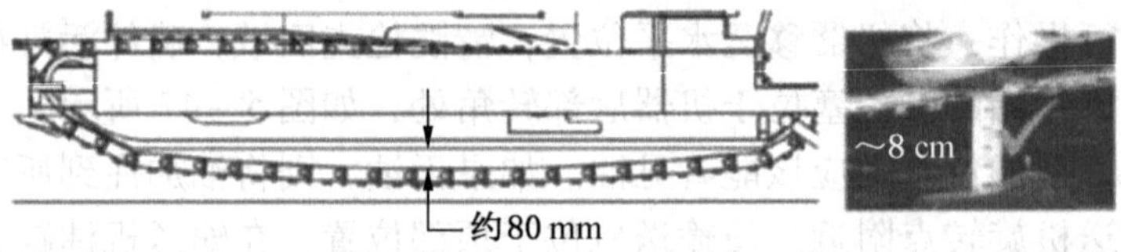

图 5-50　检查松弛度示例图

如果松弛度超过 80 mm，则应张紧履带链，如图 5-51 所示。

（3）将油枪通过润滑油嘴连接到连接器块，然后打开球阀，如图 5-52 所示。

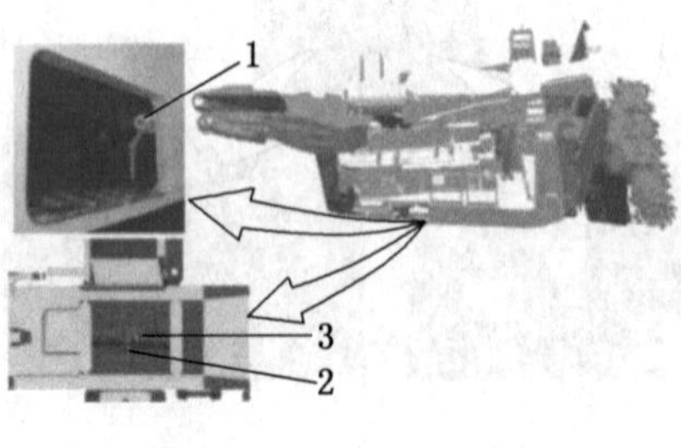

1—带润滑油嘴的连接器块；2—垫片；3—张紧油缸

图 5-51　履带张紧装置

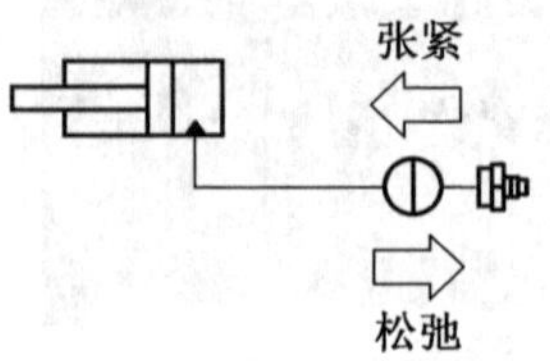

图 5-52　带润滑油嘴的连接器块

（4）压入润滑脂并将履带链调整到所需张紧度。启动机器；测量松弛度前应运行履带。关闭机器，测量张紧油缸和拉杆之间的间隙。测量垫片，允许比间隙小 3 ~5 mm，以便进行安装，如图 5 – 53 所示。

（5）安装垫片并安装紧固螺栓，关闭球阀。从润滑油嘴上断开油枪。拆下注油嘴。打开两通球阀至释放位置，让油缸缩回。关闭球阀。安装注油嘴。如果松弛度小于 80 mm，则应调松履带链。将油枪插入润滑油嘴，并打开球阀。压入润滑脂并张紧链条，使垫片分离。根据需要拆下垫片并安装紧固螺栓。关闭球阀。从润滑油嘴上断开油枪。拆下注油嘴。小心打开两通球阀至释放位置，让油缸缩回。张紧架的位移是通过履带链的重量调节来实现的，过多的润滑脂会被挤压出来。检查链条张紧度。在履带张力正确时关闭球阀。安装注油嘴。启动机器。小心地将机器降至地面。

（九）顶棚和管道系统

必须定期检查顶棚支架，以确保机器的正常使用寿命，并避免损坏昂贵的机器部件和确保机器正常运行。要检查顶棚支架是否安装到位和稳固，请按如下方式执行操作：检查顶棚支架是否安装到位和稳固；检查机器两侧的顶棚支架是否磨损和损坏，如图 5 – 54 所示。

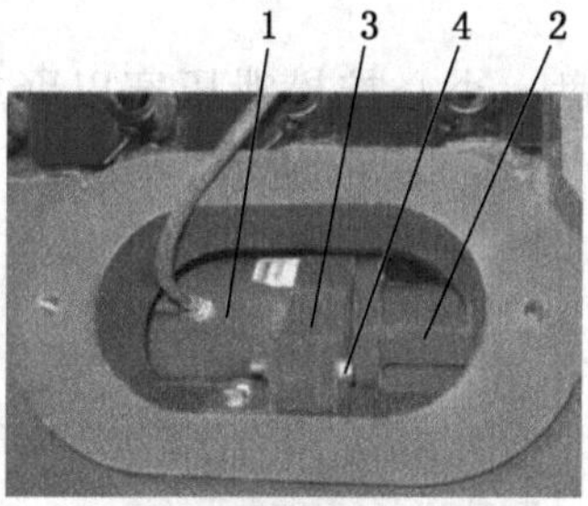

1—张紧油缸；2—拉杆；3—垫片；4—紧固螺栓

图 5 – 53　垫片

1—顶棚支架；2—顶棚油缸

图 5 – 54　顶棚检查区域

（十）液压系统

1. 检查液压泵是否存在异常的运行噪声

必须定期检查液压泵，以确保机器的正常使用寿命，并避免损坏昂贵的机器部件和严重故障。检查泵有无异常运行噪声，请按如下方式执行操作：启动液压系统；检查液压泵处于待机模式时是否存在异常噪声；检查液压泵在运行时是否存在异常噪声。

2. 检查履带驱动制动器的功能

履带驱动制动器是机器安全概念不可或缺的一部分，必须进行定期检查。要检查履带驱动制动器的功能，请按如下方式执行操作：从电磁阀上断开电缆，以避免履带驱动制动器自动松开；重启机器并切换到行走模式，使机器行走；检查片状盘式制动器是否有泄漏；将电缆重新连接到制动电磁阀。

3. 检查掏槽和截割的速度

为了达到最佳的切割性能和减少截齿的损耗，切割过程中截割大臂的掏槽和截割速度是至关重要的。此外，错误的速度也会对截割滚筒，尤其是截齿座造成损坏。

掏槽和截割速度取决于所用截割滚筒的类型，可根据实际的工作条件进行调整。要检查掏槽和截割速度，请按如下方式执行操作：启动液压系统；通过测量截割装置移动一段距离或者一个角度的时间，检查掏槽和截割速度。

4. 检查软管、连接件、控制箱和油缸是否泄漏或存在物理性损坏

必须定期检查是否漏油，以确保液压设备的正常使用寿命，并避免对环境造成损害。软管和适配器的状况对于防止泄漏、昂贵的维修或机器停机至关重要，如果软管总成显示损坏，则需要立即将其更换。要检查液压部件和软管总成有无泄漏，请按如下方式执行操作：目视检查软管和接头是否损坏；目视检查软管和接头是否泄漏；目视检查控制块、驱动装置和油缸是否损坏或泄漏；目视检查液压动力单元是否损坏或泄漏；维修或更换损坏的软管总成或部件。

5. 检查回流管路过滤器是否存在污染

必须定期检查回流管路过滤器的状况，以确保液压系统的正常使用寿命，并避免损坏昂贵的机器部件。要检查回流管路过滤器，请按如下方式执行操作：

（1）检查视觉污染指示器。如果过滤器受到污染，红色销会伸展约 5 mm，如图 5 - 55 所示。如果污染指示器指示滤芯堵塞，则请更换回流管路过滤器的滤芯。关闭液压系统。

（2）等待系统降温。在过滤器下面放置一个集油盘；小心拧松泄压塞以释放过滤器压力；拧松并拆下盖板螺栓；拆下盖板；拆下中心环，如图 5 - 56 所示。

1—盖板；2—污染指示器；3—锚杆；4—泄压塞

图 5 - 55　拆下螺栓

图 5 - 56　拆下中心环

（3）拉出滤芯（图 5 - 57）。检查元件表面是否有污垢残留物和较大颗粒物，这些东西会损坏组件；清洁外壳和盖板；更换滤芯，装配新滤芯时，需对照旧滤芯来检查新滤芯的类型；安装滤芯；安装已清洁的中心环。

（4）安装盖板（图 5 - 58）。检查密封环是否有磨损和损坏，必要时安装新密封环，确保盖板和壳体的钻孔对齐，确保盖板和滤芯对齐。启动液压系统，检查过滤器是否泄漏。

6. 检查中压过滤器是否受到污染

必须定期检查中压过滤器的状况，以保证液压系统的使用寿命，并避免损坏昂贵的机

器部件。要检查中压过滤器的状况，请按如下方式执行操作：目视检查污染指示器（如果指示器销伸展约 5 mm，则表明过滤器受到污染；如果污染指示器指示滤芯堵塞，则请更换中压过滤器的滤芯）；关闭并释放系统中的压力，等待系统降温；在过滤器下面放置一个集油盘；打开放油塞以确保过滤器单元不加压；按照逆时针方向拧松并拆下管道上的过滤器盖（如有必要，用一把筒扳手初步拧松过滤器盖上的六角头，仅当无法卸下滤芯时才需要进行此步骤）；拆下锁紧螺钉；朝向外侧倾斜过滤器外壳；拆下滤芯并仔细检查内表面是否明显脏污，明显的污物或颗粒可能是系统组件发生故障的早期警告；安装新滤芯；按相反顺序重新组装过滤器单元，检查过滤器盖和管道之间的 O 形环是否磨损和损坏，如有必要，请更换 O 形环，用干净的液压油润滑 O 形环，使用时需要小心地拧紧过滤器盖，并松开护盖约 1/4 圈。更换滤芯后，应按下指示器销重新设置污染指示器，电气开关通常会自动复位。启动液压系统，检查过滤器是否泄漏。

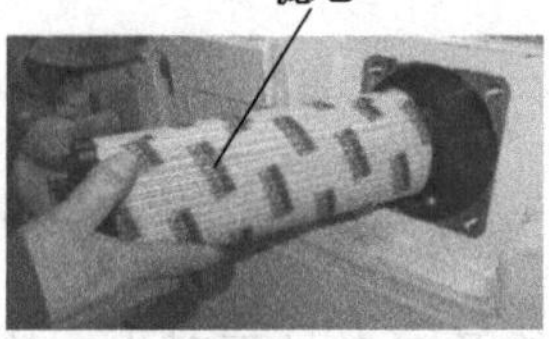

图 5－57　滤芯

1、2—盖板密封环；3—对齐钻孔；4—对齐滤芯

图 5－58　盖板对齐

7. 检查液压油箱排气过滤器是否受到污染

安装于液压缸上的排气过滤器可防止油缸受到污染。排气过滤器正常运行对于液压系统的无故障运行十分重要。要检查液压油箱排气过滤器是否受到污染，请按如下方式执行操作：目视检查污染指示器。排气过滤器堵塞时，污染指示器将从黑色变为红色。如果污染指示器显示过滤器堵塞，则请更换排气过滤器。

应根据真空指示器的指示更换排气过滤器，每六个月或一旦有液压油从滤芯泄漏时，更换排气过滤器。逆时针旋转以拆下受到污染的排气过滤器。安装新的排气过滤器，只能用手拧紧。更换后，通过复位按钮对污染指示器复位。

第二节　锚杆转载机检查

一、锚杆转载机日常检查项目

对锚杆转载机组的日常检修与维护是为了及时地消除事故隐患，从而使设备能够充分发挥其功能及作用，能够尽早发现锚杆转载机组的各部件出现异常等现象，随即采取相应的补救措施，保证生产的正常进行。这些都是非常重要的检查部位，需要检查的内容及其处理的方法如下。

1. 行走部

履带张紧程度是否正常；履带板、履带销有无损坏；各转动轮是否转动；减速机的密封性是否良好。

2. 推进器

钻杆座是否松动或损坏；钻孔马达是否正常旋转；执行元件能否正常工作。

3. 油管

如有漏油处，应充分紧固接头或更换组合垫及O形圈。

4. 油箱油量

如油量不够，加注液压油。

5. 油箱油温

油箱内的冷却器应保证进口侧水量充足，且保证出口侧水流通畅。

6. 油泵

油泵有无异常音响；油泵有无异常温升现象。

7. 换向阀

操纵操作阀手柄的位置是否正确。

二、锚杆转载机定期检查项目

1. 行走机构

目视检查；检查是否有异常噪声；检查驱动链轮、导向轮及二者是否对中；检查履带板；检查张紧装置；检查油位；加油；检查所有螺钉及螺栓的紧固性；检查油质；更换润滑油。

2. 机体部

螺栓有无松动现象；机身是否损坏或撞击。

3. 行走减速机

分解检查内部；换油。

4. 推进机构

推进机构滑道是否损坏；更换易损部件。

5. 钻臂机构

螺栓有无松动现象；伸缩方筒有无损坏；分解检查各部件。

6. 连杆机构

螺栓有无松动现象；连杆销、连杆有无变形损坏；分解检查各部件。

7. 帮锚提升机构

连接螺栓是否松动；机架及底座是否变形。

8. 液压系统

检查电机联轴器；更换液压油；更换滤芯；调整换向阀的安全阀。

9. 油缸

检查密封；检查缸内有无划伤、生锈。

10. 电气部分

检查并清扫电机外壳积尘；检查电机的缘阻抗；检查电机轴承温度（不得超过95°）；

检查电控箱内电气元件的绝缘阻抗；检查电源电缆有无损伤；紧固各部螺栓；检查各电气设备进线口密封圈是否老化；检查启动器及其他电器动作是否正常、显示是否正确；检查隔爆面、隔爆间隙有无漏油现象。

第三节 桥式转载机检查

桥式转载机检查实行班检、日检、周检、月检工作制，检查内容如下。

一、桥式转载机日常检查项目

1. 每班检查

目测检查溜槽、拨链器、舌板和接口板有无损坏，检查挡板的连接螺栓，如有松动应拧紧，如有折断应更换，保证连接可靠。目测检查转载机刮板链的圆环链、刮板、链环，连接螺栓是否损坏，如果连接螺栓过度弯曲必须去掉，换上新的螺栓和螺母。目测检查转载机的电动机供电电缆有无损坏，检查连接罩内部及通风格有无异物，有异物要清理，保持良好的通风。

2. 每日检查

进行每班检查的内容。

检查减速器的冷却、润滑是否正常，有无漏油、有无异常声音、有无温升过高等现象，并随时保持减速器清洁。如发现不正常现象，应及时处理。在运转时，日测检查圆环链的张力，如果机头链条下面下垂超过两个链环，必须重新张紧圆环链。检查圆环链是否能顺利通过链轮，拨链器的功能是否良好。目测检查减速器、链轮及液压部件有无漏油、漏液现象。

二、桥式转载机定期检查项目

1. 每周检查

进行每日检查的各项内容。

检查传动装置是否安全，有无损坏，检查各紧固件，松动的要拧紧。

2. 每月检查

进行每周检查的各项内容。

检在两条圆环链的伸长量是否一致，如果伸长量达到或超过原始长度的2.5%时，需更换，注意更换时要成对更换。

3. 每半年检查

进行每月检查的各项内容。

更换减速器的润滑油，将齿轮等各部件清洗干净，目测检查齿轮及轴承有无损坏，并更换磨损件，装拆时注意确保结合面清洁，密封良好，更换链轮的润滑油。

更换减速器、链轮、液压缸、阀件中失效的密封件，检修时应在地面机修车间进行。

检查电动机轴承处有无损坏。

第四节　带式输送机检查

一、带式输送机日常检查项目

（1）检查输送带运行状况，有无卡磨、脱块、跑偏、接头损坏等不正常现象。

（2）检查电动机、CST 可控软启动装置等主要部件运转状况，检查齿轮箱、冷却系统、管接头及各液压元件是否漏油、是否有振动或异常噪声。

（3）各主要轴承的温升、噪声状况。

（4）游动小车、张紧车、机尾小车在轨道上的运行状况。

（5）停车时，清除粘在滚筒及结构件上的煤泥。

（6）检查清扫器是否正常地接触输送带，并及时更换已磨坏的橡胶刮板。

（7）输送带的张紧程度是否正常，张紧绞车工作是否正常。

（8）托辊与输送带的接触及运转是否正常。

（9）电控和安全装置是否正常。

（10）闸瓦间隙正常为 0.9～1.2 mm，当间隙超过 1.5 mm 时应调整。

（11）检查制动装置的液压管路是否有泄漏，检查油泵温升及噪声，检查电磁阀的工作状态。

二、带式输送机定期检查项目

执行日检项目，另外检查以下项目。

（1）CST 的油位，若油位降低及时补充润滑油；提取冷却油油样并分析污染及磨损情况；向 CST 的输入及输出轴的密封盖板内加注美孚耐高温润滑脂。

（2）张紧绞车的钢丝绳是否磨损，滑轮转动是否灵活。

（3）检查各部件的紧固件是否有松动，发现松动，立刻拧紧，对运转过程中经常处于振动状态下的紧固件，如驱动装置、机头架、张紧绞车及各滚筒安装定位螺栓应特别注意。若驱动装置和机头架地角螺栓松动将使滚筒中心线与减速器输出轴不同心导致蛇形联轴器损坏。

（4）检查和清除转动部件和轨道上的杂物。

（5）各滚筒轴承按工作情况定期注油。

（6）检查蛇形联轴器润滑脂的贮量，以及是否出现漏油现象。若无油，将导致蛇形联轴器内的弹簧损坏。

（7）及时清除电气设备上的煤尘。

（8）检查液压部件是否工作正常。

（9）检查各联轴器是否连接可靠。

（10）检查张紧装置的蓄能器内的气体压力，若气体压力降至 4.5 MPa 以下时应充氮气加压。

第六章 快掘系统常见故障及处理方法

第一节 掘锚一体机常见故障及处理方法

一、警告、故障和连锁信息

1. 液压马达

液压马达的警告、故障和连锁信息见表6-1~表6-3。

表6-1 液压马达警告信息

状 态	信 息
警告	换流器故障
	液压油压传感器回路1故障
	液压油压传感器回路2故障
	液压油压传感器回路3故障
	液压油回流过滤器堵塞
	液压油旁路过滤器堵塞

表6-2 液压马达故障信息

状 态	信 息
警告	检测到液压马达OFF电流
	液压马达反馈丢失
	液压马达反馈迟滞
	液压马达无反馈
	液压马达过载
	液压马达过热跳闸
	液压马达接地故障
	液压油位错误

表6-3 液压马达连锁信息

状　态	信　　息
连锁	液压马达锁定，先导停止
	液压马达锁定，一般故障
	液压马达锁定，机器设置页面激活
	液压马达锁定，冷却模式激活
	液压马达锁定，阀芯监测故障
	液压马达锁定，制动释放后未行车
	液压马达锁定，锚杆机压力卡滞

2. 截割电机

截割电机的警告、故障和连锁信息见表6-4~表6-6。

表6-4 截割电机警告信息

状　态	信　　息
警告	齿轮油温警告
	截割电机换流器故障

表6-5 截割电机故障信息

状　态	信　　息
故障	检测到截割电机 OFF 电流
	截割电机丢失反馈
	截割电机反馈迟滞
	截割电机无反馈
	截割电机过载
	截割电机过热跳闸
	截割电机接地故障
	截割齿轮箱油温传感器故障
	截割齿轮箱油过热跳闸
	截割电机接地故障
	截割齿轮箱油温传感器故障
	截割齿轮箱油过热跳闸

表6-5（续）

状 态	信 息
故障	截割齿轮箱油压传感器故障
	截割齿轮箱油压传感器卡滞
	截割齿轮箱油压故障
	截割电机停止，瓦斯切断
	截割电机禁用
	截割电机禁用 1 min

表6-6 截割电机连锁信息

状 态	信 息
连锁	截割电机锁定，断路器开路
	截割电机锁定，泵未运行
	截割电机锁定，喷雾系统故障
	截割电机锁定，一般故障

3. 输送机

输送机的警告、故障和连锁信息见表6-7～表6-9。

表6-7 输送机警告信息

状 态	信 息
警告	左侧输送机电机换流器故障
	右侧输送机电机换流器故障

表6-8 输送机故障信息

状 态	信 息
故障	检测到输送机电机 OFF 电流
	左侧输送机电机正向反馈丢失
	左侧输送机电机正向反馈迟滞
	左侧输送机电机正向无反馈
	左侧输送机电机反向反馈丢失

表6-8（续）

状态	信息
故障	左侧输送机电机反向反馈迟滞
	左侧输送机电机反向无反馈
	左侧输送机电机过载
	左侧输送机电机过热
	左侧输送机电机接地故障
	左侧输送机电机禁用
	左侧输送机电机禁用1 min
	检测到右侧输送机电机OFF电流
	右侧输送机电机正向反馈丢失
	右侧输送机电机正向反馈迟滞
	右侧输送机电机正向无反馈
	右侧输送机电机反向反馈丢失
	右侧输送机电机反向反馈迟滞
	右侧输送机电机反向无反馈
	右侧输送机电机过载
	右侧输送机电机温度过高
	右侧输送机电机接地故障
	右侧输送机电机禁用
	右侧输送机电机禁用1 min

表6-9 输送机连锁信息

状态	信息
连锁	左侧输送机电机锁定，断路器开路
	左侧输送机电机锁定，切割机断路器开路
	左侧输送机电机锁定，泵未运行
	左侧输送机电机锁定，右侧输送机电机处于错误状态
	左侧输送机电机由于降噪停止
	左侧输送机电机锁定，一般故障
	右侧输送机电机锁定，断路器开路

表6-9（续）

状 态	信 息
连锁	右侧输送机电机锁定，泵未运行
	右侧输送机电机锁定，右侧输送机电机处于错误状态
	右侧输送机电机由于降噪停止
	右侧输送机电机锁定，一般故障

4. 装载电机

装载电机的警告、故障和连锁信息见表6-10~表6-12。

表6-10 装载电机警告信息

状 态	信 息
警告	左侧装载电机换流器故障
	右侧装载电机换流器故障

表6-11 装载电机故障信息

状 态	信 息
故障	检测到左侧装载电机 OFF 电流
	左侧装载电机正向反馈丢失
	左侧装载电机正向反馈迟滞
	左侧装载电机正向无反馈
	左侧装载电机反向反馈丢失
	左侧装载电机反向反馈迟滞
	左侧装载电机反向无反馈
	左侧装载电机过载
	左侧装载电机温度过高
	左侧装载电机接地故障
	左装载电机禁用
	左侧装载电机禁用 1 min
	检测到右侧装载电机 OFF 电流
	右侧装载电机正向反馈丢失
	右侧装载电机正向反馈迟滞

表6-11（续）

状态	信息
故障	右侧装载电机正向无反馈
	右侧装载电机反向反馈丢失
	右侧装载电机反向反馈迟滞
	右侧装载电机反向无反馈
	右侧装载电机过载
	右侧装载电机温度过高
	右侧装载电机接地故障
	右装载电机禁用
	右侧装载电机禁用 1 min

表6-12 装载电机连锁信息

状态	信息
连锁	左侧装载机电机锁定，一般故障
	右侧装载机电机锁定，一般故障

5. 中间输送机

中间输送机的警告、故障和连锁信息见表6-13～表6-15。

表6-13 中间输送机警告信息

状态	信息
警告	左侧中间输送机电机变频器故障
	右侧中间输送机电机变频器故障

表6-14 中间输送机故障信息

状态	信息
故障	检测到左侧中间输送机电机 OFF 电流
	左侧中间输送机电机反馈丢失
	左侧中间输送机电机反馈迟滞
	左侧中间输送机电机无反馈
	左侧中间输送机电机过载

表6-14（续）

状　态	信　　息
故障	左侧中间输送机电机过热
	左侧中间输送机电机接地故障
	左侧中间输送机电机禁用
	左侧中间输送机电机禁用 1 min
	左侧中间输送机电机停止运行，皮带打滑
	检测到右侧中间输送机电机 OFF 电流
	右侧中间输送机电机反馈丢失
	右侧中间输送机电机反馈迟滞
	右侧中间输送机电机无反馈
	右侧中间输送机电机过载
	右侧中间输送机电机过热
	右侧中间输送机电机接地故障
	右侧中间输送机电机禁用
	右侧中间输送机电机禁用 1 min
	右侧中间输送机电机停止运行，皮带打滑

表6-15　中间输送机连锁信息

状　态	信　　息
连锁	左侧中间输送机电机锁定，断路器开路
	左侧中间输送机电机锁定，切割机断路器开路
	左侧中间输送机电机锁定，泵未运行
	左侧中间输送机电机锁定，右侧输送机电机处于错误状态
	左侧中间输送机电机锁定，一般故障
	右侧中间输送机电机锁定，断路器开路
	右侧中间输送机电机锁定，切割机断路器开路
	右侧中间输送机电机锁定，泵未运行
	右侧中间输送机电机锁定，左侧输送机电机处于错误状态
	右侧中间输送机电机锁定，一般故障

6. 阀芯监测

阀芯监测的警告、故障信息见表6－16和表6－17。

表6－16 阀芯监测警告信息

状 态	信 息
警告	阀芯监测禁用

表6－17 阀芯监测故障信息

状 态	信 息
故障	截割滚筒伸出、缩回阀芯错误
	输送机向上、向下阀芯错误
	输送机向左、向右阀芯错误
	装载台上升、下降阀芯错误
	支撑顶棚大臂上升、下降阀芯错误
	装载机扩展翼板伸出、缩回阀芯错误
	大臂上升、下降阀芯错误
	掏槽进刀、收刀阀芯错误
	右侧行走阀芯错误
	左侧行走阀芯错误
	稳定器伸出、缩回阀芯错误
	截割滚筒伸出、缩回传感器故障
	输送机向上、向下传感器故障
	输送机向左、向右传感器故障
	装载台上升、下降传感器故障
	支撑顶棚大臂上升、下降传感器故障
	装载机扩展翼板伸出、缩回传感器故障
	大臂上升、下降传感器故障
	掏槽进刀、收刀传感器故障
	右侧行走传感器故障
	左侧行走传感器故障
	稳定器伸出、缩回传感器故障

7. 加注泵

加注泵的警告、故障和连锁信息见表6－18～表6－20。

表6－18 加注泵警告信息

状态	信息
警告	加注泵电机变频器故障

表6－19 加注泵故障信息

状态	信息
故障	检测到加注泵电机 OFF 电流
	加注泵电机反馈丢失
	加注泵电机反馈卡滞
	加注泵电机无反馈
	加注泵电机过载
	加注泵电机过热
	加注泵电机接地故障

表6－20 加注泵连锁信息

状态	信息
连锁	加注泵电机锁定，油位过满
	加注泵电机锁定，一般故障

8. 喷雾系统

喷雾系统警告信息见表6－21。

表6－21 喷雾系统警告信息

状态	信息
警告	喷雾系统，进水压力低
	喷雾系统，高压水流量小
	喷雾系统，切割机喷射压力低
	喷雾系统，铲板喷射压力低
	PLC 错误

表 6-21（续）

状　态	信　息
警告	模拟输入错误
	配置错误
	模拟输入 0 错误
	模拟输入 1 错误
	模拟输入 2 错误
	模拟输入 3 错误
	模拟输入 4 错误
	模拟输入 5 错误
	H2 喷射管喷嘴丢失
	H3 喷射管喷嘴堵塞
	H4 喷射管水压低
	H5 注油嘴低压
	H6 注油嘴高压
	H7 注油嘴低流量
	H8 喷射管空气低压
	H9 喷射管空气高压
	H10 喷射管空气传感器失效
	H12 数字注油嘴低流量
	H13 数字注油嘴低压
	维护按钮
	切割机维护
	喷射管气动服务按钮错误
	无水压，SPLC 处于运转前模式
	截割机继电器故障

二、电气系统故障排除

大多数可能发生的故障都可以显示在机器显示屏上，可选装 LED 显示阵列，保险丝烧断和电力电缆断开不会在显示屏上显示。导致电气系统发生故障的主要原因在于，随意更改电位计、端子板和开关的初始设置，这样会加大损坏程度并使故障排除更加困难。为了能够迅速准确地定位故障，必须有条不紊地进行作业，而想要排除系统故障，必须熟练掌握故障电路及与其整合的电动液压系统的相关知识。一些电机故障原因及其纠正措施见表6－22。排除故障时，可以进行模拟。

表6－22　电气系统故障排除表

故　障	可能原因	观察/排除
电机无法启动；电机启动，但不负载；磁噪声；机架过热	连接错误	将连接与电路图进行比较，正确地重新连接
电机无法启动；电机启动，但不负载；磁噪声；机架过热	重绕后逆接相位	逆接一个定子相位。如果故障仍然存在，则恢复连接，再逆接下一个相位，以此类推
电机无法启动；电机启动，但不负载；磁噪声；机架过热	电源部分或全部故障	检查电机端子处的电压，维修电路，更换保险丝或调整过载跳脱
电机无法启动；电机启动，但不负载；机架过热；低速	低电压	测量电机端子处的电压并与铭牌进行比较，纠正低电源电压的原因
低速；低功率因数	低频率	测量电源的频率并与铭牌进行比较，纠正低频率的原因
电机无法启动	负载需要的扭矩要大于最初指定的扭矩	测量负载所需的启动扭矩，减少所需的启动扭矩，增加自耦变压器上的抽头
过载跳闸	负载过高或机械阻塞	测量电流的接入口减少负载，清除阻塞
过载跳闸	单相运行	检查所有3个相位上的电流消耗，维修电路各自的电机
过载跳闸	电压过低	检查机器上的电压，增加电源电压
热敏电阻跳闸	冷却受阻	检查冷却系统，清洁冷却系统
热敏电阻跳闸	热敏电阻故障	检查电阻，连接备用电路
电机启动，但不负载；机架过热；低速	电机过载	测量线电流并与铭牌进行比较纠正过载的原因
机架过热	环境温度或海拔过高。通风再循环	检查室内环境温度和海拔，确保电机适合正确的条件使用。检查大气进气温度是否高于室内环境温度重置电机，修改建筑或提供额外的通风。安装折流板，重置电机或修改建筑
机械噪声；振动；轴承过热	驱动装置未对齐或存在推力	检查驱动装置的对齐和性质，使用刚性联轴器检查是否存在轴端浮动，重新对齐电机或预作安排以承受推力
控制系统中的接地故障	绝缘故障	检查电路消除接地故障恢复绝缘

表6-22（续）

故　障	可能原因	观察/排除
电机分支或拖曳电缆接地故障	绝缘故障	电缆终端套管跳脱，确定故障分支，维修绝缘故障，恢复绝缘
机架过热	通风路径受阻	检查电机中的所有冷却进气口、出气口和管道清洁电机
机械噪声	气隙中有异物	拆下罩盖并检查气隙清洁电机
磁噪声；机械噪声；振动；机架过热；低功率因数	气隙不均匀或电机定子积垢	在3个点处测量气隙，转动转子180°，再次测量。测试轴承是否磨损，更换磨损的轴承、集中铁芯组件或调准转子
轴承过热	润滑脂等级或数量不足或不正确	拆下轴承盖并检查润滑脂的等级和质量清除等级不正确或多余的润滑脂，并补充正确数量的推荐润滑脂
机械噪声；振动；轴承过热	不正确的轴承重新装配	拆下轴承盖并检查壳体内和轴上轴承的装配情况。检查套筒轴承上的定位钉将轴承垂直重新装入壳体内和轴上。重新安装套筒轴承的定位钉
机械噪声；振动；轴承过热	轴承损坏	拆下轴承盖并检查轴承绝缘、润滑脂或机油安装新的轴承或轴承衬套；如果发生平稳振动，则每周转动滚柱轴承的转子1/4
机械噪声；振动；轴承过热	壳体内的轴承松动	拆下轴承盖并检查壳体中外圈的安装情况必要时安装新的轴承壳体
机械噪声；轴承过热	替换的轴承不正确	拆下轴承盖并检查所安装的轴承类型安装电机制造商提供的正确替换轴承
机械噪声；振动；轴承过热	轴承在轴上旋转	拆下轴承盖并检查轴上内圈的安装情况，检查套筒轴承上的定位钉通过电化学沉积方式构建轴，安装套筒轴承的定位钉
轴承过热	油槽中有异物	拆下并检查轴承的上半部分清理油槽，冲洗轴承并加注干净的机油
振动	基础故障	检查基础是否坚硬、平整重做基础或使基础变硬和变平整
机械噪声；振动	动态不均衡	分开电机，使用或不使用导轮/联轴器来查找不平衡源动态平衡不平衡的组件
电机无法启动；电机启动，但不负载；磁噪声；振动；机架过热；低速	转子绕组故障；转子绕组短路	在笼型电机上检查振动是否为脉动型。电机以正常运行速度运行时，振动应在满负载情况下出现，并随负载的减少而迅速减小。电机以正常速度和负载运行时，检查振动是否在电机关闭后立即停止。检查适当阴极射线示波器上的定子线电流波形，查看是否存在电流振幅调制与振动一致的迹象。实际检查转子接头和杆。重做接头检查绕组维修过载跳闸
轴承表面点蚀	遗漏了轴承绝缘	查看所有绝缘件是否都在位及轴承是否短路。否则，提升轴颈并测试绝缘拆下轴承和底座之间的金属零件短路绝缘，或正确插入提供的所有绝缘件

表6-22（续）

故　障	可能原因	观察/排除
轴承表面点蚀	气隙不规则或转子和定子铁芯轴向未对齐	铁芯轴向未对齐在铁芯两端测量气隙，转动转子180°，再次测量。检查轴向对齐。重新定位定子铁芯组件，以使气隙均等，纠正轴向对齐并重新拧紧
电机运转不稳定	壳体或离合器因紧固不当而受到应力；单相运行	松开螺钉并重新紧固，检查所有相位上的电流输入
电机无法启动	电机接触器不工作；电机端子无电压；单相电源	检查触头和电缆。电机隆隆作响，检查相电压，检查电缆、端子、接触器和保险丝
接通时短路保护作出响应	绕组或配线短路	切断电机电缆连接并检查是否存在绝缘故障
大灯不工作	电缆断路；接地故障	检查保险丝和灯，检查电缆和接线盒
信号喇叭不响	喇叭系统故障；电缆断路	检查并更换保险丝，检查信号喇叭。检查电缆和接线盒
氧气或瓦斯监测系统不工作	传感器故障	每两年更换一次传感器

对电气系统进行故障排除时，务必遵循以下操作。

（1）对带电电路进行故障排除或检测时，需佩戴合适且完好的电气绝缘手套。

（2）故障排除或检测是为了查找电气故障并确认是否已妥当维修。

（3）确定电气故障位置后，开始电气作业前，需断开电路断路器，断开、锁定并隔离可视切断装置。

（4）开展电气作业前，应使用合适功率值的电表和非接触式电压测试仪进行测试，确保电路未接通。

（5）电气作业是安装或维护电气设备或导体时必须进行的工作。

（6）请自行上锁挂牌，不准擅自将自己的工作交给他人。

（7）在断路器的线路端子处贴上警告标签，说明即使断路器开路，终端接线片仍然通电。

（8）执行电气设备故障排除和维修作业前，应制定、传达并施行一项书面形式。

正确的操作规范，可以最大限度地确保参与项目的所有矿工人员的安全。

三、液压系统故障排除

（一）一般故障排除

工作人员在操作过程中观察或认识到的任何故障或异常情况必须立即纠正，重新调试之前，必须清楚地查明故障原因并进行排除。临时性排除故障，如报废处理安全装置

（如温控器、液位监测系统、过滤器等）是不允许的。

液压系统故障通常是泄压阀和节流阀不合理和不必要的重新调整造成的，一般来说，还会造成更多损坏而使故障诊断和排除更加复杂。因此，要快速准确定位故障，必须有条不紊地进行作业；要排除系统故障，必须熟练掌握故障液压回路及与其整合的液压系统的相关知识。在系统开始时开始检查液压系统，并检查每个部件的运行情况，直到发现故障，一旦找到故障所在的部位，只需要在该部位查找不正常运行的确切部件。

（二）液压系统故障的基本原因

液压系统故障的四个最常见原因是污垢、热量、水和气蚀。污垢可能是四个原因中影响最大的一个，但其他几个原因也对液压系统具有致命影响。过多的热量也会影响填料，以及密封件和O形环。如果发生漏油和漏气，则液压系统的有效性会迅速降低，污垢能够通过损坏的填料和密封件进入系统，从而进一步缩短系统的使用寿命。

1. 防止过热

可以通过以下几个简单的规则来防止过热。

（1）始终使用正确黏度的液压油。使用黏度比建议值更高的润滑油，特别是在环境温度较低的区域中，将会导致油液摩擦增加和过热。

（2）始终按照制造商的建议连接软管并将其夹紧到位。过于靠近装置的变速箱或马达布设软管会导致软管过热，这会致使流过软管的液压油过热。此外，还应避免使用尺寸过小的软管，并且在安装软管时要确保没有突然弯折处，否则会增加摩擦，进而升高油温。

（3）当泵、油缸和其他液压系统部件磨损时，请予以更换。零件磨损会使漏油过多，这反过来需要泵长时间以全功率输出运行。更长的循环会延长系统内生成油液摩擦的时间，从而升高油温。

（4）请始终保持液压系统的外部和内部清洁。系统外部的污垢会起到隔离作用，防止正常冷却。系统内部的污垢会造成磨损，导致漏油。无论哪种情况，污垢都会导致升温。

2. 防止进入空气

通常可以通过液压系统的不稳定和不平稳运行来识别系统中的过多空气。系统中空气过多还会造成油出现气蚀，空气与油混合即会发生这种情况，油在出现气蚀时会过热。

可以通过以下几个简单的规则来防止液压系统中出现空气。

（1）在必要时调整并更换填料和密封件。更换密封件和填料时，仅使用制造商推荐的产品。

（2）安装软管时，确保它们已得到正确的支撑。振动软管可以松开连接并允许空气进入系统。定期检查所有软管接头和连接，以确保它们正确拧紧。

（3）如果液压系统的一个或多个部件出现故障，液压系统将会减速并变得迟缓，或者会失去压力。如要查找故障的部件，请检查液压系统完成循环所需的时间，并查看压力输出是否正常。

（三）液压系统故障排除方法

液压系统故障排除方法，见表6－23。

表6－23 液压系统故障排除表

故　障	可能原因	排除方法
断开油位监测器	液压装置中液压油过少	添加至正确油位并排除系统当前的泄漏故障
断开温度监测器	冷却装置不工作	检查并维修
断开温度监测器	压力阀失调	纠正设置值
断开温度监测器	流量控制阀失调	纠正设置值
断开温度监测器	泵的零冲程压力过高	纠正设置值
液压油内有泡沫和气泡	使用矿物油操作：液压油与水混合而成的油液	更换液压油
液压油内有泡沫和气泡	回流管道压力过高。泵内有泄漏管道	清洁或更换回流管道过滤器滤芯
液压油内有泡沫和气泡	少许水－乙二醇基易燃液体；HFC流体混合矿物油，或由矿物油转化成HFC流体比率过高	提取油样
液压油内有泡沫和气泡	空气过滤器脏污	更换空气过滤器
切换功能无反应或反应功能失控	液压油与其他介质或强污染物混合	提取油样
个别功能无法控制	各自的控制阀故障或者没有控制装置	修理或更换。检查电源
个别功能无法控制	安全阀不切换	检查电气控制，进行维修或更换
液压回路中没有压力或压力过小	液压泵故障	修理或更换
液压回路中没有压力或压力过小	主压力限制阀失调、泄漏、故障	检查设置然后修理或更换
液压回路中没有压力或压力过小	泵压力控制器失准或发生故障	调整或更换压力控制器
液压回路中没有压力或压力过小	泵流量控制器失准或发生故障	调整或更换流量控制器
液压回路中没有压力或压力过小	负荷传感信号太弱	控制或更换换向阀
所有液压操作功能的运行进程过慢	液压泵流量过低或故障	修理或更换
个别功能无法控制	各自的控制阀故障	修理或更换

表6-23（续）

故　障	可　能　原　因	排　除　方　法
油缸操作功能缓慢或无反应	主压力限制阀失调、泄漏、故障	检查设置然后修理或更换
油缸操作功能缓慢或无反应	二次压力限制阀相应功能失调、泄漏、故障	检查设置然后修理或更换
油缸操作功能缓慢或无反应	液压缸中的密封件磨损	更换新的密封件
负荷下降缓慢，无动作	位置较低的制动阀堵塞，损坏	修理或更换阀门
自行降低负荷	液压缸上的二次泄压阀失调或泄漏	检查设置然后修理或更换
自行降低负荷	液压缸中的密封件磨损	更换新的密封件
降低负荷时发生颤簸	位置较低的制动阀损坏	维修或更换阀门
组件不能移动，只有通过施加高压	机械故障，因为润滑不足组件阻滞	小心润滑相关润滑点
制动器无法释放	各自的控制阀故障	检查制动器的控制压力
制动器无法释放	制动器发生机械故障	检查制动盘或更换新的制动盘
制动器无法释放	制动器内无油	加注到正确的油位

（四）污染物来源

液压系统污染来源如图6-1所示。污染物进入系统的主要原因有以下三点：维修、重新注油的初始污染、系统打开。

此外，污染也可能由以下原因造成：泵磨损、油缸磨损、油缸密封件磨损、初始阀门污染、排气过滤器损坏或未正确密封。

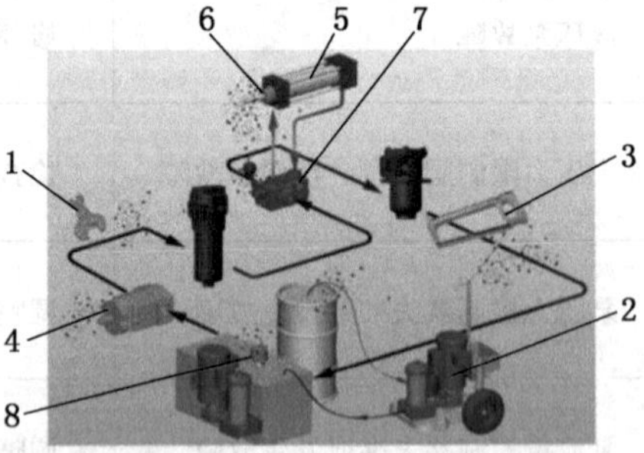

1—维修；2—重新注油的初始污染；3—系统打开；4—泵磨损；5—油缸磨损；6—油缸密封件磨损；7—初始阀门污染；8—排气

图6-1　液压系统污染

（五）阀芯监测

阀芯监测如图6-2所示。

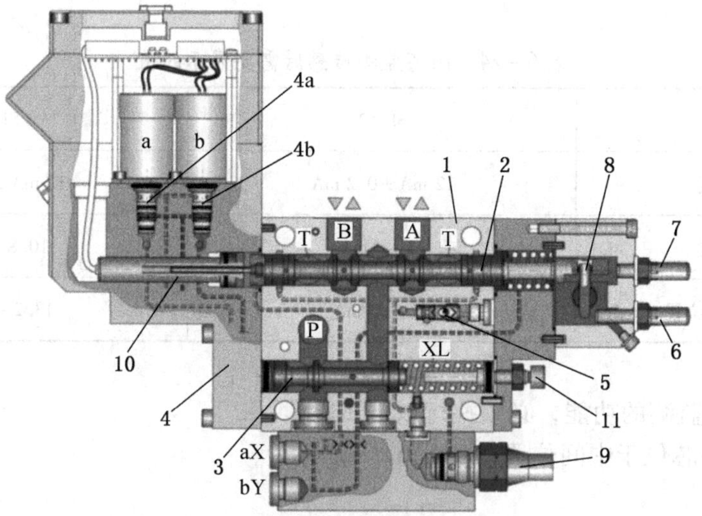

1—壳体；2—主阀芯；3—压力补偿器；4—先导控制单元；4a—A 端先导控制阀；4b—B 端口先导控制阀；
5—换向阀；6—主阀芯行程限制器；7—主阀芯行程限制器；8—枢轴销；9—LS 泄压阀；
10—阀芯位置监测传感器；11—压力补偿器的调整；T—油箱管道；A、B—执行器端口；
XL—负载感应；aX—供外部使用的先导控制压力；
bY—供外部使用的先导控制压力

图6－2　阀芯监测

1. 中间位置

如果该功能未激活，则主阀芯位于中心位置，来自泵的压力（红色区域“P”）未连接至执行器端口，因此不发生功能性移位，由于主阀芯上的控制边缘存在“正重叠”，这种情况得到了保证。

2. 功能激活

如果操作员激活了某项功能，则控制系统会用电信号激活电磁阀，通过来自电磁阀“a”或“b”的先导压力，主阀芯克服弹簧作用移动至外部位置，控制边缘此时打开至执行器端口“A”或“B”，油液开始流动并移动油缸或马达。

3. 停用

如果功能停用，先导压力会排放到油箱中，主阀芯上的弹簧将主阀芯移回到中心位置，需注意阀芯监测系统在每种情况下均会监测主阀芯的移动是否适合当前的操作模式。

4. 故障信息

如果操作过程中发生故障，则故障信息将显示在屏幕上。

（1）截割滚筒伸展和缩回阀芯错误：主阀芯未处于中间位置。

（2）截割滚筒伸展和缩回传感器故障：主阀芯最大位置的值超出容差。

需要注意的是，仅当存在有关阀芯监测的任意问题时，才需要检查这些值。

5. 阀芯监测测试

阀芯监测有助于避免由于液压阀卡住而引起机器意外移动，要使阀芯监测正常运行，阀芯监测传感器需要显示表 6-24 中的值。

表 6-24　阀芯监测传感器需要显示的值

位　置	SL 12	SL 18
中间位置	12 mA ±0. 2 mA	12 mA ±0. 2 mA
工作位置	11 ~7 mA	10. 8 ~5 mA
相反的工作位置	13 ~17 mA	13. 2 ~19 mA

要检查阀芯监测的功能，必须执行以下步骤：

（1）确保阀芯位于中间位置，如图 6-3 所示。

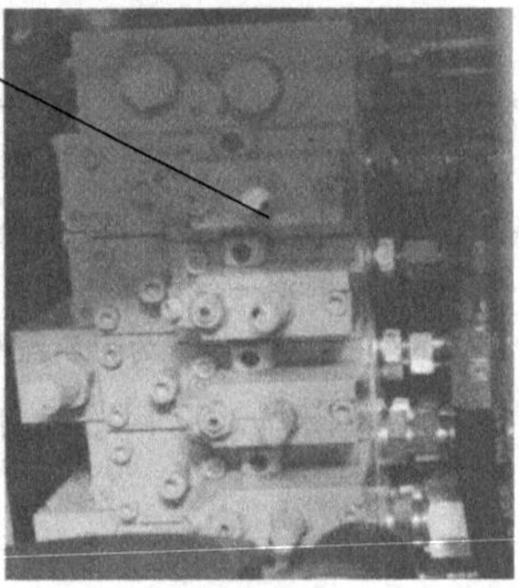

图 6-3　枢轴销位于中间位置

（2）导航至模拟测试页面并检查阀芯监测位置传感器的模拟信号，值必须位于表 6-24 中所给定的容差范围内。如果值超出容差，则必须联系维修技师来调整阀芯监测位置传感器。用工具将枢轴销手动移动到末端位置，如图 6-4 所示。

（3）检查阀芯监测位置传感器的模拟信号，数值必须位于容差范围内。用工具将枢轴销手动移动到相反的末端位置，如图 6-5 所示。

（4）检查阀芯监测位置传感器的模拟信号，数值必须位于容差范围内。如果三个位置均显示正确的值，则阀芯监测正常工作。如果值不正确，那么需要更换传感器与阀芯，并再次运行测试。如果传感器提供正确的信号，但阀芯监测不工作，则必须联系维修技师。

6. 临时停用阀芯监测

每个部分都可以禁用阀芯监测，以便在出现故障时，将机器移出工作区域，并对机器执行详细的故障分析和维修。完成维修后，必须再次启用阀芯监测。停用阀芯监测是最终用户的责任，如果在部分或完全停用阀芯监测的情况下操作机器，则存在很高的机器意外移动风险，临时停用阀芯监测应仅针对出现故障的特定部分功能。

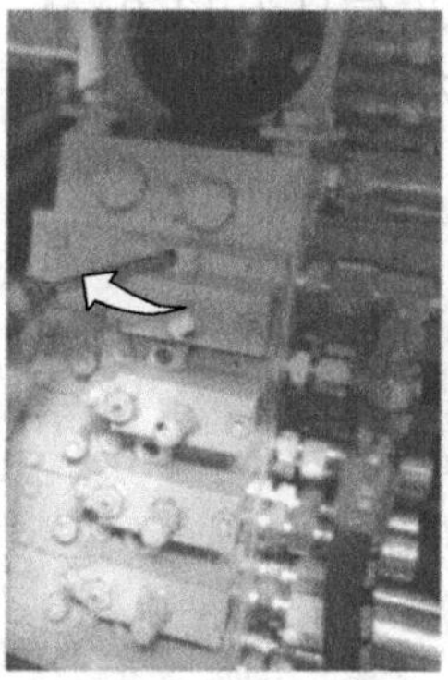

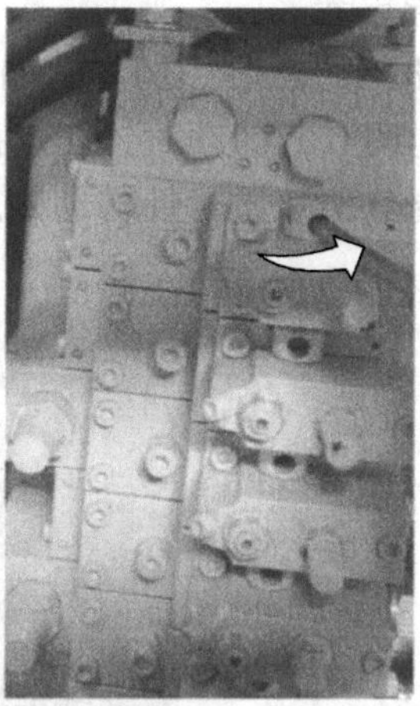

图6-4 枢轴销位于末端位置　　图6-5 枢轴销位于相反的末端位置

机器意外移动可能会导致人员严重受伤甚至死亡，在机器操作过程中，请务必保持在危险区以外。

机器上有额外的保护层，以避免出现意外的液压功能：如果阀卡住，负载感应阀会中断负载感应管路，以便泵不会积聚压力。机器上的过滤系统可确保机油达到合适质量，以降低阀卡住的可能性。不同的传感器取决于相应的功能。

要停用阀芯监测，必须执行以下步骤。

在计算机显示屏上导航到“spool monitoring settings”页面，对适用的功能停用阀芯监测。在某些情况下，需要获得矿井管理层的批准才可以停用阀芯监测。如果传感器提供正确的信号，但阀芯监测不工作，则必须联系维修技师。

7. 调节阀芯位置监测传感器的零点

为确保新安装的阀芯位置监测传感器能够正常工作，必须调节零点：

（1）拧松圆柱头螺栓并将其从先导单元上拆下，如图6-6所示。

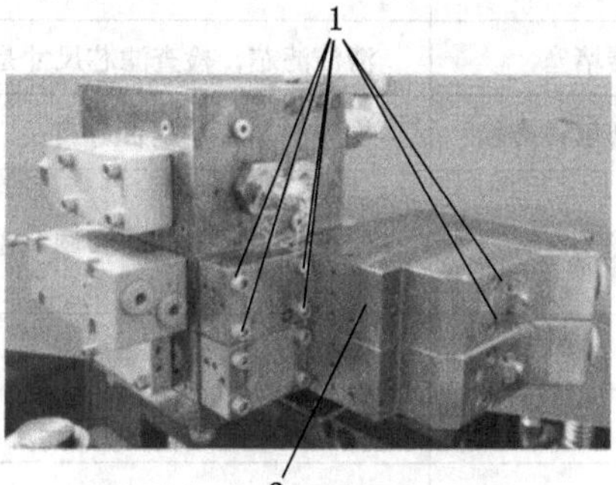

1—圆柱头螺栓；2—阀块

图6-6 阀芯监测传感器

（2）拆下先导单元。

（3）调节电磁阀的磁芯。例如，如果系统中心位置的输出信号为11.0 mA，必须将磁芯朝向阀芯的方向调节，即顺时针转动磁芯。如果输出信号为13.0 mA，必须将磁芯朝向阀芯的相对方向调节，即逆时针转动磁芯，如图6－7所示。

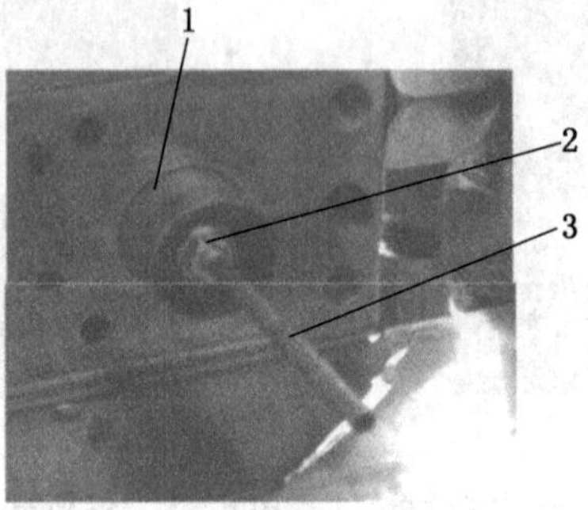

1—阀芯；2—锁紧螺母；3—磁芯

图6－7　调节电磁阀

（4）要调节磁芯，必须用带把手的微型卡盘或类似装置夹紧磁芯。

（5）用5.5 mm的扳手拧松锁紧螺母。

（6）通过转动磁芯校正磁芯的位置，一整圈对应的行程为0.5 mm，1 mm行程对应于1 mA。

（7）重新安装先导单元并检查阀芯监测的功能。

四、供水系统故障排除

供水系统故障排除方法详见表6－25。

表6－25　供水系统故障排除方法

故障	可能原因	观察与排除
压力过低	入口反冲洗过滤器堵塞	清洁滤芯，检查滤芯尺寸是否适当，检查供水系统
压力过低	液体或喷嘴中研磨填料磨损	检查滤芯尺寸是否适当
压力过低	液控单向阀卡死、部分堵塞或调整不当，阀座磨损	检查先导压力清洁和调节溢流阀，检查阀座有无磨损和脏污
压力过低	软管泄漏	检查并更换软管
压力过低	供水不足	检查供水系统
压力过低	喷嘴磨蚀	更换大小合适的喷嘴
压力过低	压力表失效或不准确地登记	用新量规检查并更换磨损或损坏的压力表
喷嘴阻塞	流体有脏物	检查过滤元件有无损坏，检查过滤元件尺寸是否适当

表6－25（续）

故 障	可 能 原 因	观 察 与 排 除
过热	无水流动	检查旁路止回阀，如果损坏进行更换
过热	水流太小	检查矿区的供水量和压力。检查喷嘴是否阻塞，检查所有相关的低压力点，检查阻力过大的特殊套管
过热	冷却套管或冷却器堵塞	清洗装置
过热	机器超载	检查工作条件

五、基本钻凿故障的排除

基本钻凿故障的排除方法详见表6－26。

表6－26　基本钻凿故障的排除方法

故　　障	可　能　原　因	观 察 与 排 除
钻凿深度不够	钻凿进给率设置过低	调整预设速率以适应顶板情况
钻凿深度不够	钻头迟钝或损坏	更换钻头
钻凿深度不够	冲水流速和压力过低	检查机器滤水器和供水压力
钻凿期间冲水堵塞	钻凿进给率设置过快或顶板中有软岩层	调整钻凿进给率以适应具体岩层
钻凿期间冲水堵塞	供水压力过低	检查机器滤水器和供水压力
较难从卡盘中取出钎杆	钻杆过度磨损或损坏	更换磨损的钻杆
较难从卡盘中取出钎杆	卡盘槽内的钻凿砂砾过多	插入钻杆前冲洗卡盘槽
较难从卡盘中取出钎杆	旋转轴内的O形环损坏或错误	检查O形环
锚杆机在自动模式下无法缩回	复位开关无法触发冲击锚杆	清除载重架上表面堆积的钻凿碎屑
锚杆机在自动模式下无法缩回	复位开关损坏	更换损坏的复位开关
所有功能运行缓慢或不规律	液压过滤器堵塞	检查过滤器的弹出式指示器并更换滤芯
所有功能运行缓慢或不规律	主泄压阀故障	调节或更换主泄压阀阀芯

第二节　锚杆转载机常见故障及处理方法

作为锚杆转载机组的操作者，应在使用本设备前，学会并掌握本设备的技术特性及操作方法，以便及时发现异常并排除故障。

锚杆转载机组常见故障及处理方法见表6－27。

表6-27 锚杆转载机组常见故障及处理方法

现　象	原　因	处 理 方 法
履带不行走或行走不畅	1. 油压不够或流量不足 2. 自锁没有打开或自锁接头漏油 3. 履带板内充满煤尘、砂土并硬化 4. 履带过紧 5. 驱动轴损坏 6. 行走减速机内部损坏	1. 调整溢流阀 2. 更换新接头或密封 3. 清除煤尘、砂土 4. 调整张紧程度 5. 检查内部 6. 检查内部
履带跳链	1. 履带过松 2. 张紧装置有故障	1. 调整张紧度 2. 检查张紧装置
油箱温度过高	1. 液压油量不够 2. 液压油质不良 3. 安全阀压力过高 4. 冷却器水量不足或管路堵塞	1. 补加油量 2. 换油 3. 调整安全阀 4. 调整水量疏通管路
配管漏油	1. 配管接头松动 2. O形圈损坏 3. 软管破损	1. 紧固或更换 2. 更换O形圈 3. 更换新品
油泵有异常声响	1. 油泵旋转方向不对 2. 油箱油量不足 3. 吸油过滤堵塞 4. 油泵内部损坏	1. 更正电机转向 2. 加油 3. 清洗或更换 4. 检查内部或更换
执行机构动作缓慢	1. 油泵内部损坏 2. 溢流阀、安全阀动作不良 3. 换向阀内部损坏	1. 更换 2. 检查清洗或更换 3. 更换
油缸不动作	1. 油压不足 2. 换向阀动作不良 3. 密封损坏 4. 溢流阀动作不良 5. 软管破损	1. 调整溢流阀 2. 检修或更换 3. 更换 4. 检修或更换 5. 更换
钻杆不动作	1. 钻孔马达损坏 2. 钻杆座损坏	1. 更换新品 2. 更换
多路换向阀工作压力不足	1. 安全阀压力调整偏低 2. 安全阀阀芯被杂物卡住 3. 调压弹簧变形 4. 系统管路压力损失太大	1. 调整安全阀压力 2. 拆开清洗重新组装 3. 更换新品 4. 更换管路或在需用压力范围内调整安全阀压力
多路换向阀工作流量不足	1. 系统供油不足 2. 阀内泄漏大 3. 油温过高，黏度下降 4. 油液选择不当 5. 阀杆与阀体配合间隙过大	1. 检查油源 2. 降低内泄漏 3. 采取降低油温措施 4. 更换油液 5. 按合理间隙重配阀杆

表6－27（续）

现　象	原　因	处　理　方　法
多路换向阀外部漏油	1. O形圈损坏 2. 油温过高，黏度下降 3. 油口接头密封不良 4. 各接合面紧固螺钉或调压螺钉的螺母等处松动	1. 更换新品 2. 采取降低油温措施 3. 检查相应部位的紧固和密封 4. 相应零件紧固
多路换向阀滑阀复位失灵	1. 复位弹簧损坏或变形 2. 复位部位的部件不同轴	1. 更换新品 2. 重新装配，保持同轴
电源接通后电机不启动	1. 定子绕组相间短路、接地及定子绕组断路 2. 负载过重	1. 检查找出短路、断路及接地的部位，进行修复 2. 减轻负荷
电磁启动器不启动	连线、电源	1. 检查保护插座 2. 检查36 V电源是否存在 3. 检查吸合线圈供电回路
电磁启动器电压显示不正常，电流显示不正常	1. 变压器二次侧输出故障 2. 电流互感器连线故障	1. 检修变压器 2. 查线
电磁启动器保护不跳闸	控制回路故障	查SSR1等回路

第三节　桥式转载机常见故障及处理方法

转载机的故障与处理方法见表6－28。

表6－28　转载机的故障与处理方法

故　障	原　因	处　理
电动机无法启动，或启动后又立即缓慢停止	1. 电路有故障 2. 电压下降 3. 接触器有故障 4. 操作程序不对	1. 检查电路 2. 检查电压 3. 检查过载保护继电器 4. 检查操作程序
电动机发热	电动机风扇吸入口和散热片不清洁	清理风扇吸入口和散热片
刮板链突然被卡住	1. 转载机上有异物 2. 刮板链跳到槽帮外面	1. 清理异物 2. 处理跳出的刮板
刮板链被卡住，向前、向后只能开动很短距离	转载机超载，或底链被回煤卡住	1. 根据情况，卸掉上槽煤 2. 清理底槽煤 3. 检查机头处卸载情况

表6－28（续）

故　障	原　因	处　理
刮板链在链轮处跳牙	1. 链条过度松弛 2. 有扭拧的链段 3. 双股链的长度或伸长量不相等，或环数不同刮板变形过大	1. 重新张紧，缩短刮板链条 2. 检查链段，重新正确安装 3. 检查链条长度（即伸长量），如不合格，则应双股链同时更换 4. 更换变形严重的刮板
刮板链跳出溜槽	1. 转载机不直 2. 链条过松 3. 溜槽损坏	1. 调直转载机 2. 重新紧链，缩短链条 3. 更换被损坏的溜槽
断链	刮板链被异物卡住	1. 清除异物 2. 开到机头处，更换双股链 3. 重新紧链
转载机移动不灵活	1. 行走支座的滚轮不转 2. 油管漏液 3. 转载机未抬高	1. 检查轴承，及时润滑 2. 更换管路 3. 检查槽间连接，抬高转载机

第四节　带式输送机常见故障及处理方法

一、一般故障机器处理

带式输送机一般故障机器处理见表6－29。

表6－29　带式输送机一般故障机器处理表

部位	状态	产生原因	排除方法
输送带	跑偏	机架、滚筒安装不正	重新调整
输送带	跑偏	托辊轴线与输送机纵向中心线不垂直	调整托辊架
输送带	跑偏	滚筒或托辊表面黏附物料	彻底清除
输送带	跑偏	受料位置不正	调整受料点
输送带	跑偏	接头处直线度不符合要求	重新接头
输送带	跑偏	输送带带芯张紧度不均	更换输送带
输送带	上盖胶出现划伤、刺离及异常磨损	回程托辊及改向滚筒组表面不干净或不转动	针对情况处理
输送带	下盖胶磨损严重	与传动滚筒组打滑	调整拉紧力
输送带	下盖胶磨损严重	承载段托辊及改向滚筒组表面不干净或不转动	查明情况处理

表6-29（续）

部位	状态	产生原因	排除方法
输送带	边缘损伤	跑偏过大，触及异物	调整跑偏量
输送带	带芯损伤	输送带与滚筒内存在夹杂物	加强异物去除
输送带	带芯损伤	大块物料冲击所致	控制给料粒度
输送带	撕裂	物料中含有尖锐金属件等	增加除铁设施
滚筒组	传动滚筒组转速不够	胀套锁紧力矩不够	重新进行螺栓锁紧
滚筒组	异常响声	轴承损坏	更换
滚筒组	异常响声	紧固连接件松动	紧固
滚筒组	温升	轴承损坏	更换
滚筒组	温升	轴承游隙过小	调整游腺
滚筒组	温升	润滑油量不足	补充润滑脂
滚筒组	胶面破损	刮伤、磨损	排除异物，修补胶面
滚筒组	胶面破损	夹进异物	排除异物，修补胶面
滚筒组	轴承座漏油	密封圈损坏	更换
滚筒组	表面粘料	清扫不好	调整清扫器
托辊	异常声音	轴承或密封件损坏	更换
托辊	异常声音	润滑脂不足	补充
托辊	不转	与输送带没接触	重新调整
托辊	脱落	托辊架豁口与轴肩磨损或变形	修理或更换
清扫器	异常振动	输送带表面破损	修补输送带
清扫器	异常振动	刮板磨损不均	更换或调整
清扫器	清扫效果差	刮板压力不够、磨损严重	更换或调整
清扫器	清扫效果差	紧固件松动	紧固

二、SZL 液压自动拉紧装置故障及处理

SZL 液压自动拉紧装置故障及处理见表6-30。

表6-30 SZL液压自动拉紧装置故障及处理表

故障	产生原因	排除方法
启动后无压力或压力调不上去	溢流阀泄漏	检查阀面及阀芯，清除杂物
启动后无压力或压力调不上去	调压装置失灵	检查阀面及阀芯，清除杂物
启动后无压力或压力调不上去	先导阀和阀芯的密封带有杂质或损坏严重	检查阀面及阀芯，清除杂物

表6-30（续）

故障	产生原因	排除方法
启动后无压力或压力调不上去	油泵反转	改换接线，改变电机转向
压力脉动大流量不足甚至管道振动、噪声严重	油箱油位不足	清洗隔板上滤油器或加油
压力脉动大流量不足甚至管道振动、噪声严重	吸油管路中密封圈破坏或吸油管路漏气	更换密封圈，紧固密封螺母，更换溢流阀
压力脉动大流量不足甚至管道振动、噪声严重	液压系统中溢流阀本身不能正常工作	更换密封圈，紧固密封螺母，更换溢流阀
某运转噪声大或效率低	电机和泵轴线不同轴	检查联轴器，调整同轴度
某运转噪声大或效率低	泵内有杂质	清除杂物

三、CST可控传输软启动装置故障及处理

CST可控传输软启动装置故障及处理见表6-31。

表6-31　CST可控传输软启动装置故障及处理表

故障	检查	措施
过热	1. 油冷却装置 2. 油位 3. 轴承 4. 呼吸器 5. 油的型号	检查冷却装置和油的流量；如果热交换器的顶端高于齿轮箱正常油位，则热交换器中可能有空气；松开热交换器顶部的堵头，将空气排出，CST中油的温度应为48.88～87.78 ℃；检查管路和热交换器中是否有沉淀物。 从油标上检查油位是否正确。 检查轴承轴向游隙和径向间隙；当脱开负载后，所有轴应转动灵活呼吸器必须是通畅的，如果堵塞了则需更换油
没有油压或油压过低	1. 冷却泵 2. 油位 3. 篮式过滤器入口	蜗壳内可能有空气，换油后应松开冷却泵蜗壳顶部的放气塞排出空气。 通过油位指示器检查油位。 如果堵塞则清洗滤篮
轴承损坏	1. 联轴器类型 2. 同轴度 3. 悬臂过载 4. 过载	在刚性支撑轴之间使用刚性联轴器会造成轴损坏；应用可允许侧向晃动的柔性联轴器代替。 按要求调节同轴度。 K系列CST装置只允许使用直接式联轴器；在输入或输出轴上也许装了链轮或滑轮。 CST应使用能吸收冲击或反复冲击负载的联轴器
轴承损坏	1. 过载 2. 悬臂过载 3. 轴承调整 4. 轴承润滑 5. 生锈 6. 存放条件	检查铭牌上的额定值，并与CST速比表中的额定值对照。 参见“轴承损坏”的第3条。 参见“过热”的第3条。 检查润滑油的运转情况，满速时的输出压力不应低于103421 Pa清洗或更换各过滤器。更换损坏的、有裂纹的和严重热变形的轴承。 密封CST装置，防止湿气进入减速器箱，并减少装置内的凝结水，注意经常排放凝结水，在长期停车期间应经常启动CST装置来充分加热，或向CST中注满油。 长期存放在潮湿空气中会使轴承和齿轮生锈；如果生锈了，则应拆开CST装置，检查并清理或更换零部件

表6-31（续）

故障	检　查	措　　施
漏油	1. 油位 2. 呼吸器 3. 密封 4. 堵头、表和管接头 5. 机箱及端盖	从油箱中排放出多余的油，按照油位指示器上的箭头位置保持油位。 如果呼吸器堵塞了则更换。 检查密封，如有损坏则更换。 涂上螺纹密封剂并拧紧。 拧紧螺栓及端盖螺钉，如果继续漏油则打开机箱盖板；清理结合面，安装新的O形圈，重新将设备装好拧紧，重新加油至正确位置

参 考 文 献

[1] 吴德义，魏允伯，黄以寿，等．淮北矿区深部岩巷快速掘进关键技术研究［M］．北京：冶金工业出版社，2020.

[2] 郭念波，陈勇，范钢．岩巷普掘机械化快速掘进成套技术研究与应用［M］．徐州：中国矿业大学出版社，2012.

[3] 胡贵祥．煤矿开采与掘进［M］．徐州：中国矿业大学出版社，2018.

[4] 中国标准化委员会．基于掘锚一体机的煤巷快速掘进系统设计规范［M］．北京：中国质检出版社，2023.

[5] 王旭锋，张东升，邵鹏．大断面硬岩巷道快速掘进成套技术研究与实践［M］．徐州：中国矿业大学出版社，2014.

[6] 彭文庆，王卫军，余伟健，等．破碎岩体大断面巷道支护技术研究［M］．徐州：中国矿业大学出版社，2020.

[7] 邹光华，师皓宇．采矿新技术［M］．徐州：中国矿业大学出版社，2020.

[8] 曹树刚．现代采矿理论及技术研究进展［M］．重庆：重庆大学出版社，2020.

[9] 张云峰．上榆泉煤矿浅埋近距离煤层群安全高效开采技术［M］．徐州：中国矿业大学出版社，2018.

[10] 顾晓薇，任凤玉，战凯．采矿学［M］．3 版．北京：冶金工业出版社，2021.

[11] 张召冉．岩巷钻爆法掘进速度影响因子分析、预测及综合评价研究［M］．北京：冶金工业出版社，2019.

[12] 人力资源和社会保障部教材办公室．综合机械化掘进机械［M］．北京：中国劳动社会保障出版社，2009.

[13] 孙继平，宋秋爽．综合机械化掘进成套设备［M］．徐州：中国矿业大学出版社，2008.

[14] 郭金明，张登明．采矿概论［M］．徐州：中国矿业大学出版社，2014.

[15] 张登明．煤矿开采方法［M］．徐州：中国矿业大学出版社，2009.

[16] 郭奉贤，王春城．煤矿开发方法［M］．北京：煤炭工业出版社，2014.

图书在版编目（CIP）数据

矿山智能快掘系统及装备/高彬主编. -- 北京：应急管理出版社，2023

煤炭职业教育“十四五”规划教材

ISBN 978 - 7 - 5237 - 0013 - 6

Ⅰ. ①矿… Ⅱ. ①高… Ⅲ. ①采矿机械—职业教育—教材 Ⅳ. ①TD42

中国国家版本馆 CIP 数据核字（2023）第 214414 号

矿山智能快掘系统及装备（煤炭职业教育“十四五”规划教材）

主　　编　高　彬
责任编辑　肖　力　胡　畔
责任校对　孔青青
封面设计　之　舟

出版发行　应急管理出版社（北京市朝阳区芍药居 35 号　100029）
电　　话　010 - 84657898（总编室）　010 - 84657880（读者服务部）
网　　址　www.cciph.com.cn
印　　刷　北京建宏印刷有限公司
经　　销　全国新华书店

开　　本　787mm × 1092mm $^{1}/_{16}$　**印张**　$13^{3}/_{4}$　**字数**　316 千字
版　　次　2023 年 12 月第 1 版　2023 年 12 月第 1 次印刷
社内编号　20231022　**定价**　50.00 元